高等院校土建专业互联网+新形态创新系列教材

建筑阴影透视

谭文娟　主　编

李玉德　王　健　副主编

清华大学出版社

北京

内 容 简 介

本书是根据建筑学相关专业对制图的基本要求，结合编者在工程设计实践中对透视和阴影在设计制图表达中具体的运用而编写的。全书共包括10章和一个附录，可分为三大部分：几何元素(点、线、面和体)的透视制图、阴影制图，以及各类工程案例中透视和阴影的具体表达。

透视部分包括第 1～7 章，主要介绍了透视的基本概念与基本规律，点、直线和平面的透视，透视图的分类，透视图的作图方法，视点、视高和视距变化对透视图的影响，透视的简便作图法，透视作图实例等内容。

阴影部分包括第 8～10 章，主要介绍了光、阴与影的基础知识，正投影图中的阴影，透视图和轴测图中的阴影等内容。

附录为案例部分，包含办公建筑、商业建筑、工业建筑、幼儿园建筑，以及室内空间设计等各类工程的透视阴影实例，共20例。

本书可作为普通高等院校建筑学、城市规划、环境设计、景观设计、风景园林设计等相关专业的教材，也可供其他高等教育相关专业选用，亦可供建筑工程技术人员参考学习。

图书在版编目(CIP)数据

建筑阴影透视/谭文娟主编. —北京：清华大学出版社，2024.1（2024.8重印）
高等院校土建专业互联网+新形态创新系列教材
ISBN 978-7-302-64957-1

Ⅰ. ①建…　Ⅱ. ①谭…　Ⅲ. ①建筑制图—透视投影—高等学校—教材　Ⅳ. ①TU204

中国国家版本馆 CIP 数据核字(2023)第 232531 号

责任编辑：石　伟
装帧设计：杨玉兰
责任校对：李玉茹
责任印制：沈　露
出版发行：清华大学出版社
网　　址：https://www.tup.com.cn, https://www.wqxuetang.com
地　　址：北京清华大学学研大厦 A 座　　邮　　编：100084
社 总 机：010-83470000　　邮　　购：010-62786544
投稿与读者服务：010-62776969, c-service@tup.tsinghua.edu.cn
质量反馈：010-62772015, zhiliang@tup.tsinghua.edu.cn
课件下载：https://www.tup.com.cn, 010-62791865
印 装 者：三河市铭诚印务有限公司
经　　销：全国新华书店
开　　本：185mm×260mm　　**印　张：**12　　**字　数：**292 千字
版　　次：2024 年 1 月第 1 版　　**印　次：**2024 年 8 月第 2 次印刷
定　　价：39.00 元

产品编号：099452-01

前　言

随着建筑业的蓬勃发展及广义建筑学概念的拓展，现代建筑学把城市规划学、风景园林等相关的学科融入其中，更注重宏观和整体，即把城市与建筑、建筑与地景、建筑与生态融为一体。为了适应新时代和新概念的要求，我们编写了本书。本书根据广义建筑学所包含的相关学科的专业特点，综合考虑了建筑学各专业的共同点，从而使内容具有更广泛的适用性。

本书是高等院校建筑学、环境艺术、室内设计、城市规划、风景园林等专业的基础课程教材，亦可作为建筑业管理人员的培训教材及自学者自学用书。本书是我们根据多年的工作实践并针对专业要求而编写的，在编写上着重阐述阴影与透视的基本概念、基本原理与规律，以及常用的作图方法，同时考虑建筑学各专业极强的社会实践性，辅以一定的工程案例进行作图分析，既保证了建筑学专业的技术性和严谨性，又尽可能地使阴影透视作图具有灵活性和艺术性。

本书由谭文娟主编，李玉德、王健任副主编。阴影部分由谭文娟编写；透视部分由李玉德编写；工程案例部分由王健编写。

由于编者水平有限，且编写时间仓促，书中难免存在缺点和不足之处，希望广大师生和读者批评、指正。

编　者

目　录

透视篇

阴影篇

透 视 篇

第 1 章 透视的基本概念与基本规律

学习要点及目标

了解透视现象及其特点，能用透视现象分析环境的特点；熟悉透视图的特点及作用；掌握透视图中的常用术语并能熟练运用形象空间思维分析各个术语之间的关系。

1.1 透视和透视图的概念

当观察者观察一幅建筑物的照片(见图 1-1)时，建筑物上等宽的部分，在照片中变得近宽远窄；而相等的柱距却变得近疏远密，如图 1-2 所示；相互平行的线条，在照片中却显得越远越靠拢，直至延长后集中于一点(见图 1-1 左上)。观察者不但感觉不到建筑物变形了，反而觉得身临其境，能够直接目睹一样的真切、自然，给人一种真实的感觉。

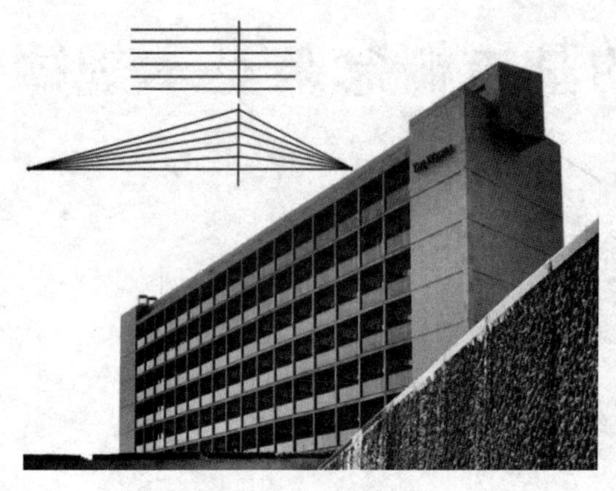

图 1-1 照片中近宽远窄的透视现象

图 1-2 照片中近疏远密的透视现象

对客观事物进行观察所得到的图像产生近大远小、近高远低、近疏远密、近宽远窄的现象，这种现象就叫作透视现象。我们通常将具有近大远小这种特征的图像称为透视图或透视投影，简称透视。

透视图是研究设计形体的投影原理——中心投影法和表现的规律，以及在二维空间平面按一定的法则和规律表现三维空间形体的绘图方法和技能。

1.2 透视图的特点及用途

透视图是图画形式的一种，具有美学的特点，构图、主次关系、虚实、线条、结构等都是它要表现的重点。在忠实于设计空间和造型的原则上，可以适当对透视图加以艺术处理，以表现出更好的视觉效果，在建筑设计中有其自身的专业规律或行业特点，这一点将在后面讲述。

透视图的特点如下。

(1) 透视图具有近大远小、近高远低、近宽远窄、近疏远密的视觉特点。

(2) 平行直线延长后在远方交于一点(消失点、灭点)。

(3) 符合人眼观察的习惯及视觉规律，真实，具有美学特点。

透视图是用于表现设计形体的外观、空间布局以及表面的布置效果的图样，它能够“真实”地反映空间的尺度、对象的形体转折造型，直观、立体，形象好，空间感好，主要用于设计方案的比较、修改和定型。

1.3　透视学简史

透视学起源于古希腊和古罗马，起初是从绘画、雕塑、建筑领域开始研究，是客观需要。文艺复兴时期是经济发展的兴盛时期，数学家、建筑学家、解剖学家、画家等在各自领域研究广泛。我国古代从公元前 400～公元前 300 年开始认识透视现象，从感性认识到理性认识，找出规律，指导实践。

广义透视学指各种空间表现的方法，在距今 3 万年前就已出现，在线性透视出现之前，有多种透视法，比如纵透视、重叠法、近缩法、近大远小法等。狭义透视学特指 14 世纪逐步确立的描绘物体、再现空间的线性透视和其他科学透视的方法。而到了现代社会，由于对人的视、知觉的研究，故而拓展了透视学的范畴和内容。狭义透视学是文艺复兴时代的产物，即合乎科学规则地再现物体的实际空间位置。文艺复兴时期的西方画家往往借助透过透明的纱面和玻璃来观看物体，将所见的形体轮廓直接描绘在纱面或玻璃上，德国著名画家 A. 丢勒的几幅版画就描绘了这一过程；文艺复兴时期阿尔伯蒂在其著作《绘画论》中把绘画的形式语言还原为几何学，并且首次系统化、理论化地阐述了透视法，这种系统总结研究物体形状变化和规律的方法，是线性透视的基础；文艺复兴时期的大师列奥纳多·迪·皮耶罗·达·芬奇则通过实例研究，创造了科学的空气透视和隐形透视；18 世纪末法国数学家、工程师蒙日创立的直角投影画法，完成了正确描绘任何物体及其空间位置的作图方法，即线性透视。现代绘画着重研究的是线性透视，其重点是焦点透视，它描绘一只眼睛固定在一个方向所见的景物，具有较完整、系统的理论和各种作图方法。

1.4　透视图中的常用术语

在绘制透视图时，常用到一些术语，我们必须弄清它的确切含义，这样有助于理解透视的形成过程并掌握透视图的作图方法，如图 1-3 所示。

基面(G)：形体和观察者所在的平面。

画面(P)：透视图所在的平面，一般以垂直于基面的铅垂面作为画面。

基线(g—g)：画面与基面的交线，在平面图中以 P—P 表示画面的位置。

视点(S)：相当于人眼睛所在的位置。

站点(s)：人的站立点，即视点 S 在基面上的正投影。

心点(s')：视点 S 在画面上的正投影。

中心视线(S—s')：引自视点，并垂直于画面的视线。

视平面(H)：过视点所作的水平面。

视平线($h—h$)：过心点在画面上所作的水平线(视平面与画面的交线)。

视高($S—s$)：视点 S 与基面 H 的距离，视点到站点的距离，即人眼睛的高度。当画面为铅垂面时，视平线与基面的距离即反映视高。

视距($S—s'$)：视点与画面的距离，中心视线的长度，当画面为铅垂面时，站点与基线的距离即反映视距。

如图 1-3 所示，点 A 是空间中的任意一点，自视点 S 引向点 A 的直线 SA 就是通过点 A 的视线，视线 SA 与画面 P 的交点为 A'，点 A' 就是空间点 A 的透视。点 a 是空间点 A 在基面的正投影(基面投影)，称为点 A 的基点，基点的透视 a'，称为点 A 的基透视。

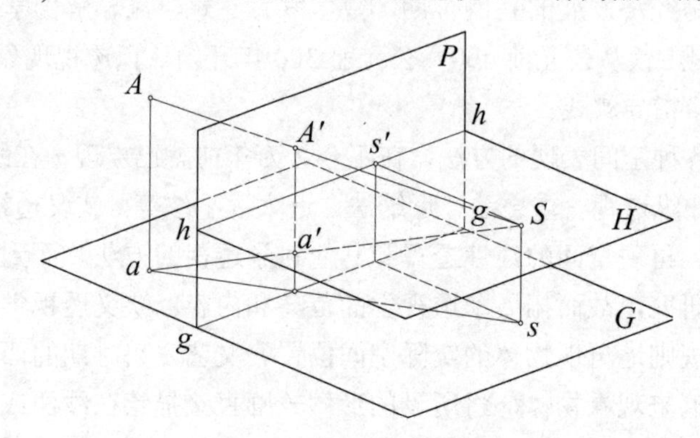

图 1-3　透视图中的常用术语

本 章 小 结

本章主要讲述了透视现象及其特点，以及绘制透视图的作用和意义，重点要牢记透视图中的各种术语，能熟练地用空间思维来分析各个术语之间的关系并绘制透视术语示意图，为后续透视的画法打好基础。

知 识 拓 展

列奥纳多·迪·皮耶罗·达·芬奇的《最后的晚餐》

《最后的晚餐》以耶稣跟十二门徒共进最后一次晚餐为题材，画面中人物的惊恐、愤怒、怀疑、剖白等神态，以及手势、眼神和行为，都刻画得精细入微，惟妙惟肖，是所有以此题材创作的作品中最著名的一幅。达·芬奇采用了平行透视法，为了表现画面的纵深感，定下远近法的线条所集中的消失点，画家在耶稣右脸的太阳穴处打了一个钉孔。如此一来，朝向画面中央耶稣方向的空间整体被收缩，观赏者的目光也就自然而然地被吸引到了耶稣的脸上，如图 1-4 所示。

《最后的晚餐》宽 8.8 米，高 4.6 米，覆盖了意大利米兰圣玛丽亚德尔格拉齐修道院餐厅的一面墙，如图 1-5 所示。

图 1-4　列奥纳多・迪・皮耶罗・达・芬奇绘制的《最后的晚餐》(1494—1498)

图 1-5　修道院墙面上的《最后的晚餐》

《最后的晚餐》最初见于 6 世纪意大利画家拉文纳绘制的拜占庭镶嵌画中，如图 1-6 所示。画中门徒们沿着半圆形的桌子排成半个圆圈，基督坐在一头，但他既非坐着也非站着，而是半躺靠着，左臂支着身体，右手空着。

意大利文艺复兴先驱乔托(Giotto，约 1266—1337)采用了远近法，使作品产生了近大远小的现象，如图 1-7 所示。

写实主义画家安德烈・德尔・卡斯蒂尼奥创作的《最后的晚餐》如图 1-8 所示。其主要运用线性透视和华丽的装饰，整幅画很复杂，餐桌上方从左到右依次绘制了基督复活、基督受难和埋葬基督的场景。

图 1-6　拉文纳绘制的拜占庭镶嵌画《最后的晚餐》

图 1-7　乔托绘制的《最后的晚餐》

图 1-8　安德烈·德尔·卡斯蒂尼奥绘制的《最后的晚餐》(1445—1450)

图 1-9 所示为和达·芬奇同时代的写实主义画家基尔兰达约绘制的《最后的晚餐》，他用拱形屋顶将人物分成两组，耶稣坐在正当中。

图 1-9　基尔兰达约绘制的《最后的晚餐》(1486)

威尼斯画派的画家丁托列托绘制的《最后的晚餐》使用了线性透视法，如图 1-10 所示。这幅画采用罕见的 45° 视角，描绘了动荡不安的画面。

图 1-10　丁托列托绘制的《最后的晚餐》(1592—1594)

图 1-11 所示为萨尔瓦多·达利于 1955 年绘制的《最后的晚餐》，画中基督和门徒们围坐在一起，耶稣正在情绪激昂地布道，门徒们则一律虔诚地低着头。

图 1-11　萨尔瓦多・达利绘制的《最后的晚餐》(1955)

思考与练习

1. 什么是视平线？视平线和生活当中的地平线有什么联系？
2. 请把你在生活中观察到的透视现象画出来。

第 2 章

点、直线和平面的透视

学习要点及目标

掌握点、直线和平面的透视原理，以及不同条件下点、线、面的透视特点。

2.1　点 的 透 视

点的透视是指通过该点的视线与画面的交点，即点与视点连线和画面的交点，其基透视就是该点的基点和视点连线与画面的交点。图 2-1 中点 A 的透视 A' 就是视线 SA 在画面 P 上的迹点，基透视 a' 就是视线 Sa 在画面 P 上的迹点，点 A 的透视 A' 和基透视 a' 的连线垂直于基线 g—g 和视平线 h—h。画面上的点 B，其透视 B' 即为点 B 本身，如图 2-1 所示。

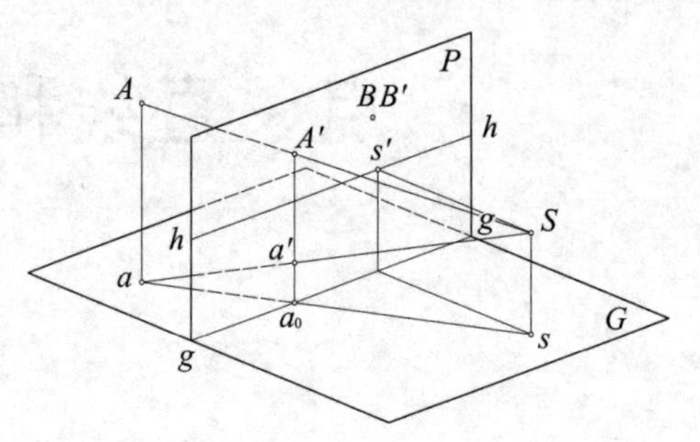

图 2-1　点的透视

利用视线迹点法作点的透视，如图 2-2(a)、(b)、(c)所示。

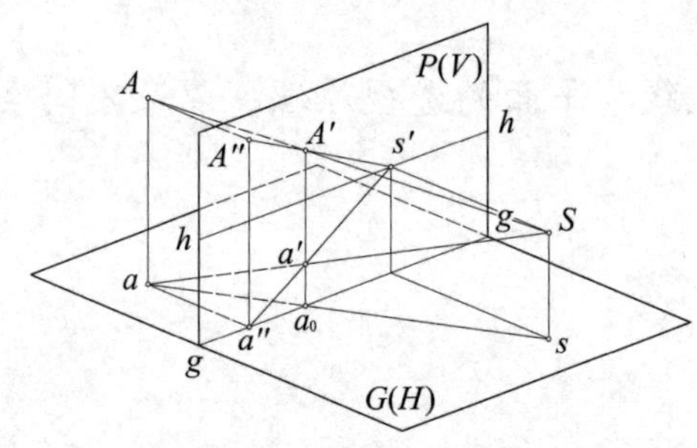

(a) 视线迹点法原理

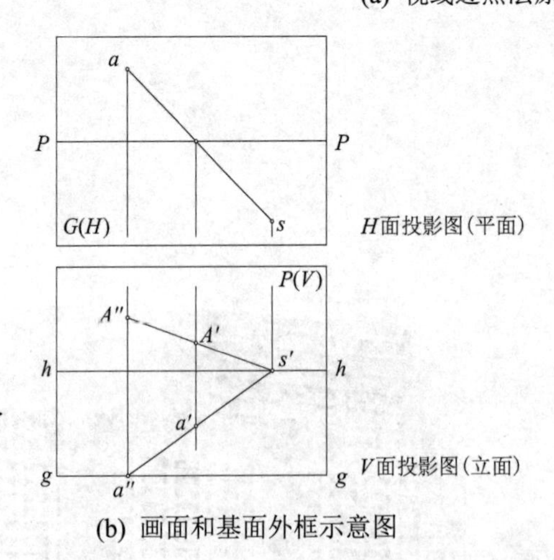

(b) 画面和基面外框示意图

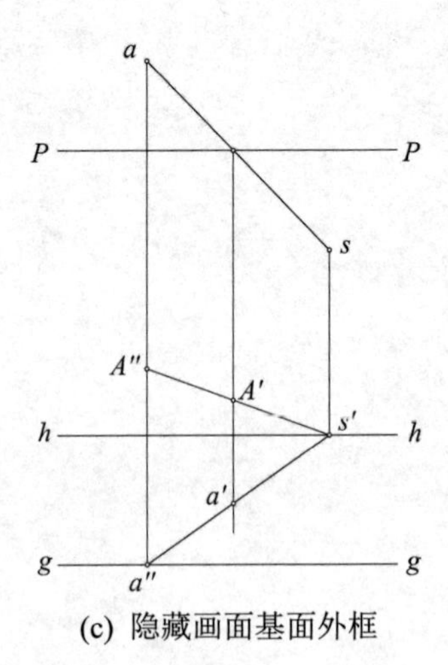

(c) 隐藏画面基面外框

图 2-2　利用视线迹点法作点的透视

图2-2(a)为点的透视空间示意图，比较直观，便于理解透视图的形成，图中S为视点，其H面投影s为站点，其V面投影s'为心点，在视平线上。A''和a分别是空间点A的V面投影和H面投影，点a''是点a的V面投影。为求点A的透视与基透视，分别过视点S向A点和a点引视线SA和Sa，这两条视线的V面投影分别是$s'A''$和$s'a''$，而这两条视线的H面投影重合成一条线sa，sa与基线g—g相交于a_0，a_0就是A点透视与基透视H面的投影，由此向上作垂线与$s'A''$和$s'a''$相交于A'和a'，这就是点A的透视与基透视。具体作图时，将画面P和基面G摊平在一个平面上，上下对齐放置，为了不使图线交叠产生混乱，适当拉开一些距离，上下距离的大小和作图步骤没有任何关系，作图中只关乎纸张大小及构图问题，如图2-2(b)所示。实际操作中外框也无须画出，只要保证上下对齐关系即可，如图2-2(c)所示。

2.2　直线的透视

直线的透视和基透视一般仍为直线。直线的透视就是直线上所有点的透视的集合。直线的基透视是直线的基面正投影的透视。如图2-3所示，由视点S向直线AB上引的所有视线，包括SA、SC、SB等，形成一个视线平面，它与画面P的交线，必然是一条直线$A'B'$，这就是AB的透视。同理，直线AB的基透视$a'b'$也是一条直线。

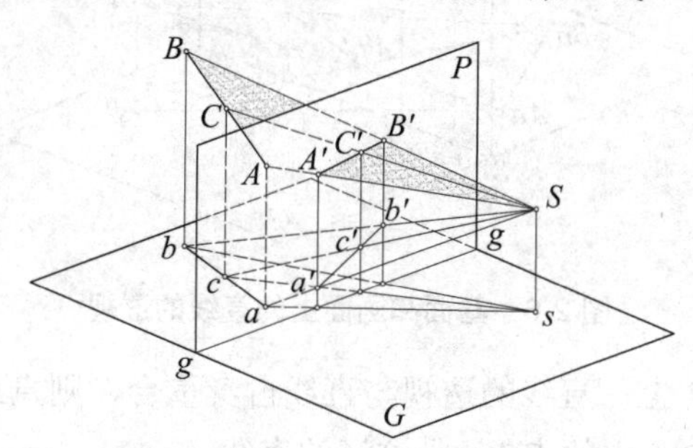

图2-3　直线的透视

在特殊情况下，直线的透视或基透视成为一点，如图2-4所示。若直线BA延长后恰好通过视点S，则其透视重合成一点$B'A'$，但其基透视$b'a'$仍是一段直线，且与基线垂直。

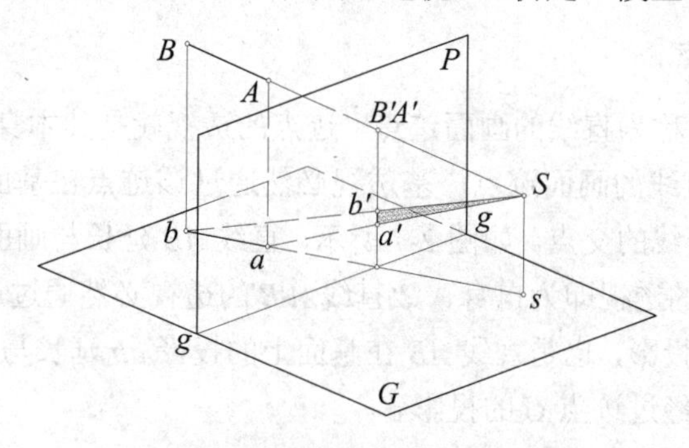

图2-4　通过视点的直线透视

1. 几种特殊情况下的直线透视规律

如图 2-5 所示，如果直线 *AB* 是铅垂线，则它在基面上的投影积聚成一点 *ab*，所以该直线的基透视 *a'b'* 也是一个点，而直线的透视仍是一条直线。

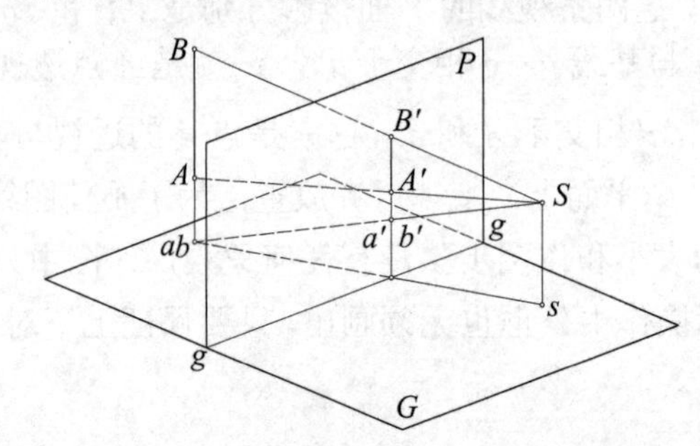

图 2-5　垂直基面的直线透视

如果直线位于基面 *G* 上，直线与其基面投影重合，则直线的透视与基透视也重合，如图 2-6 所示。线段 *a'b'*(*A'B'*)既是透视，也是基透视。

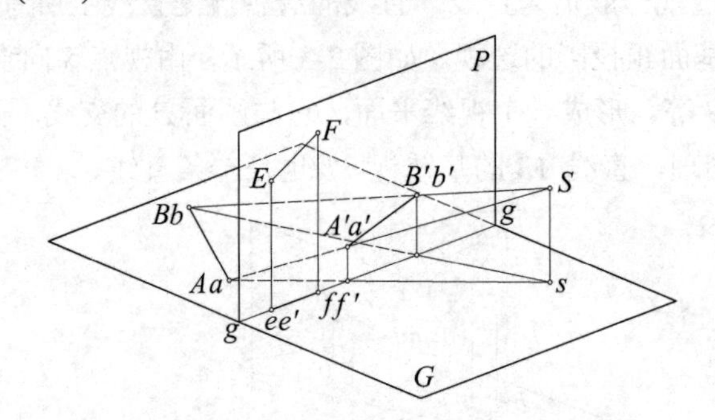

图 2-6　基面和画面上的直线的透视

如果直线位于画面 *P* 上，直线的透视与直线自身重合，则直线的基面投影与基透视均重合在基线 *g*—*g* 上，图 2-6 中的 *EF* 就是这样的直线。

直线上的点，其透视和基透视分别在该直线的透视与基透视上。如图 2-3 所示，*C* 点是线段 *AB* 的中点，*AC*=*CB*，但由于 *CB* 比 *AC* 远，在透视图中 *A'C'* 大于 *C'B'*，也就是说，点在直线上所分的线段长度之比在透视图中不再保持原来的比例。

2. 直线的画面迹点

直线与画面的交点称为直线的画面迹点。迹点的透视就是其本身。其基透视在基线上。直线的透视必然经过直线的画面迹点。基透视必然通过该迹点在基面上的正投影，即直线在基面上的正投影和基线的交点。如图 2-7 所示，直线 *AB* 延长与画面 *P* 相交，交点 *C* 即为 *AB* 的画面迹点。迹点的透视即为自身，故直线 *A'B'* 的透视必然通过迹点 *C*。迹点的基透视 *c'* 即迹点在基面上的正投影，也是直线 *AB* 在基面上的投影 *ab* 延长与基线的交点。因此，直线的基透视 *a'b'* 延长必经过迹点 *C* 的投影 *c'*。

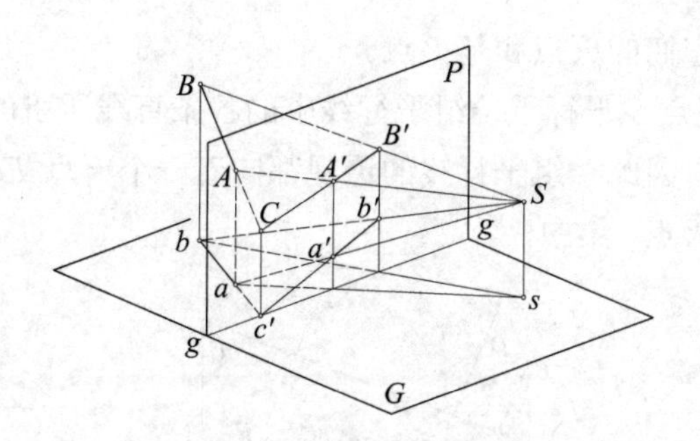

图 2-7　直线的画面迹点

3. 直线的灭点

直线上离画面无限远的点，它的透视被称为直线的灭点。直线的基灭点就是直线的基面正投影上无限远的点的透视，基灭点一定在视平线上。

如图 2-8 所示，要求直线 AB 上无限远的点 F_∞的透视，则自视点 S 向无限远的点 F_∞引视线 SF_∞，由于 F_∞无限远，无法连接该点，只能过 S 点作 AF_∞的平行线，视线 SF_∞与原直线 AB 肯定是相互平行的。SF_∞与画面的交点 F 就是直线 AB 的灭点。直线 AB 的透视 $A'B'$ 延长一定通过灭点 F。同理，可求直线 AB 在基面投影 ab 上无限远的点 f_∞的透视 f，称为基灭点。因为穿过视点 S 且平行于 ab 的线只能是水平线，它与画面只能相交于视平线上的一点 f，所以基灭点 f 一定在视平线 hh 上。直线 AB 的基透视 $a'b'$延长必然指向基灭点 f。基灭点 f 与灭点 F 处于同一铅垂线上，即 $Ff \perp hh$。因为直线 AB 和其投影 ab 是处于同一铅垂面内的两条线，而自视点 S 引出的视线 SF_∞和 Sf_∞分别平行于 AB 和 ab，所以由 SF 和 Sf 组成的平面 SFf 也是铅垂面，它与画面(铅垂面)的交线必然是垂线，所以 $Ff \perp hh$。

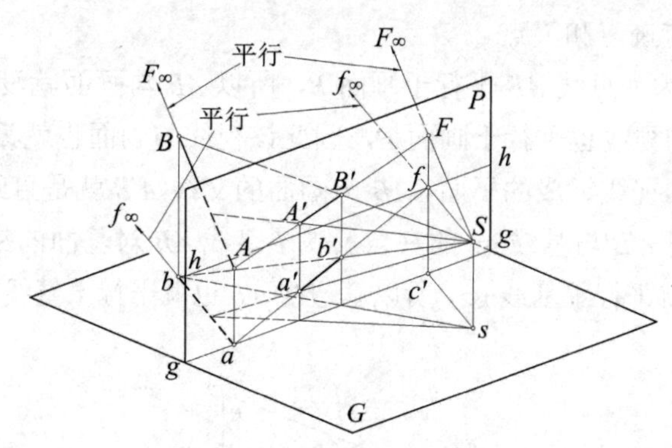

图 2-8　直线的灭点

4. 画面相交线与画面平行线

1)　画面相交线

与画面相交的直线，称为画面相交线。

特性：必然有迹点和灭点，其连线称为全线透视。

一组平行直线有一个共同的灭点，其基透视有一个共同的基灭点，即一组平行线的透视和基透视分别相交于它们的灭点和基灭点。

如图 2-9 所示，自视点 *S* 平行于一组平行线中的各条直线所引的视线是同一条，它与画面只能交于唯一的灭点，因此一组平行线的透视都向着一个灭点 *F* 集中。同样，它的基透视也向着视平线上的基灭点 *f* 集中。

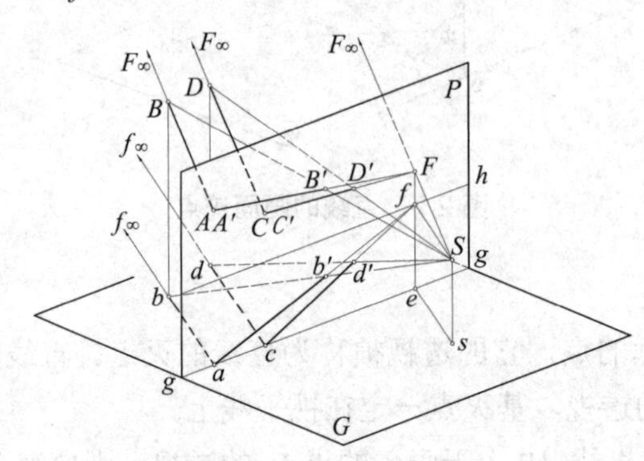

图 2-9　相互平行直线的灭点

(1)　画面垂直线的透视的灭点和基灭点都是心点。

(2)　平行于基面的直线透视的灭点和基灭点都是视平线上同一个灭点。

(3)　倾斜于基面的画面相交线有两种情况：一种是斜上方，叫作上行直线，故灭点在视平线上方；一种是斜下方，叫作下行直线，故灭点在视平线下方。但它们的基灭点都在视平线上。

2)　画面平行线

与画面平行的直线，称为画面平行线。

画面平行线不会有迹点和灭点。

如图 2-10 所示，因为直线 *AB* 平行于画面 *P*，所以 *AB* 与画面就没有迹点。同时，自视点 *S* 所引平行于 *AB* 的视线也平行于画面 *P*，因此该视线与画面也就没有交点(即灭点)。自视点 *S* 向 *A*、*B* 点引的视线组成的平面 *SAB* 与画面的交线 *A'B'* 就是直线 *AB* 的透视，与 *AB* 是平行关系，并且透视 *A'B'* 与基线 *gg* 的夹角反映了直线 *AB* 对基面的夹角关系。由于 *AB* 平行于画面，其投影 *ab* 就平行于基线 *gg*，所以基透视 *a'b'* 也就平行于基线和视平线，是水平线。

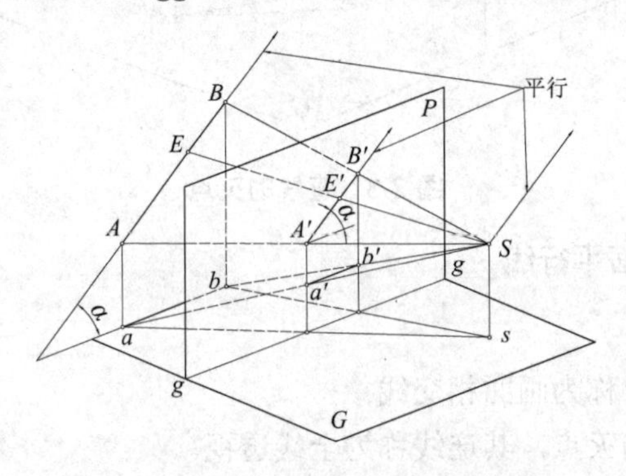

图 2-10　画面平行线没有画面迹点和灭点

点在画面平行线上所分线段长度之比，在透视图上仍保持其比例关系。

如图2-10所示，由于*AB*平行于*A'B'*，如果点*E*在*AB*上划分线段长度之比为*AE*∶*EB*，则其透视之比*A'E'*∶*E'B'*等于*AE*∶*EB*。

一组相互平行的画面平行线，其透视也相互平行，基透视也相互平行，且平行于基线。如图2-11所示，直线*AB*、*CD*相互平行且平行于画面，其透视*A'B'*、*C'D'*相互平行，基透视*a'b'*、*c'd'*也相互平行，且平行于基线*gg*。

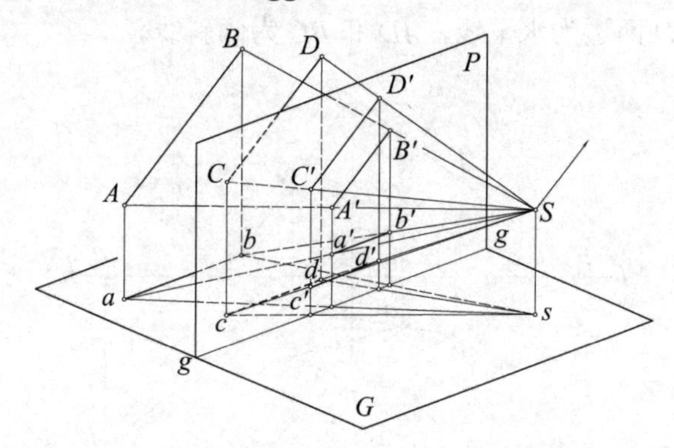

图2-11　两条平行的画面平行线的透视

(1)　基面垂直线(铅垂线)的透视仍是铅垂线段。

(2)　倾斜于基面的画面平行线，其透视和基线的夹角反映了该线段在空间中和基面的倾角。

(3)　平行于基线的直线，其透视与基透视均表现为水平线段。

(4)　如果直线位于画面上，则其透视即为直线本身，反映实长。

(5)　画面上的铅垂线的透视是该线本身，反映实长，称为真高线。如图2-12所示，透视图中有一铅垂四边形*A'B'C'D'*，*A'B'*和*C'D'*消失在同一灭点*F*，因此空间中*AB*、*CD*是相互平行的水平线。*B'C'*和*A'D'*则是两条铅垂线*BC*和*AD*的透视，因而*A'B'C'D'*是一矩形的透视图。在实际空间中，*BC*和*AD*是等高的，由于*BC*是画面上的铅垂线，故其透视*B'C'*反映了*BC*的真实高度，而*AD*是画面后的直线，其透视*A'D'*不能直接反映真高，但可以通过画面上的*BC*线确定它的真高，因此我们将画面上的铅垂线叫作透视图中的真高线。

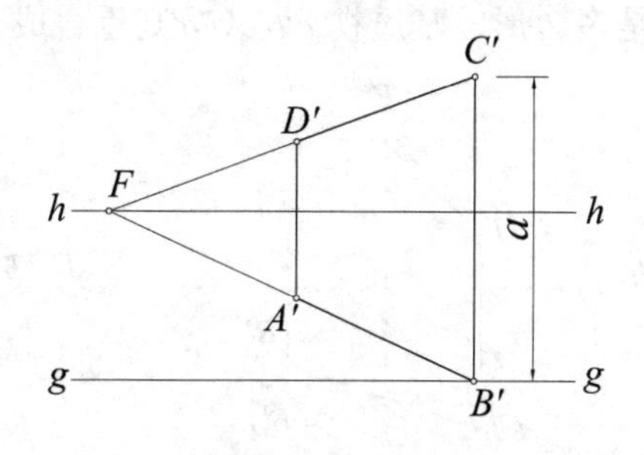

图2-12　真高线

2.3 平面形的透视

平面形的透视，就是构成平面形周边各条轮廓线的透视。

若平面形为直线多边形，那么它的透视和基透视一般为直线多边形，而且边数保持不变。如图 2-13 所示，这是一个矩形 *ABCD* 的透视图，矩形的透视 *A'B'C'D'*和基透视 *a'b'c'd'* 均为四边形，*AB* 和 *CD* 两边为水平线，*AD* 和 *BC* 为倾斜线。

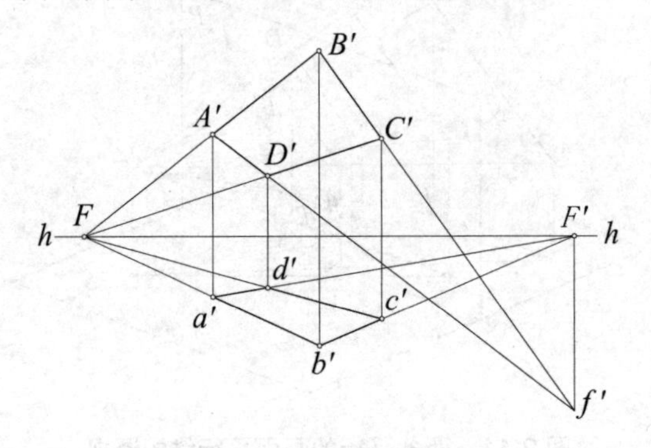

图 2-13　平面形的透视

如果平面形所在的平面穿过视点，则其透视为一条直线，且其基透视还是个多边形，如图 2-14 所示。

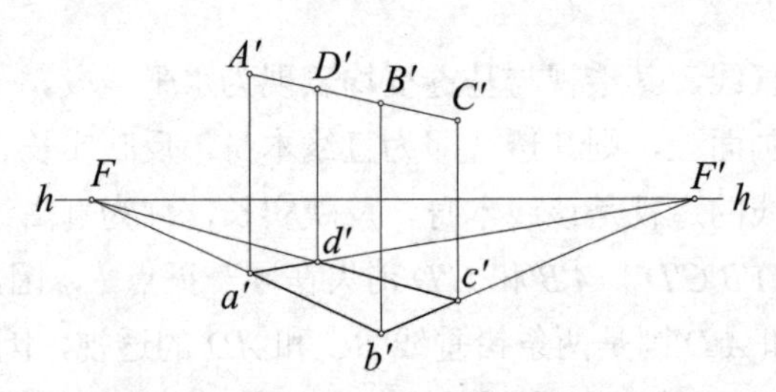

图 2-14　通过视点的平面的透视为一直线

如果平面形是铅垂位置，则其基透视成为一条直线，其透视图还是多边形，如图 2-15 所示。透视 *A' B' C' D' E'* 仍是多边形，基透视 *a'b'c'd'e'*则重合成一条直线。

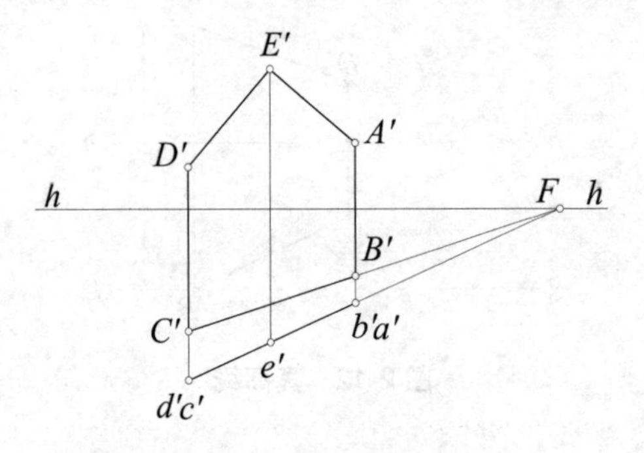

图 2-15　铅垂面的基透视为一直线

1. 平面的迹线

直线和画面的交点称为迹点。同样，平面扩大后与画面的交线称为平面的画面迹线；与基面的交线称为平面的基面迹线。如图 2-16 所示，空间内有一平面 Q，它的画面迹线是 Q_{p}，它的基面迹线是 Q_{g}，两迹线必然在基线上交于一点 E。基面迹线 Q_{g} 的透视和基透视重合成一条直线，其一端为 E 点，另一端为 F' 点，在视平线 hh 上，即是迹线 Q_{g} 的灭点。画面迹线 Q_{p} 的透视即其自身，其基透视与基线 g—g 重合。

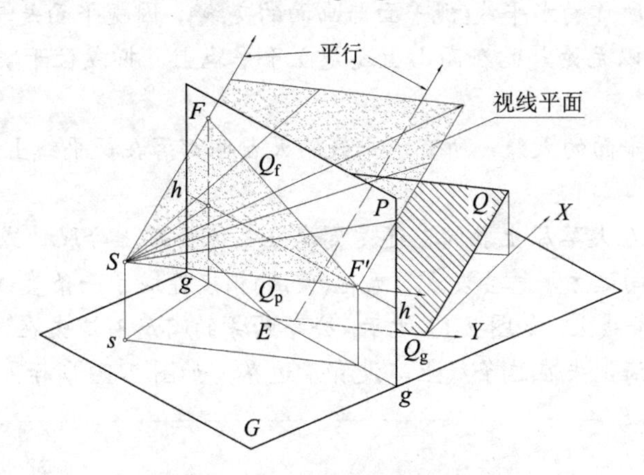

图 2-16　平面的迹线与灭线

2. 平面的灭线

平面的灭线是由平面上所有无限远的点的透视集合而成，也就是说，平面上各个方向的直线的灭点集合成为平面的灭线。如图 2-16 所示，自视点 S 向平面 Q 上无限远的点引出视线，都平行于 Q 面，这些视线形成了一个平行于 Q 面的视线平面，此视线平面与画面相交，其交线 Q_{f} 就是 Q 面的灭线，它必然是一条直线，因此，只要求得 Q 面上任意两个不同方向的直线的灭点，再连成直线，就会得到该平面的灭线。

不同位置平面的灭线特点如下。

(1) 既倾斜于基面又倾斜于画面的平面，其灭线是一条倾斜的直线。

(2) 画面平行面的灭线在画面无限远处，在有限的画面范围内不存在灭线。

(3) 基面平行面的灭线就是视平线。

(4) 基线平行面的灭线是水平线，但不重合于视平线。

(5) 基面垂直面的灭线是画面上的竖直线。

(6) 画面垂直面的灭线必然通过心点。

(7) 基线垂直面的灭线是通过心点的竖直线。

本 章 小 结

本章的学习重点是掌握点、直线和平面的透视原理及作图规律，关键是把握透视规律及作图方法在后续作图实践中的运用，可以尝试在透视规律和步骤正确前提下简化作图步骤，灵活运用透视原理。

知识拓展

视平线和地平线的关系

1. 视平线

过心点在画面上所作的水平线(视平面与画面的交线)，因视平面是与观者眼睛齐平，与地面平行的平面，所以无论是站在高山上还是立于平地上，抑或位于峡谷中，视平线永远与观者眼睛齐平。

视平线是所有水平面的灭线，所有水平线的灭点也都落在视平线上。

2. 地平线

无论我们是骑马在大草原上驰骋，还是驾车在高速公路上奔驰，或者乘船在大海上航行，当我们把视线投向远方，总会发现，天地(天海)相接连成了一条直线，这条直线就是地平线。草原消失在这条线上，如图 2-17 所示；公路两旁的路肩石消失在这条线上，如图 2-18 所示；广阔无垠的大海消失在这条线上，没有了边界，如图 2-19 所示。

图 2-17　草原的地平线

图 2-18　公路的地平线

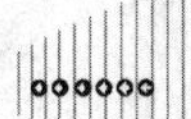

图 2-19　大海的地平线

天然地平线总是会在观者的视平线上。严格意义上讲，地平线与视平线有细微的差别，因为大地是一个球体，是有曲率的，但在我们有限的视线距离内，该曲率是可以忽略不计的，因此视平线是近似平行于地面的，视平线可以看作地平线。

思考与练习

1. 假设人站在一条平直的乡间公路中间(路上没有车辆、行人)，画出所见——公路在远方消失为一点。在公路两侧各加一排高耸的阔叶树，以及公路两旁一望无际的田野。

2. 画一条驶向大草原的铁路，前景画一条与铁路垂直相交的公路。

第3章

透视图的分类

学习要点及目标

了解透视图的分类，以及每种透视图的分类依据和特点。

物体和画面的位置会产生变化，物体的长、宽、高三方向的轮廓线与画面的关系可能会平行，或是不平行，而成一定角度。与画面不平行的线在透视图中会消失到灭点，与画面平行的线就不会有灭点。按照透视图灭点的数量，可将其分为一点透视(平行透视)、两点透视(成角透视)、三点透视。

3.1　一点透视(平行透视)

以立方体为例，物体有两组轮廓线平行于画面，那么这两组平行线就不会有灭点，而第三组轮廓线必然垂直于画面，透视图中会消失于一个灭点(心点 s')，也只有一个灭点，如图 3-1 所示，这样画出的透视被称为一点透视。这样所画出的透视图有一个方向的立面平行于画面，又称平行透视。这个方向的面在所画透视图中为正投影立面图，不会产生任何的倾斜变形，即为水平和垂直的轮廓线。如图 3-2 所示，这是一点透视实例。

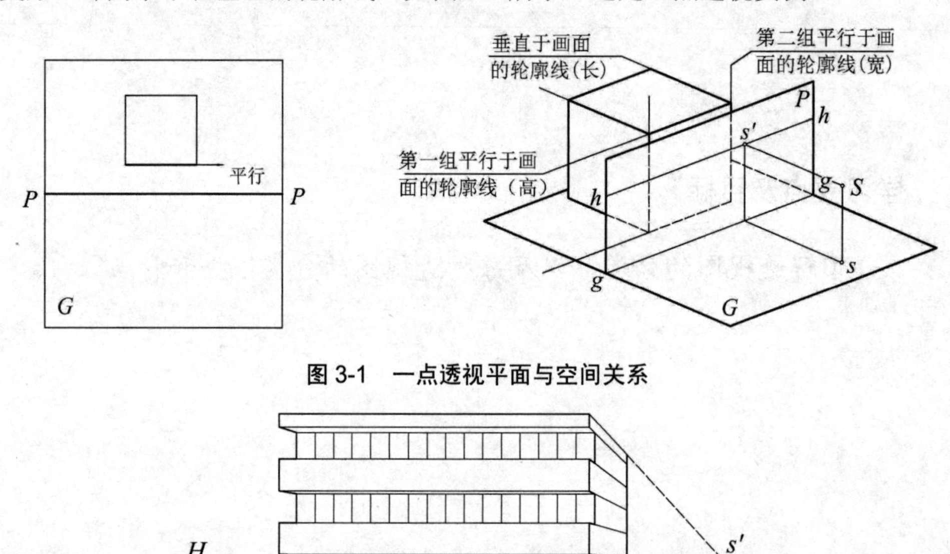

图 3-1　一点透视平面与空间关系

图 3-2　一点透视实例

3.2　两点透视(成角透视)

如果物体只有一组轮廓线(铅垂线，即物体高度)与画面平行，另外两组水平轮廓线与画面相交，于是在画面上形成了两个灭点(F_1、F_2)，这两个灭点都在同一条视平线上，如图 3-3 所示，这样画出的透视被称为两点透视。这样所画出的透视图有两个方向的立面与画面成倾斜角度，又称成角透视。如图 3-4 所示，这是一个两点透视实例。

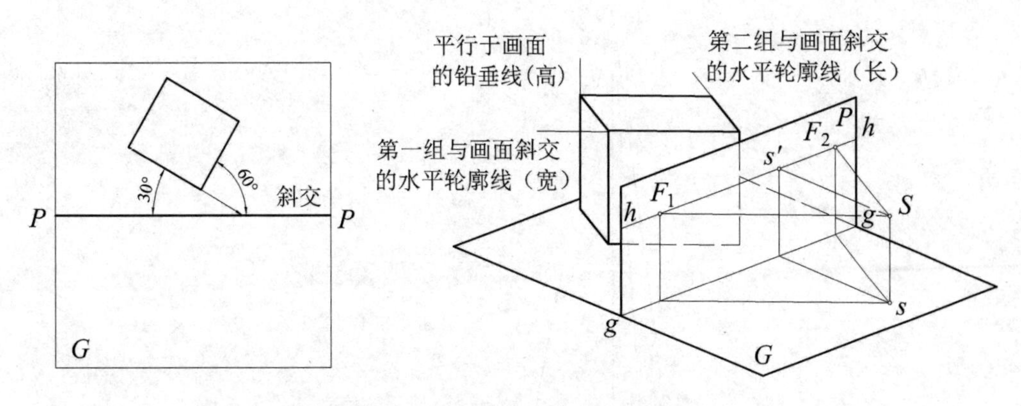

图 3-3　两点透视平面与空间关系

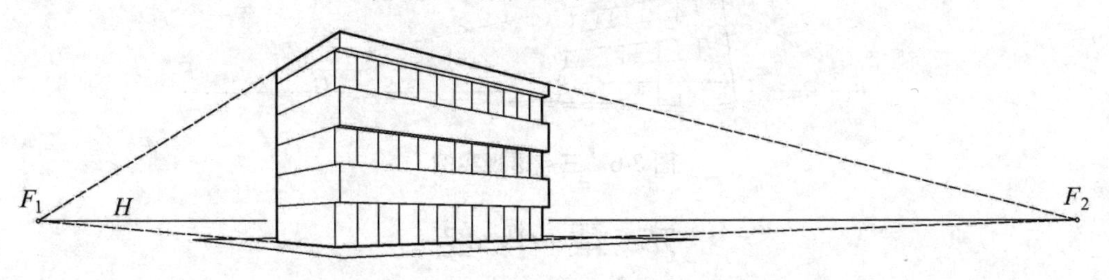

图 3-4　两点透视实例

3.3　三 点 透 视

如果画面倾斜于基面，也就是说，物体三个方向轮廓线均与画面相交，这样在画面上会形成三个灭点，如图 3-5 所示，这样画出的透视称为三点透视。由于画面是倾斜的，所以又称为斜透视。如图 3-6 所示，这是一个三点透视实例。

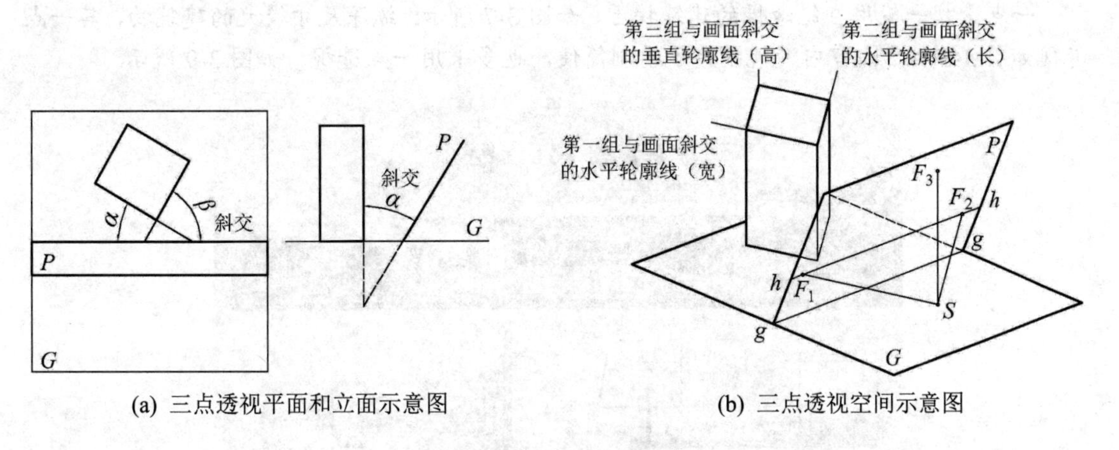

(a) 三点透视平面和立面示意图　　(b) 三点透视空间示意图

图 3-5　三点透视的形成

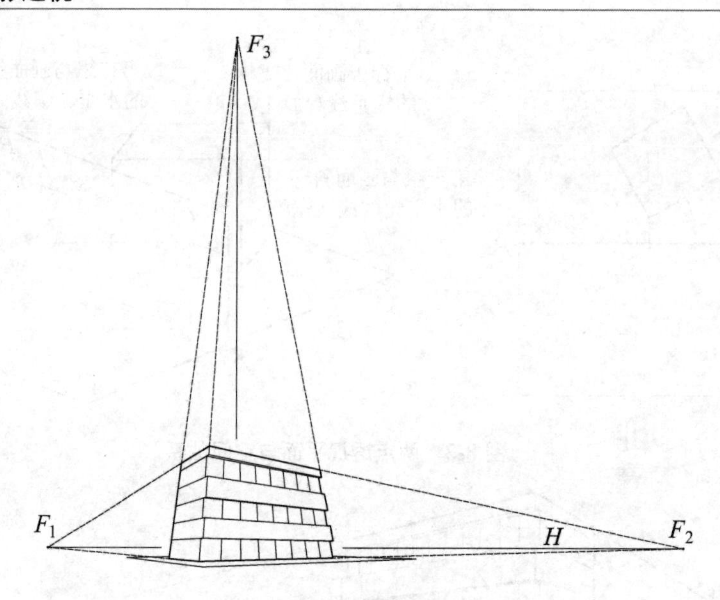

图 3-6　三点透视实例

本 章 小 结

本章的学习重点是掌握透视图的分类，将每种透视图的特点扩展到用不同透视图表现对象的优势和不足，从而在后续学习中灵活运用不同透视方法以达到完美表现对象的目的。

知 识 拓 展

透视实例

1. 一点透视实例

一点透视一般用在纪念性的建筑物上，如图 3-7 所示；纵深尺寸较大的建筑物，其一点透视如图 3-8 所示；室内透视图为了绘制简便，也多采用一点透视，如图 3-9 所示。

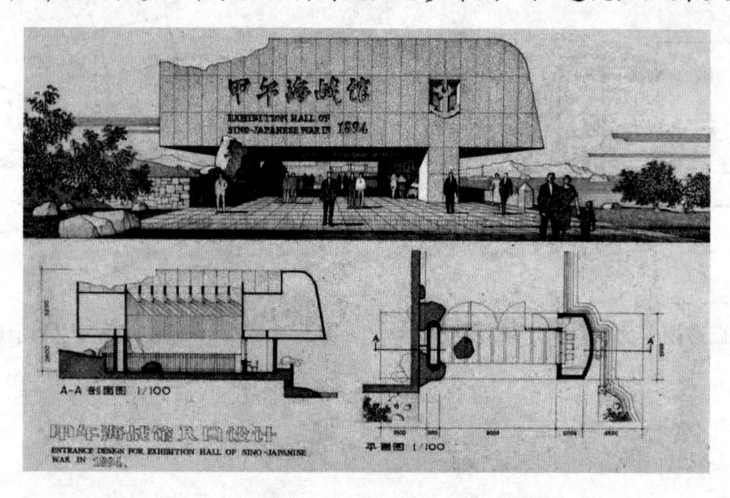

图 3-7　甲午海战馆手绘效果图(彭一刚)

图 3-8　纵深尺寸较大建筑物的一点透视实例

图 3-9　室内空间的一点透视实例

2. 两点透视实例

两点透视接近实际观看物体的视觉效果，是最常用的一种透视图，如图 3-10 所示。

3. 三点透视实例

三点透视一般用于超高层建筑的俯视图或仰视图，用于突出建筑物高耸雄伟的气势，如图 3-11 所示。

图 3-10　建筑外观的两点透视实例

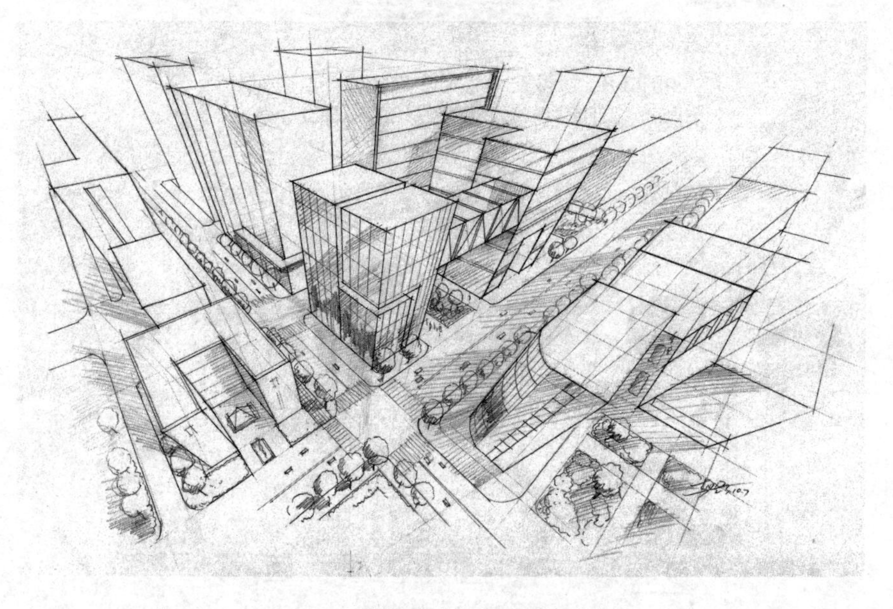

图 3-11　建筑群体的三点透视实例

思考与练习

1. 在一点透视、两点透视、三点透视图中，中心视线和画面相对位置关系是怎样的？
2. 一点透视、两点透视、三点透视图分别适用什么类型的建筑透视图？

第 4 章

透视图的作图方法

学习要点及目标

熟悉透视图的作图方法，了解每种透视图画法的优势，重点掌握一至两种作图方法并熟练运用。

4.1 视 线 法

1. 一点透视

如图 4-1 所示，已知物体 *ABCD*，物体靠近画面 *P*，*A*、*B* 两点在画面上，在画面前方任取一视点 *S*，在画面下方画出基线 *G* 和视平线 *H*，过 *S* 点作垂线交视平线 *H* 于一点 *F*，*F* 即为灭点(切忌直接把 *S* 点作为灭点，灭点必须在视平线上)。过 *A* 点作垂直线交基线于 *a*，过 *B* 点作垂直线交基线于 *b*，*ab* 的长度等于 *AB* 的长度，也就是说，*ab* 是物体的真实尺度，连接 *aF*、 *bF* 分别是 *AD*、 *BC* 的全长透视。连接 *CS* 与画面 *P* 交于一点 *e*，过 *e* 点作垂直线交 *bF* 于 *c* 点，*bc* 即为物体宽度 *BC* 的透视。由于 *A* 点在画面上，*Aa* 即为真高线，在真高线上取物体的高度 *ag*，过 *g* 点作水平线与 *bB* 交于 *m* 点，*abmg* 即为物体的正立面，分别连接 *gF*、*mF* 画出物体的透视图。需要注意的是，视高 *H* 是从基线 *G* 向上按比例画出。由于 *Bb* 也是画面上的铅垂线，所以 *Bb* 也是真高线。

如图 4-2 所示，当物体离开画面时，需要将 *DA*、*CB* 延长至画面，*AB* 仍然等于 *ab*，*AB* 仍是物体的真实尺度，但不是透视的尺度，连接 *aF*、 *bF*。连接 *BS* 交画面于点 *1*，过 *1* 点作垂直线交 *bF* 于 *f* 点，过 *f* 点作水平线，*ef* 即为物体透视的尺度，连接 *CS* 交画面 *P* 于点 *2*，过点 *2* 作垂直线，交 *bF* 于 *c* 点，*fc* 即为物体的透视尺度，按真高线方法分别画出物体的高度。需要注意的是，物体的真高线仍然是在 *Aa* 或 *Bb* 上量取，通过真高线再找到物体透视的高度。

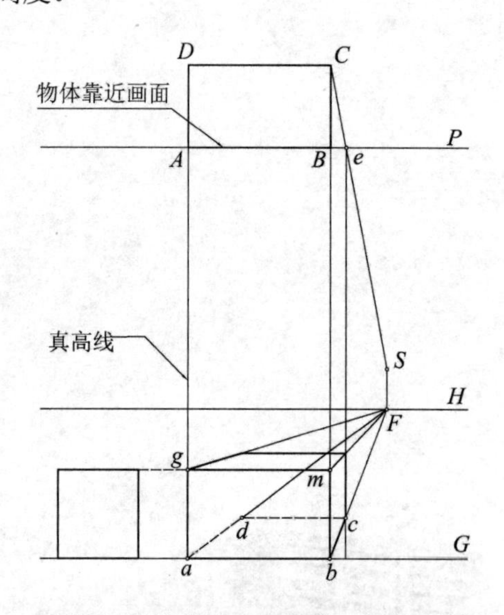

图 4-1 利用视线法作物体一点透视(1)

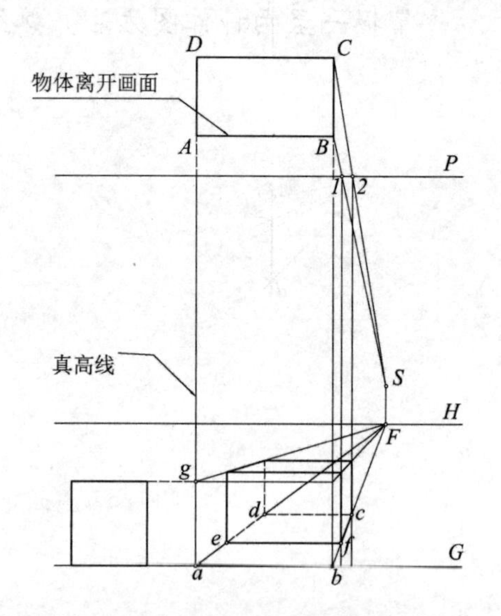

图 4-2 利用视线法作物体一点透视(2)

2. 两点透视

如图 4-3 所示，物体 *abcd* 与画面 *P* 成一定的夹角并且 *A* 点紧贴画面，*A* 点在画面上。在画面下方画出基线 *G* 和视平线 *H*，在画面的下方选任一视点 *S*，过 *S* 点作 SV_1 平行于 *AD*，

交画面 P 于点 V_1，同理，过 S 点作 AB 的平行线，SV_2 交画面 P 于点 V_2，分别过 V_1、V_2 点作垂直线交视平线 H 于 F_1、F_2，F_1、F_2 即为两个灭点。由于物体 A 点在画面上，过 A 点作垂直线即为真高线，连接 aF_1 和 aF_2 即为 AD、AB 的全长透视。过 S 点分别连接 SD、SB 两条视线交画面 P 于点 *1*、*2*，过点 *1*、*2* 作垂直线交 aF_1 于 d 点，交 aF_2 于 b 点，ad 和 ab 分别为物体长和宽的透视。在真高线上，取物体的高度 ag，过 g 点连接 F_1F_2，用真高线确定各棱线的透视高度，至此画出物体的透视图。

如图 4-4 所示，已知物体 $ABCD$，并且物体离开画面，A 点不在画面上。延长 DA 交画面 P 于点 *4*，过点 *4* 作垂直线交基线于 *0* 点，由于点 *4* 在画面上，*04* 即为真高线。同理，在画面下方取视点 S，过视点 S 分别作 AD、AB 的平行线，交画面于 V_1、V_2 两点，过 V_1、V_2 两点分别作垂线交视平线 H 于 F_1、F_2 两个灭点，连接 $0F_1$ 和 $0F_2$ 即为 AD、AB 的全长透视。过 S 点连接 SD、SB 交画面于点 *1*、*2*，过点 *1*、*2* 分别作垂线交 $0F_1$ 和 $0F_2$ 于 d 点和 b 点，连接 SA 交画面 P 于点 *3*，过点 *3* 作垂线交 $0F_1$ 于 a 点，ad 即为 AD 的透视图，ab 即为 AB 的透视图。在真高线 *04* 上取物体的高度 $0g$，连接 gF_1 和 gF_2，分别画出物体长和宽的透视图。注意 *04* 是真高线，切忌把 *a3* 当作真高线。最后分别向两个灭点连线与平面透视顶点起的垂线相交，画出物体的透视图。

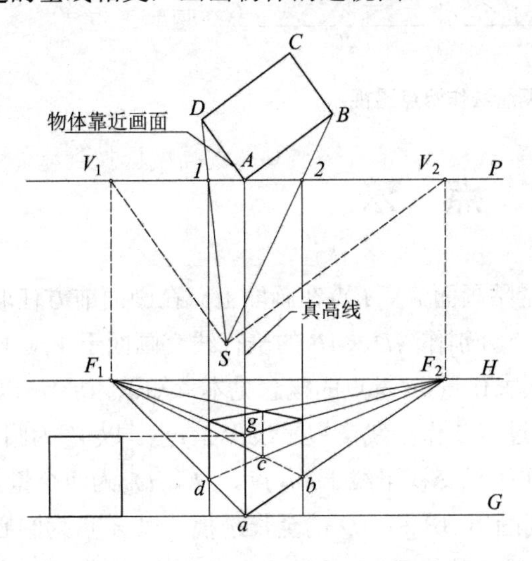

图 4-3 利用视线法作物体两点透视(1)

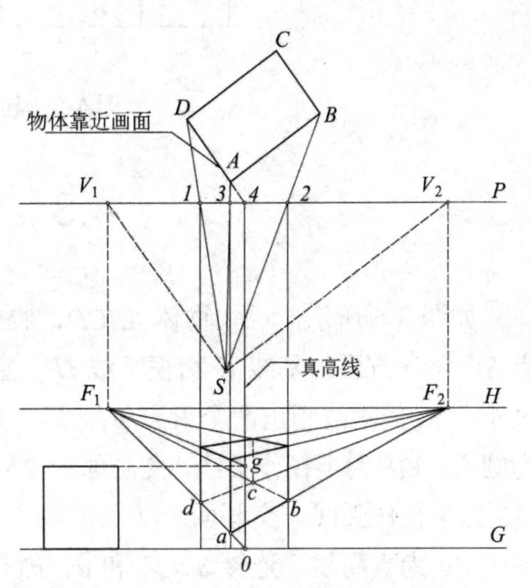

图 4-4 利用视线法作物体两点透视(2)

4.2 灭 点 法

如图 4-5 所示，已知物体 $ABCDEF$，A 点在画面上。画出基线 G 和视平线 H。在画面下方任取视点 S，过 S 点分别作 SV_1 平行于 AF，SV_2 平行于 AB，过 V_1、V_2 两点作垂线交视平线 H 于 F_1、F_2 为两个灭点。分别延长 EF、DC、CB、ED 交画面于点 *1*、*2*、*3*、*4*，过 A 点作垂线交基线于 a，由于 A 点在画面上，Aa 即为真高线。连接 aF_1 和 aF_2，即为 AF 和 AB 的全长透视，过 *1* 点作垂线交基线于 *1'*，连接 $1'F_2$ 交 aF_1 于 f，af 即为 AF 的透视宽度。同理，过点 3 作垂线交基线于 3′，连接 $3'F_1$ 交 aF_2 于点 b，ab 即为 AB 的透视宽度。过 2、4 点作垂线，求出对向物体的宽度。在真高线上取物体的高度 ag，过 g 点分别连接 F_1、F_2 画出物体宽度，再利用垂线与高度和灭点连线相交，画出物体透视图。

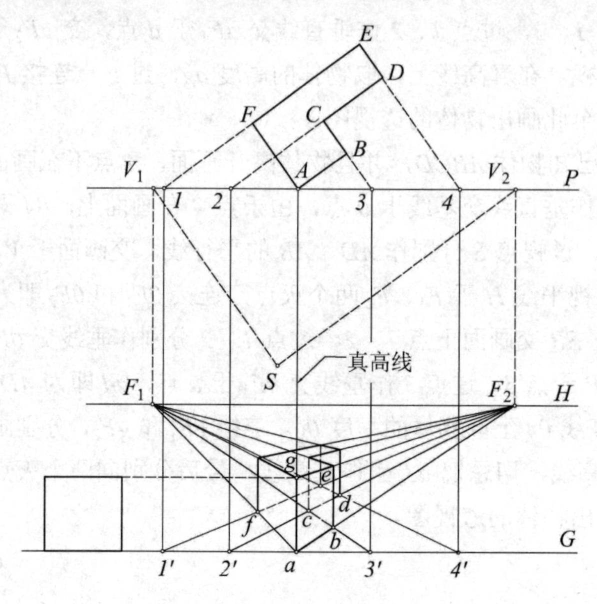

图 4-5　利用灭点法作两点透视

4.3　量　点　法

如图 4-6 所示，已知物体 ABCD，物体紧贴画面 P，A 点在画面上。在画面前方任取视点 S，在下方画出基线 G 和视平线 H。过 S 点分别作 AD、AB 的平行线交画面于 V_1、V_2，过 V_1、V_2 作垂线画出两个灭点 F_1、F_2，其次求作量点(量点的概念见本章知识拓展)，以 V_1 为圆心，V_1S 为半径作弧线，交画面于 2 点，过点 2 作垂线交视平线于 M_2 点。以 V_2 为圆心，V_2S 为半径作弧线，交画面于 1 点，过点 1 作垂线交视平线于 M_1 点。M_1、M_2 为两个量点。图中 Ag 为真高线，连接 a、F_2 和 a、F_1 分别画出 AB 和 AD 的全长透视。以 A 点为圆心，AB 为半径作弧，交画面于 4 点，过 4 点作垂线交基线于 4′，即 AB=A4=a4′，所以可以直接在基线上以 a 为起点向右侧量取 a4′=AB，连接 4′、M_1 交 aF_2 于点 b，ab 即为矩形 ABCD 上 AB 边的透视尺度。同理，求出 AD 的透视尺度，以 a 为起点向左侧量取 a3′=AD，连接 3′、M_2 交 aF_1 于点 d，ad 即为 AD 边的透视宽度。过 b 点和 d 点分别连接灭点 F_1、F_2，交于点 C，画出矩形 ABCD 的透视图(阴影部分)，在真高线 Ag 上量取物体高度，画出物体立体透视图。

需要注意，量点 M_1、M_2 只是用来量取物体尺度的辅助灭点，并非灭点，切忌将取得的点连接 M_1、M_2 作为全长透视。物体的一侧尺度要向对向量点连线，切忌同侧相连。量点法作图的优点是物体和画面线不用出现在图幅中，只保留视平线和基线，物体尺度均在基线上量取，能最大限度地保证构图的均衡和饱满，如图 4-7 所示。

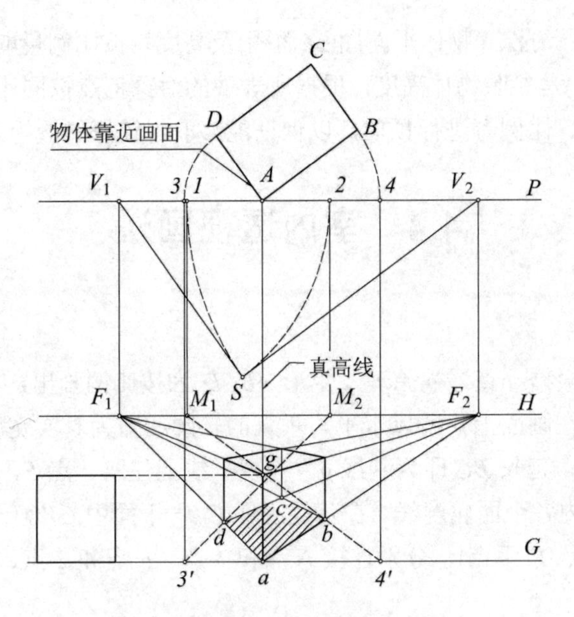

图 4-6　利用量点法作物体量点透视

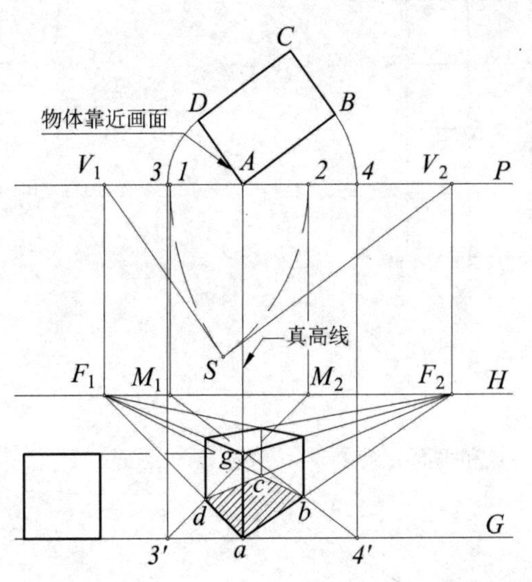

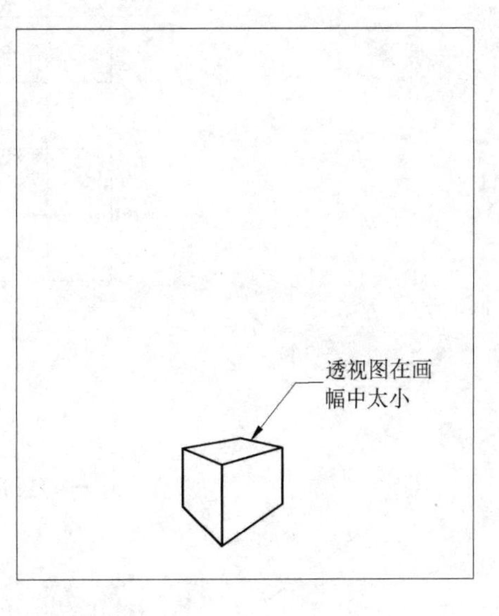

(a) 包含上部步骤透视图构图偏小

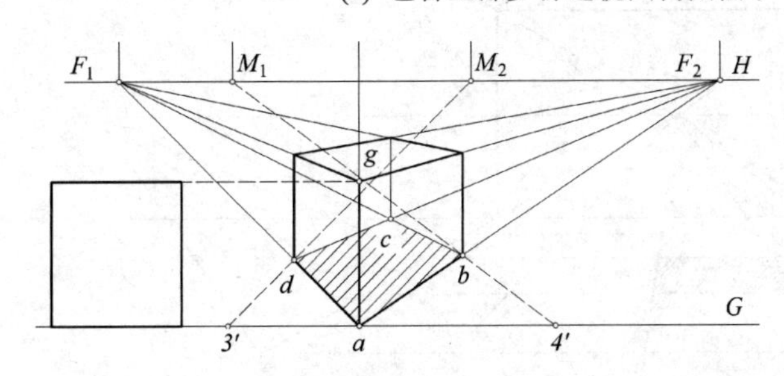

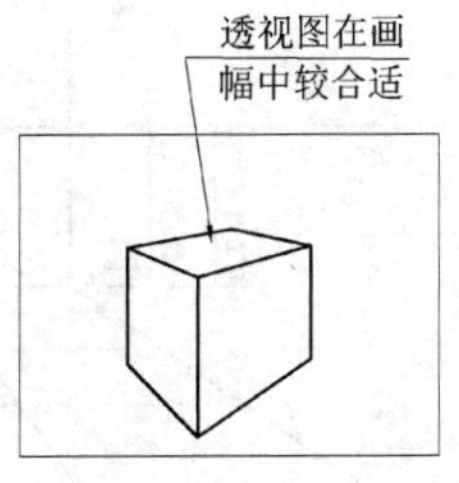

(b) 去掉上部步骤取得适当构图

图 4-7　利用量点法构图

无论使用哪种作图方法，物体平面图(立面图)及高度均按比例量取或设定，并非任意画出；视平线高度(视高)是参照物体高度，根据所表现的对象特点按同比例设定，画图前需要根据图幅大小、构图、比例等进行预估，以保证能够取得较好的透视效果。

4.4 室内透视画法

1. 室内一点透视

如图 4-8 所示，根据一点透视原理，矩形 *ABCD* 为按比例画出，矩形 *ABCD* 即为室内一墙体正立面，而且在画面上，所以水平与垂直的轮廓线即为真实宽度和高度。按比例(人的高度)画出视平线 *h*，延长 *BC* 即为基线 *g*。在视平线上任取一点 *F*，即为灭点。连接 *FA*、*FB*、*FC*、*FD* 画出室内各个面轮廓线。在基线上取 *C4′*=平面中 *CW*，即为室内进深，在 *C4′* 外侧视平线上任取一点 *P*(距点)，分别连接 *F* 点和 *1* 点、*F* 点和 *2* 点、*F* 点和 *3* 点，画出室内宽度的网格线。

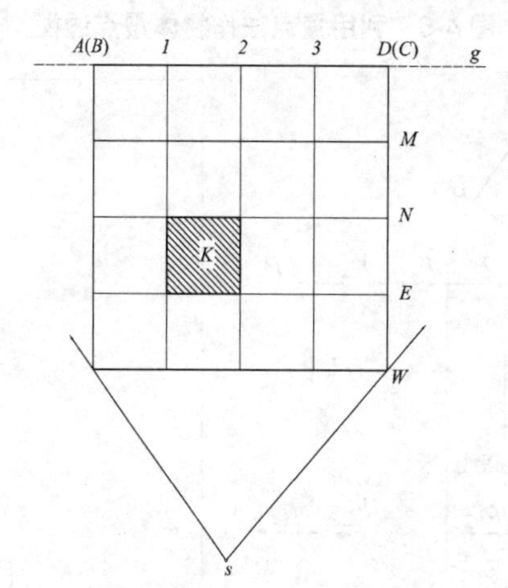

(a) 一点透视站点和平面关系

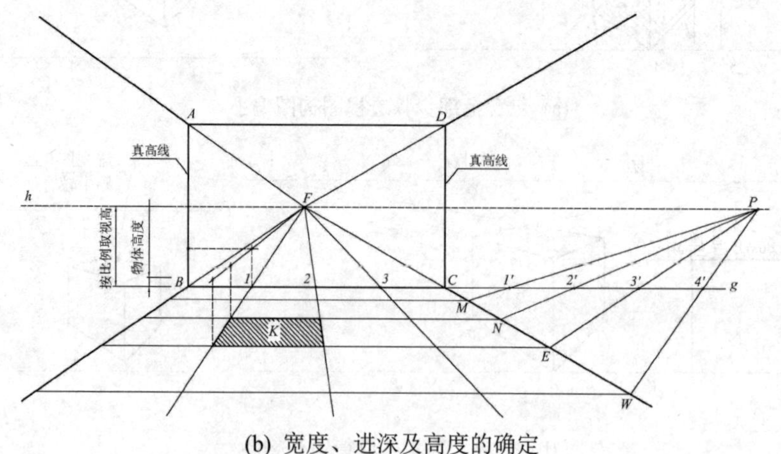

(b) 宽度、进深及高度的确定

图 4-8 室内一点透视作图实例

连接 $P1'$、$P2'$、$P3'$、$P4'$ 并延长分别交 FC 于点 M、N、E、W，过点 M、N、E、W 作水平线即得室内进深的透视网格线。由于矩形 $ABCD$ 为按比例画出，所以室内家具的宽度及进深分别按比例在真宽及基线进深上量取画出透视图，物体真高线在 AB 或 CD 上量取。例如，物体 K(阴影部分)宽度是在 BC 上量取线段 12，进深长度是在基线上量取 $2'3'$，分别连接 F 和 1、F 和 2，P 和 $2'$、P 和 $3'$，得出宽度和进深。物体真高在真高线 AB 或 CD 上量取，依次作水平线和垂直线，从所取高度向灭点连线，找出高度交点，即为物体透视高度。

2. 室内两点透视

将室内平面安排与画面成一定角度，如图 4-9(a)所示。根据图幅在底部画出基线 g，按比例设定视平线 h，在画面前方任取一视点 S，根据前面所讲内容分别求出灭点 F_1、F_2 及量点 M_1、M_2，如图 4-9(b)所示。由于 AB、CD 在画面上，故过 $A(B)$、$C(D)$作垂线，即为真高线，在真高线上取室内高度，分别连接左右两个灭点 F_1、F_2，得到室内空间线。确定 BW_1 线上的进深(长)。连接 M_1、W_1 并延长交基线于点 W_0，等分线段 BW_0=4 等分，等分点为 $1'$、$2'$、$3'$，分别连接 M_1、$1'$，M_1、$2'$，M_1、$3'$，交 BW_1 于点 1、2、3，点 1、2、3 即为长度的透视点，连接 F_11、F_12、F_13 并延长，即得出室内长度的透视网格。同理，画出室内宽度的透视网格即可，物体高度在真高线 AB 或 CD 上量取。

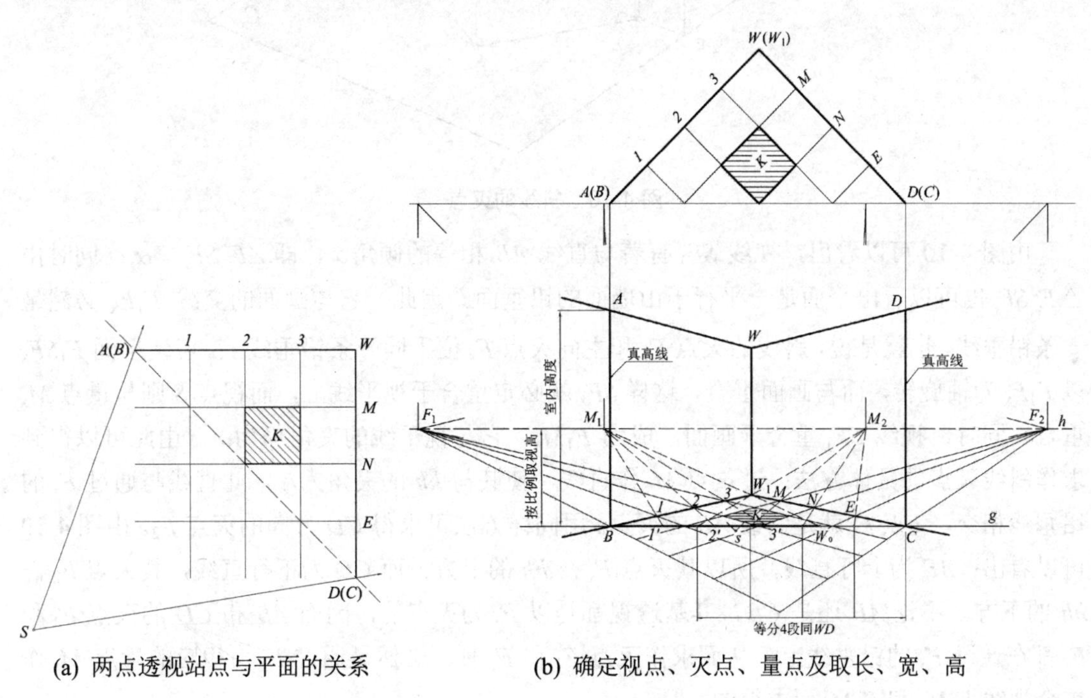

(a) 两点透视站点与平面的关系　　　　(b) 确定视点、灭点、量点及取长、宽、高

图 4-9　室内两点透视作图实例

4.5　斜线灭点的运用

与基面倾斜的直线，其灭点在视平线的上方或下方，在建筑物透视图的绘制中，关于

坡屋面和楼梯的透视图都会涉及斜线的灭点，通过斜线灭点的灵活运用，可以快速准确地绘制出坡屋面和楼梯，尤其是楼梯的透视图。

1. 斜线灭点的求法

如图 4-10 所示，两个主向灭点为 F_x 和 F_y，坡屋面与山墙相交的线 AB 和 CD 等是倾斜于基面的，现在求 AB 斜线的灭点。从视点 S 引视线 SF_1 平行于 AB，与画面的交点 F_1 就是 AB 方向的灭点。用同样的方法求斜线 CD 的灭点，从视点 S 平行于 CD 引视线，与画面相交于 F_2，点 F_2 就是 CD 方向的灭点。

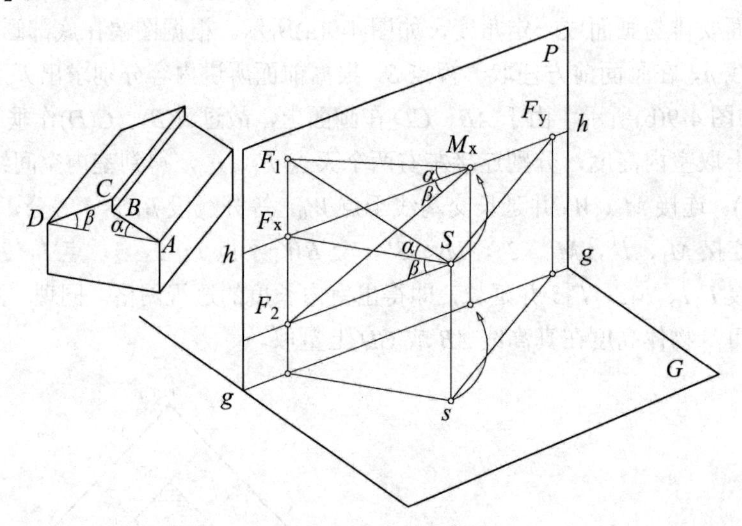

图 4-10 斜线的灭点

由图 4-10 可以看出，视线 SF_1 有着与直线 AB 相等的倾角α，即$\angle F_1SF_x=\alpha$；同时由$\triangle F_1SF_x$ 也可以看出平面是一平行于山墙面的铅垂面。因此，它与画面的交线 F_1F_x 必然是一条铅垂线，也就是说，斜线的灭点 F_1 和主向灭点 F_x 位于同一条铅垂线上。若使平面 F_1SF_x 以 F_1F_x 为轴旋转，而与画面重合，这样 SF_x 就必定重合于视平线上，而视点 S 则与量点 M_x 重合。同时，视线 SF_1 重合于画面，成为 F_1M_x，它与视平线的夹角仍为α。由此可以得到求作斜线灭点的具体方法：过量点 M_x 作直线，使其与 hh 的夹角为α，此直线与通过 F_x 的铅垂线相交，交点 F_1 就是斜线 AB 的灭点。用同样方法可求得 CD 方向的灭点 F_2。由图 4-10 可以看出：AB 为上行直线，所以其灭点 F_1 在 hh 的上方；而 CD 为下行直线，其灭点 F_2 在 hh 的下方。不论 AB 还是 CD，其基透视都是以 F_x 为灭点的，因而 AB 和 CD 的灭点 F_1 和 F_2 都在通过 F_x 的铅垂线上，从而求作灭点 F_1 和 F_2 时，必然是通过 F_x 与相应的量点 M_x 作重合视线 F_1M_x 和 F_2M_x 而求得的。

2. 斜线灭点在楼梯和台阶中的运用

同一梯段的踏步或同一台阶的踏步，在设计上踏步的宽度和高度是一致的，这就保证了踏步各个侧面的端点相连后是在一条直线上，如图 4-11 所示的 $ABCD$ 直线和 $abcd$ 直线，这两条直线与基面倾斜的角度就是楼梯或台阶的坡度，作图时先把这两条直线的透视求出来，踏步侧面的高度线和宽度线就在这两条直线的范围之内。

如图 4-12 所示，这是一般包含五个踏步的室外台阶，上为立面图，下为平面图，踏步尺寸为 300mm×150mm，现画出其一点透视图(画面 P_1P_1)和两点透视图(画面 P_2P_2)。

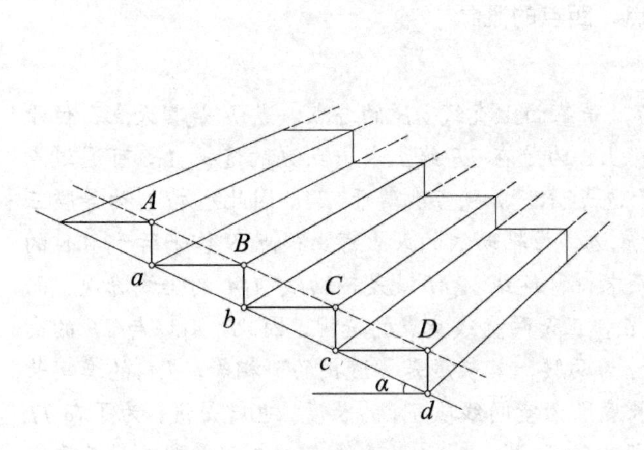

图 4-11　踏步透视空间示意图

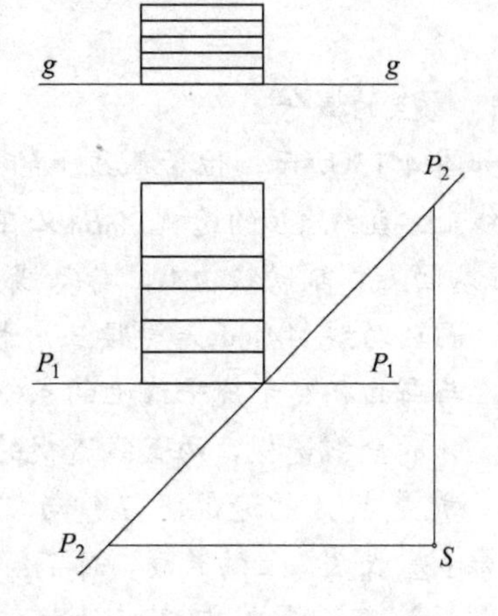

图 4-12　室外台阶一点透视图

如图 4-13 所示，这是台阶的一点透视。所有垂直于画面的直线，其透视均通过心点 s_0。台阶的坡度线，其灭点为 F_1。这个灭点可通过视平线上的距点 D，向上作重合视线，使与 hh 的夹角 α 等于台阶的坡度，并与过 s_0 的铅垂线相交而得。

如图 4-14 所示，这是台阶的两点透视，台阶的起坡方向为 y 方向，可以先确定第一个踏步的踢面，然后根据台阶的坡度，确定各个踏步端点相连后的锯齿线，该线与坡度线平行，与基面有共同的坡度角。其灭点 F_1 为通过视平线上的量点 M_y，向上作重合视线，使其与 hh 的夹角 α 等于台阶的坡度，并且是与过 F_y 的铅垂线相交而得。

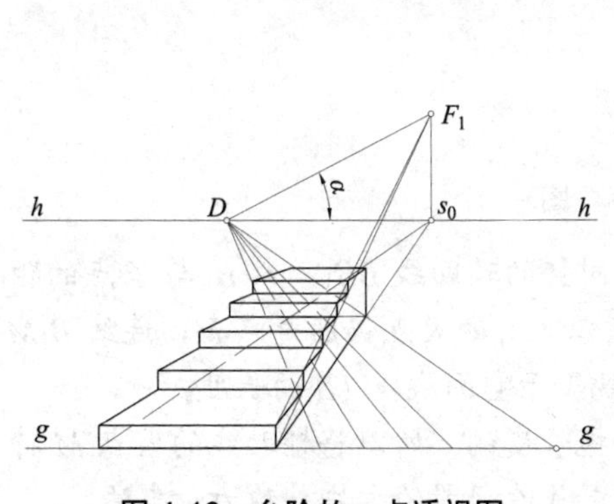

图 4-13　台阶的一点透视图

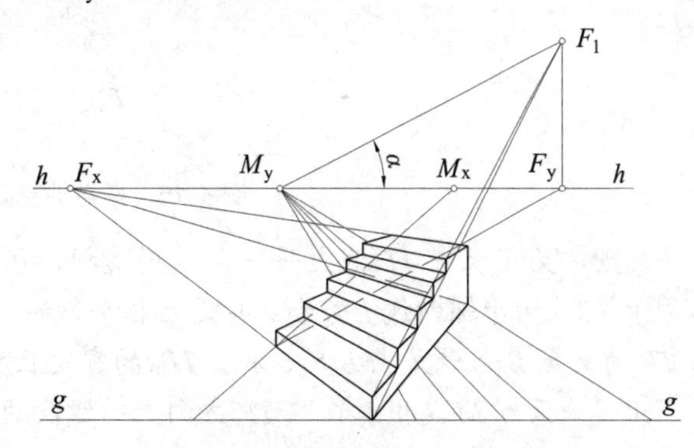

图 4-14　台阶的两点透视图

本 章 小 结

熟练掌握不同类型透视图的画法，以及针对不同对象应该如何选择透视种类和画法，每类画法中作图重点要熟记于心。

知识拓展

量点、距点的概念

1. 量点的概念

如图 4-15 所示，位于基线上的点 T，是基面上直线 AB 的迹点，点 F 是其灭点，位于视平线上。直线 AB 的透视 A_0B_0 必在 TF 上。为了在 TF 线上求出点 A 的透视 A_0，可通过点 A，在基面上作辅助线 AA_1，与基线交于迹点 A_1，并使 TA_1 等于 TA。因此△ATA_1 为等腰三角形，而辅助线 AA_1 正是等腰三角形的底边。该辅助线的灭点可由视点 S 作平行于 AA_1 的视线，与画面相交于视平线上的点 M 而求得。连线 A_1M 就是辅助线 A_1A 的全线透视。而 TF 是 TA 的全线透视，两直线透视的交点，正是两直线交点的透视，因此，A_1M 与 TF 的交点 A_1，就是点 A 的透视，TA_0 与 TA_1 作为两腰，其长度是“透视的”相等，TA_0 的真实长度就等于基线 TA_1 上的长度，而 TA_1 的长度即为空间线段 TA 的长度。也就是说，为了在 TF 上取得一点 A_0，使 A_0 与 T 点的距离实际上等于 TA，于是在基线上，自 T 量取一段长度等于 TA，得点 A_1，连接 A_1 和 M，使其与 TF 相交，交点 A_0 即为所求。

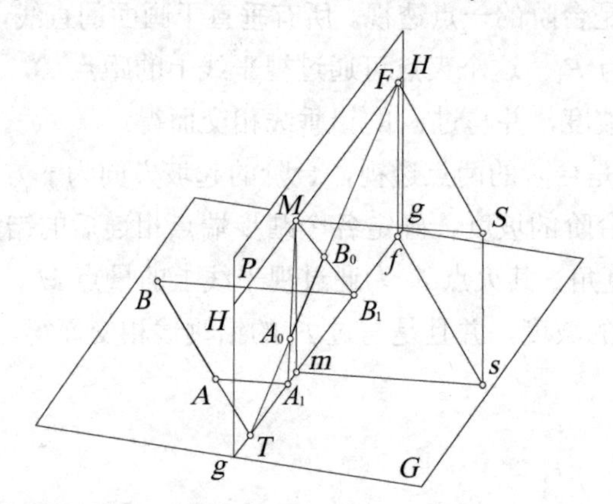

图 4-15　量点的空间示意图

同理，为了求得 TF 线上另一点 B 的透视，仍作同样的辅助线 BB_1，点 B_1 与 T 点的距离等于 TB。由于辅助线 BB_1 和 AA_1 是互相平行的，所以 BB_1 的灭点仍然是点 M，连线 B_1M 与 TF 的交点 B_0，就是点 B 的透视。TB_0 的真实长度就等于空间线段 TB 的长度。

正因为灭点 M 是用来量取 TF 方向上的线段的透视长度的，所以将辅助线的灭点 M 特称为量点。利用量点直接根据平面图中的已给尺寸来求作透视图的方法，称为量点法。

至于量点的具体求法，我们从图中不难看出：△SFM 和△ATA_1 是相似的，当然也是等腰三角形，FM 的长度和 FS 相等。因此，以 F 为圆心，FS 的长度为半径画圆弧，与视平线相交，即得量点 M。这是空间情况的分析，实际作图是在平面上进行的，如图 4-16 所示，自站点 s 平行于 AB 作直线，与 pp 相交于 f，以 f 为圆心，fs 为半径画圆弧，与 pp 相交于 m，过 f 作竖直线与 hh 相交，即得 AB 的灭点 F，过 m 作竖直线与 hh 相交，即可得与灭点 F 相应的量点 M，或者在 hh 上直接量取 FM=sf，也可得到 M 点。

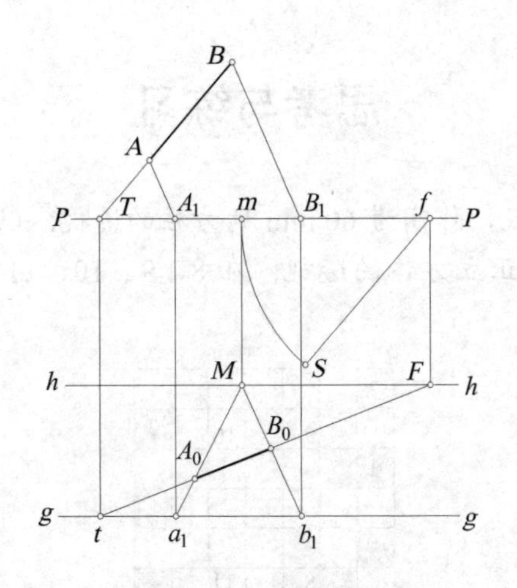

图 4-16　量点的求法

在实际作图时，辅助线 AA_1、BB_1 等是不必在平面图上画出来的。

2. 距点的概念

在求作一点透视时，建筑物只有一组主向轮廓线，由于与画面垂直而产生灭点，即心点 s_0。这样画面垂直线的透视是指向 s_0 的。如图 4-17 所示，基面上有一垂直于画面的直线 AB，其透视方向即为 Ts_0，为了确定该直线上 A、B 各点的透视，可以假设在基面上分别过 A、B 两点作同一方向的 45° 辅助线 AA_1、BB_1，与基线相交于 A_1 及 B_1。求这些辅助线的灭点，可平行于这些辅助线引视线，交画面于视平线上的点 D 而求得。A_1D、B_1D 与 Ts_0 相交，交点 A_0、B_0 就是点 A 和 B 的透视。正由于辅助线是 45° 的，则 $TA_1=TA$，$TB_1=TB$，因此，在实际作图时，并不需要在基面上画出这些辅助线，而只需按点 A、B 对画面的距离，直接在基线上量得点 A_1 及 B_1 即可。同时，从图 4-17 中不难看出，视线 SD 与视平线的夹角也是 45°，点 D 到心点 s_0 的距离，正好等于视点对画面的距离。利用灭点 D，就可按画面垂直线上的点对画面的距离，求得该点的透视，因此，点 D 称为距点，它实际上是量点的特例。这样的距点可取在心点 s_0 的左侧，也可取在右侧。

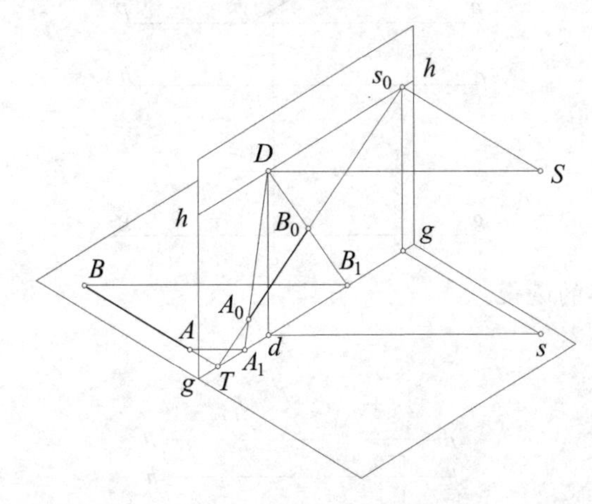

图 4-17　距点的空间示意图

思考与练习

1. 以方块 1、2、3 为底，作高为 60 mm 的方柱的透视；以方块 4、5、6、7 为底，在其上方距基面 10 mm 处作正立方体的透视；在 8、9、10、11 各点处竖一高为 80 mm 的立杆。

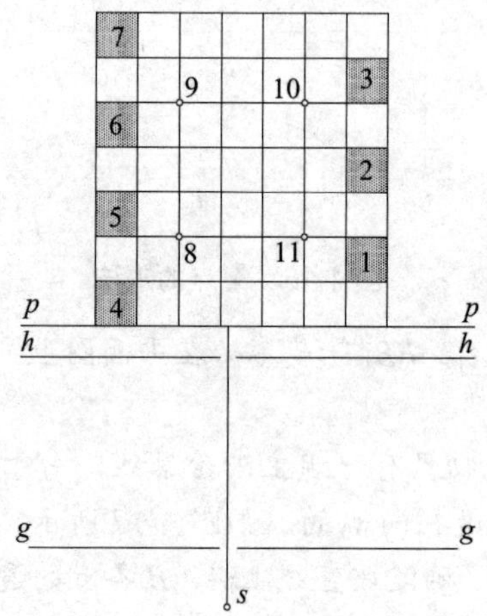

2. 以方块 1、2 为底，作高为 80 mm 的方柱的透视；在 3～9 各点处竖一高为 60 mm 的立杆。

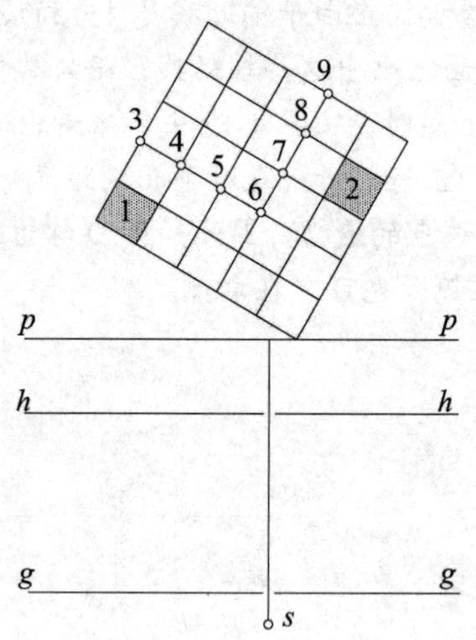

3. 作下列建筑形体的透视。

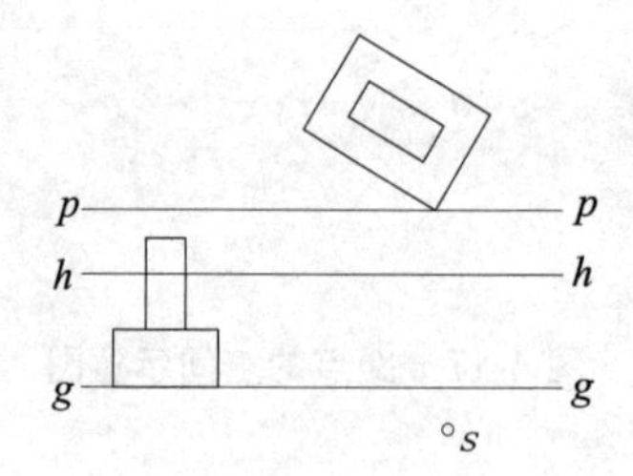

4. 作下列建筑形体的透视。

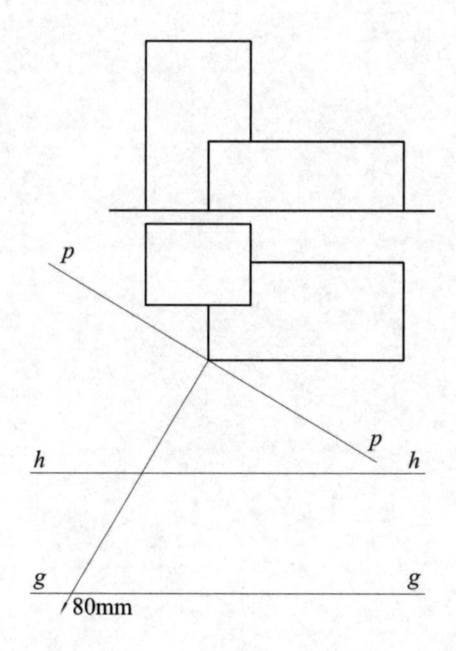

5. 作下列室外台阶的透视(视距自定)。

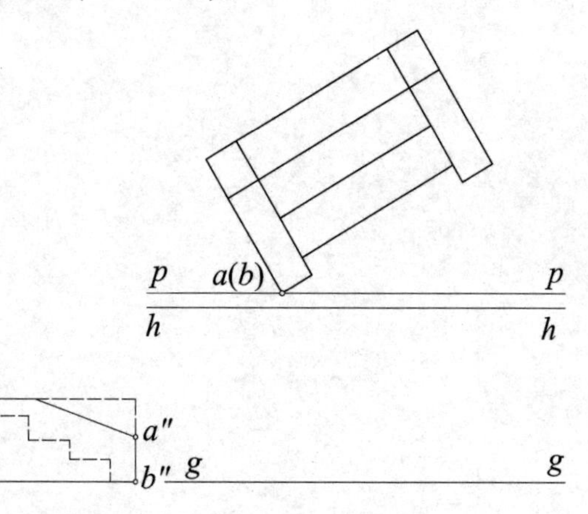

6. 作下列室外台阶的透视(视距、视高自定)。

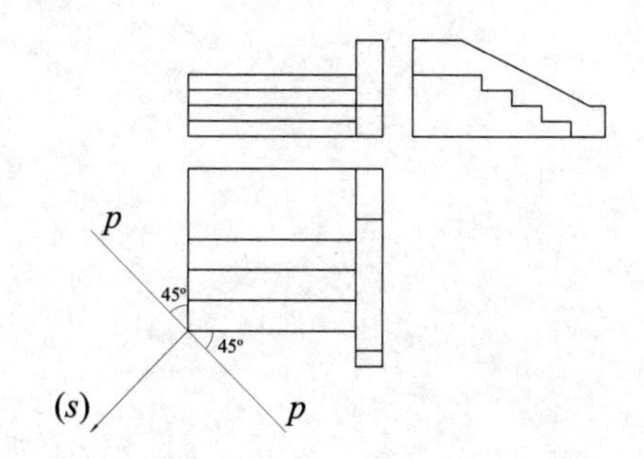

第 5 章

视点、视高、视距变化对透视图的影响

学习要点及目标

了解视点、视高、视距等变量对透视图的影响，掌握如何在现实中分析、判断对象的透视特点。

5.1 视点的变化对透视图的影响

1. 建筑及单体视点变化

分析视点的左右移动对透视图的影响是在视距、视高、物体高度及物体与画面的夹角(图例为 45° 夹角)不变的前提下来进行分析的，如图 5-1 所示。

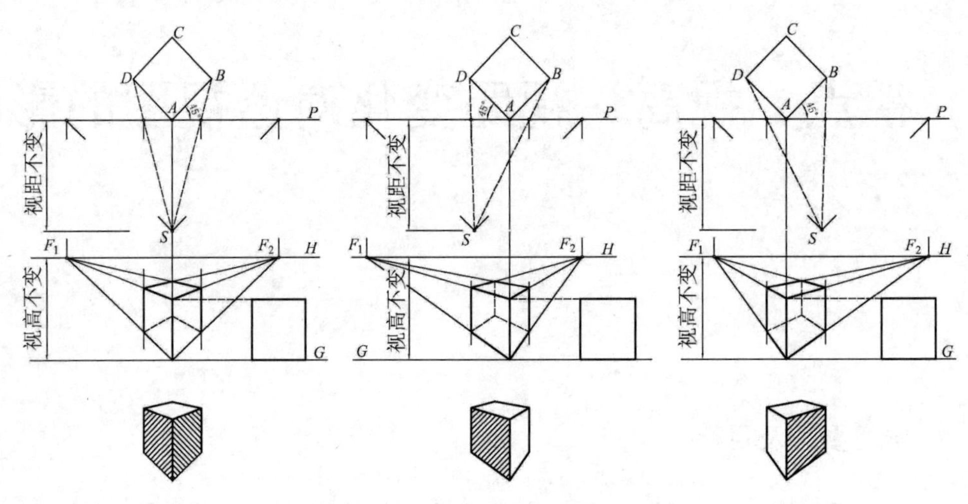

图 5-1 视点左右移动对透视的影响

视点居中，所得透视图两个面完全对称，没有主次关系，画面呆板；视点偏左，视线所看左侧面较大(透视感弱)易表现物体造型，右侧面看得较小(透视感强)不易表现物体造型，线会产生堆积，线条表达不清楚。视点偏右，情况与偏左相反。因此在选择视点左右位置时，首先要解读对象的立面主次关系，将重点表现的主立面看的范围大一些，以表现清楚其形态和结构。图 5-2(a)、(c)所示的视点从对象立面形态关系看，是比较合适的视点位置。

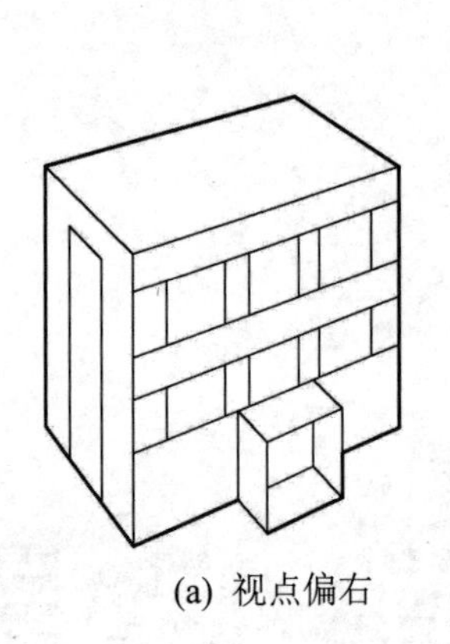

(a) 视点偏右

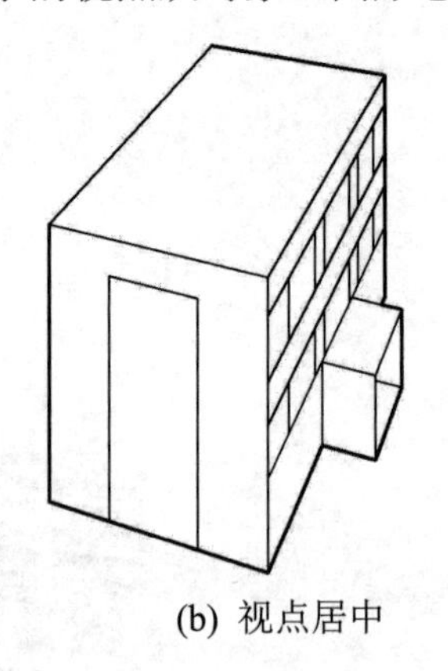

(b) 视点居中

(c) 视点偏左

图 5-2 视点变换对物体透视的影响

2. 室内透视图中视点变化

室内透视图中，视点的左右移动关乎两侧墙面所看的范围大小，如图 5-3 所示。图 5-3(a)中的视点居墙面中间，所画透视图两侧墙面完全对称，没有主次关系，画面平淡。图 5-3(b)中的视点偏左，透视图中右侧墙面看的范围较大，透视感较弱，左侧看的范围较小，透视感强，线条积聚，不容易画清楚结构，图 5-3(c)中的情况则恰好相反。视点左右的设定，首先要判断所画对象设计的造型复杂与否。相对复杂的造型，宜看的范围较大，能清楚地表达出造型、线条、转折，使画面也具有主次关系，反之，简单的一面看得小一些，没有太多可以表现的内容，图 5-3(d)中的视点选择就相对合适。

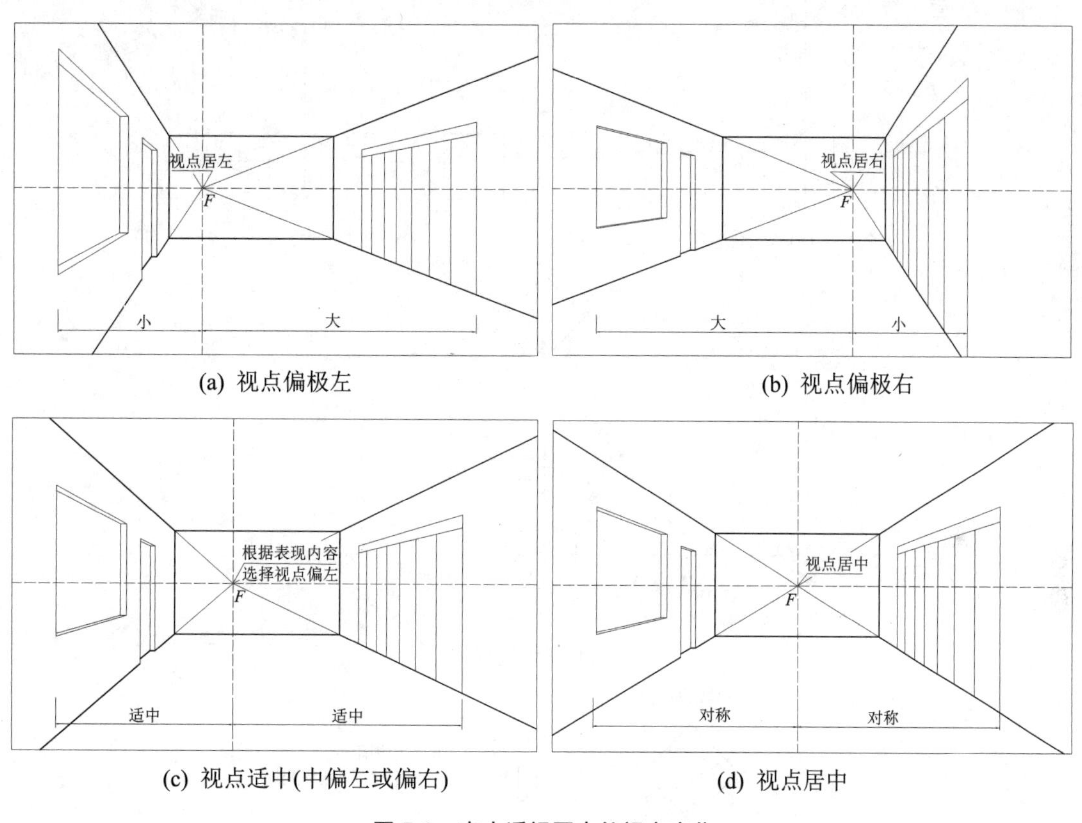

(a) 视点偏极左　(b) 视点偏极右

(c) 视点适中(中偏左或偏右)　(d) 视点居中

图 5-3　室内透视图中的视点变化

5.2　视距的变化对透视图的影响

分析视距的变化对透视图的影响为视点左右、视高、物体高度不变的前提下，如图 5-4 所示。

视距是观察者距离物体的距离。视距的远近关系到透视图透视感的强弱，即变形与否。视距近，两个灭点间距离近，物体轮廓透视线斜度大，透视图失真变形严重，如图 5-4(b)所示；视距远，两个灭点间距离远，物体轮廓透视线接近相互平行，透视图失去透视感，看上去更像是物体的立面图，视觉冲击力不强，如图 5-4(c)所示；在透视作图中，往往要得到一个既有透视感，有一定的视觉冲击力又不失真，且效果符合物体原比例尺度的透视图，因此要恰当选择视距，如图 5-4(a)所示。一般作图规律选择视距为物体的画面宽度的 1.5～2 倍为宜，或自视点向物体平面外轮廓引出的视线夹角为 30°～40°为宜，如图 5-4(d)所示。

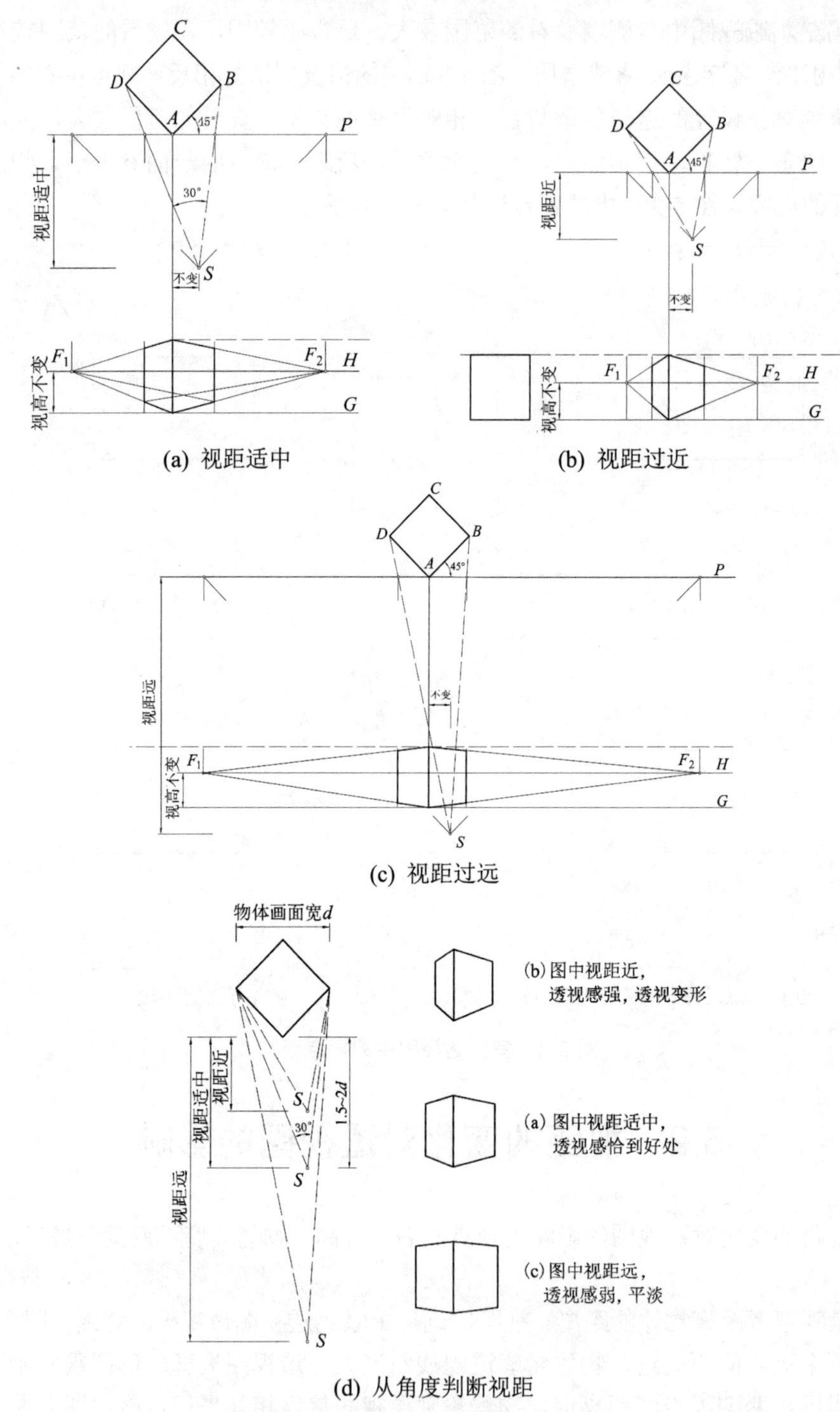

图 5-4 视距的变化对透视图的影响

5.3　视高的变化对透视图的影响

分析视高的高低变化对透视图的影响为视点、视距、物体高度不变的前提下，如图 5-5 所示。视高(视平线高度)是相对于物体高度而言。通常视高就是人的高度(范围在 1.5～1.8m)，一般情况下设定视高为人的高度，但为了追求某种视角或者表现出对象的特质，可以改变视高高度，因此视高又是一个变量。在学习过程中要善于应用，针对对象特点和行业规律，表现出不同对象的审美规律。

如图 5-5(a)所示，视高位于物体高度范围内，看到物体上部为仰视，底部为俯视，作为实体物体而言，这两个面是看不到的，在物体内侧。如图 5-5(b)所示，视高高于物体高度，所看到物体上下面均为俯视，作为实体物体而言，底部面是看不到的。俯视可以看到物体在平面当中布局的整体效果，场面比较宏大、开阔，一般用于城市规划、园林设计、景观设计等鸟瞰图中，用于表达建筑、植物及道路之间的相互关系等。如图 5-5(c)所示，视高位于物体高度以下，所看到物体上下面均为仰视，作为实体物体而言，顶面是看不到的。仰视图一般用于表现建筑外观，以表达出建筑高大、雄伟的视觉效果。

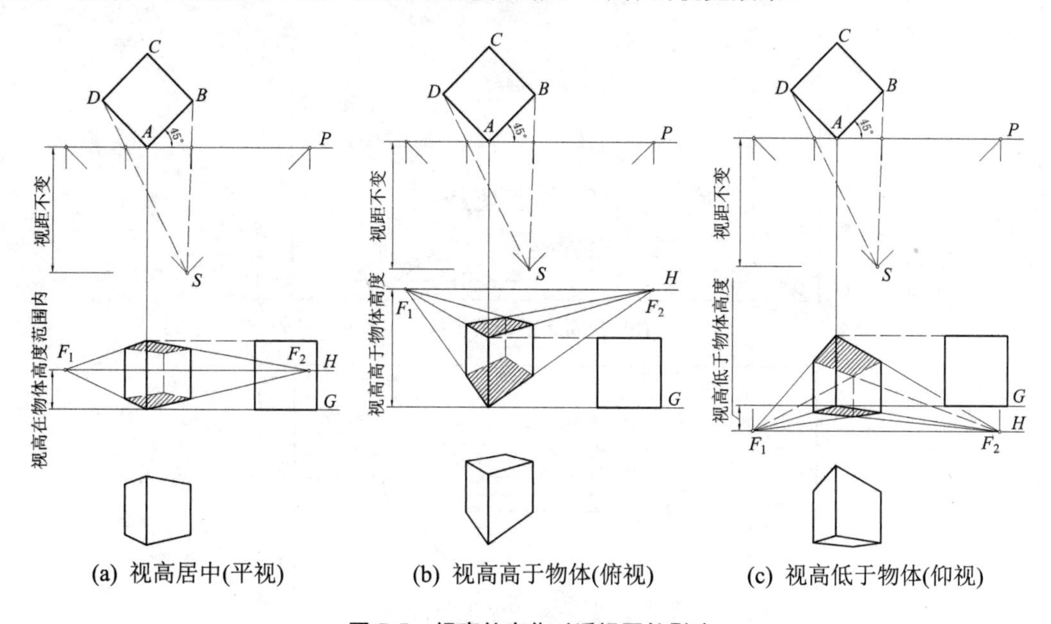

(a) 视高居中(平视)　　(b) 视高高于物体(俯视)　　(c) 视高低于物体(仰视)

图 5-5　视高的变化对透视图的影响

1. 室内透视视高的选择

对室内透视图来说，视高的选择一般为人视的高度，但是作为室内设计透视图来讲，一般会降低视高，比人视的高度稍低一些，以达到室内透视图空间比较开阔、舒展的效果，这是室内设计专业的一个规律和特点，如图 5-6 所示。如果视高选择比较高(人的高度约为 1.7m 或者更高)，因此透视中所看到的地面就比较大，地面家具摆放能表现得较清楚，顶面看到范围比较小，但是，整个透视图看上去比较平淡，效果不够舒展[见图 5-6(b)、(c)]。

图 5-6(a)中适当降低了视高(约为 1m)，整个透视图看上去比较舒展，有一个比较好的效果，顶面看的范围较大，能表现清楚顶面造型。如果想表现地面家具摆放、布局等，可适当升高视高；如果想表现顶部的造型，可适当降低视高。当然，在设计中要根据对象的尺度合理地调整视高，而不是一成不变地对待，其主要目的是画出比较理想的、能表现出对象特点的透视图。

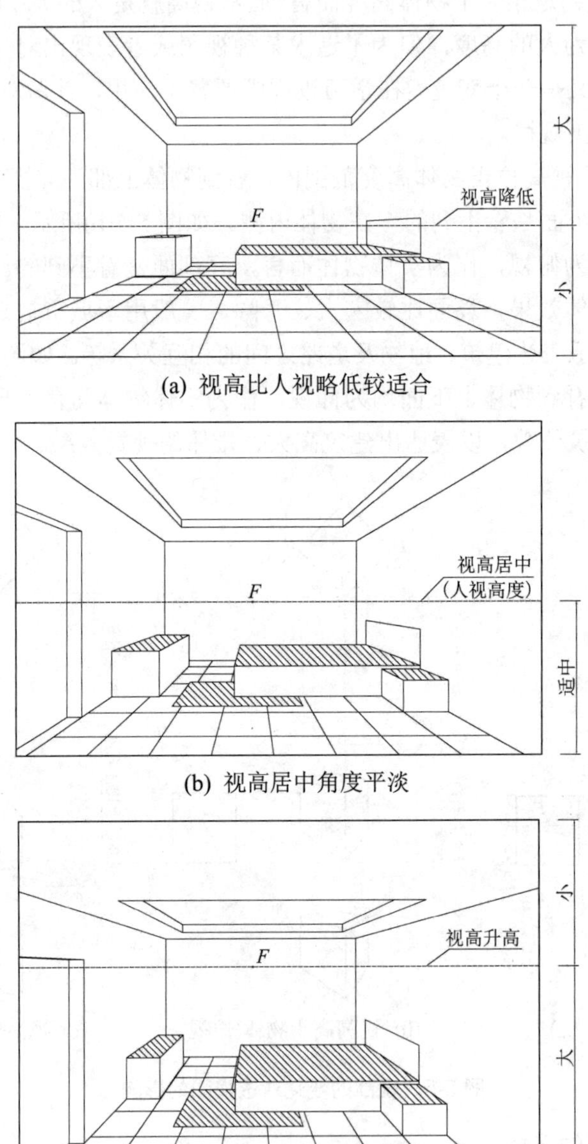

图 5-6　室内视点的选择

2. 单体透视视高的选择

对于单体透视图，比如城市家具或者室内家具，首先要看对象的尺度，如果对象的尺度高于人的尺度，那么我们还是以人的尺度为基础，可以适当地降低视高。如果对象的尺度低于人的尺度，视高可以降低至略高于物体的高度，以达到比较好的表现效果。当然，一切要以能表现清楚对象的结构为前提，这也是行业的规律，并不是规范，只是业内长久以来养成的独特审美规律，如图 5-7、图 5-8 所示。

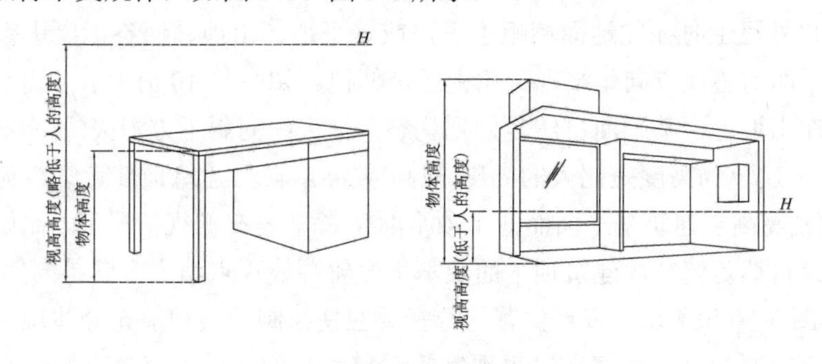

图 5-7　桌子和公交站牌的透视

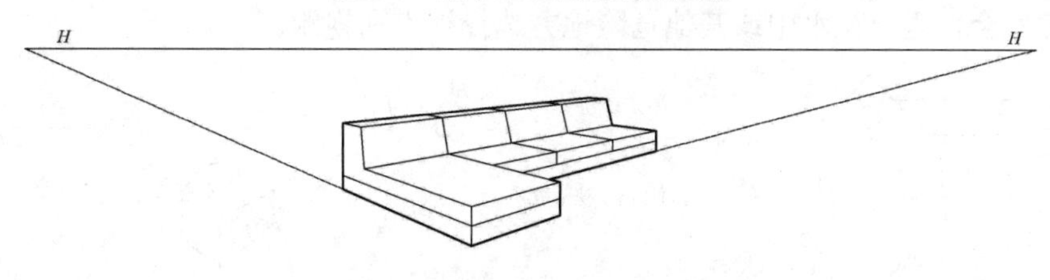

图 5-8　合理视高下沙发的透视

3. 建筑透视视高的选择

对于建筑外观透视图，其建筑尺度通常都相对较大，一般会选择视高为人视的高度，如图 5-9(a)所示，如果遇到较高的建筑，视高可以稍微增加一些，如图 5-9(b)所示。

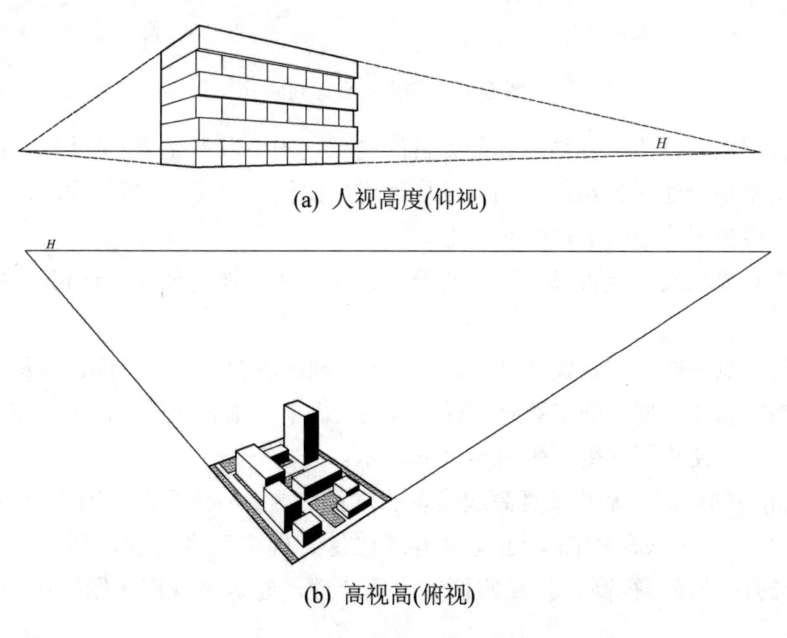

(a) 人视高度(仰视)

(b) 高视高(俯视)

图 5-9　不同视高下的建筑透视

在掌握了透视规律和透视画法后，更重要的是在实际绘图中的应用。包括灭点连线规律(消失方向)、视点、视距、视高等，理论分析要联系实际操作。视高在实际应用中要根据对象情况具体分析，比如在建筑写生中，要分析建筑物所在的平面和站点所在平面是否为同一平面，在户外写生时往往地面崎岖不平，或是平地、山地、河谷，要进行理性判断，以确定建筑基平面的透视方向是平视、俯视还是仰视。如图 5-10(a)所示，建筑基平面比站点要高，坐落在山坡上，基平面自然是仰视状态，消失线向斜下方消失(视高低于建筑基平面)。通常情况下建筑物高度是比人的高度(视高)要高，自然建筑顶部轮廓线灭点消失方向也是向斜下方(视高高于建筑基平面而低于顶平面)，除非是在俯视情况下，比如站在山上观察山下的建筑，自然是俯视，建筑顶平面及基平面轮廓线灭点消失方向是向斜上方(视高比建筑物高)，如图 5-10(b)所示。视点位置的选择要应使绘制的透视能充分体现出建筑物的整体造型特点。视距要根据现场情况以表现完整对象为目的，过近容易产生畸变。同时要结合实地注意安全，避免在水中或其他危险地方选择视点和视距。

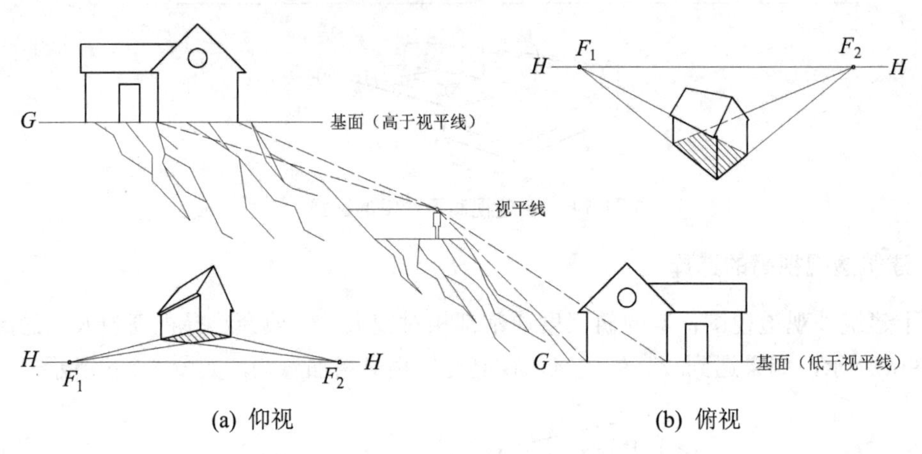

(a) 仰视　　(b) 俯视

图 5-10　视点的合理判断

灵活掌握视点、视距、视高，其最终目的是在绘图中取得完美的构图，有主次地表达对象形态，清晰地表达对象结构，如实地展现对象比例、尺度及空间，取得优良的画面效果。建筑外观透视图的绘图步骤如下所述。

(1) 根据对象性质确定视高，比如对象是建筑外观，视高可以相对高一些或者取人视的高度。

(2) 根据视点左右位置表现建筑立面的角度，判断画幅左右的空间，尽量使构图均衡。以画面前是否有物体造型，确定基线位置，基线太靠下，则画面偏下，如图 5-11(a)所示；反之，靠上，尽量使构图均衡，如图 5-11(b)所示。

图 5-11(a)中的视高、基线及真高线确定的位置，得到的透视图在图幅中的右下方，在图幅中构图不好。应该在构图前通过思考或比量，确定三者位置，以保证均衡构图。图 5-11(b)中的视平线、视高、基线的位置比较合理，建筑透视图在图幅中的位置就比较均衡。

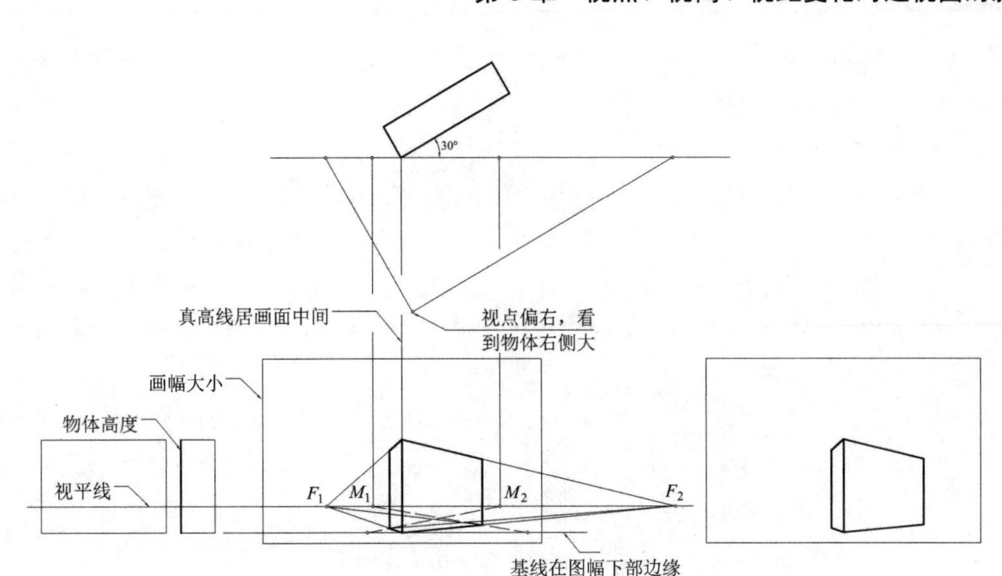

(a) 基线靠下，真高线居中，构图偏右

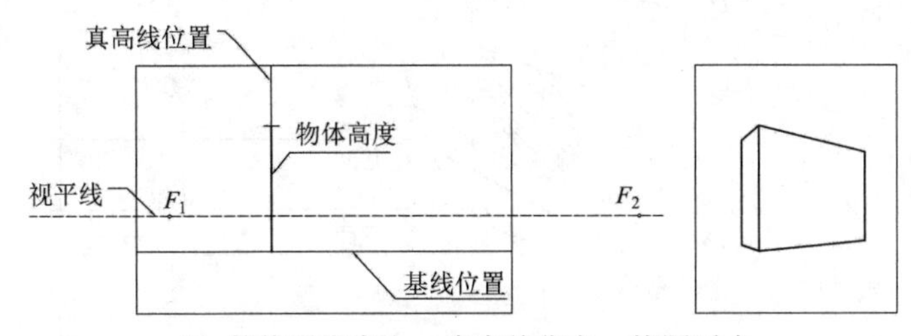

(b) 基线适当向上，真高线靠左，构图适中

图 5-11　画面构图

本 章 小 结

掌握视点、视高、视距等变量在画透视图中的设置技巧以及对透视图效果的影响，总结规律，在设计中避免不符合审美特点的透视图表现方式，并针对不同类型对象或空间的表现语言，对专业特点加以总结运用。

知 识 拓 展

1. 视锥、视角和视域

当人不转动自己的头部，而以一只眼睛观看前方的环境和物体时，其所见是有一定范围的。此范围是以人眼(即视点)为顶点，以中心视线为轴线的锥面，称为视锥。视锥的顶角，称为视角，视锥面与画面相交所得的封闭曲线内的区域，称为视域(此视角和视域又可称为生理视角和视域)，如图 5-12 和图 5-13 所示。

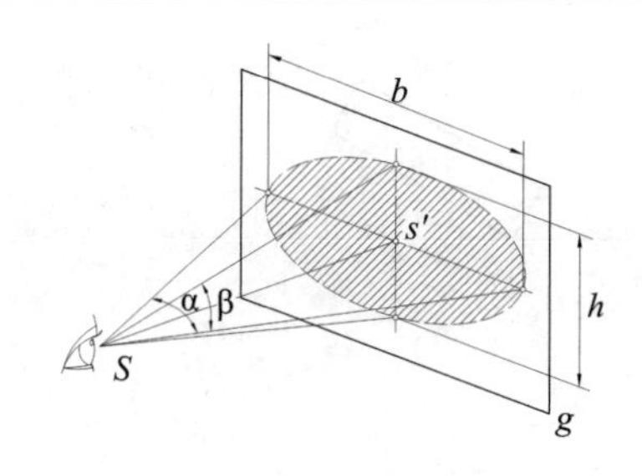

图 5-12　视锥

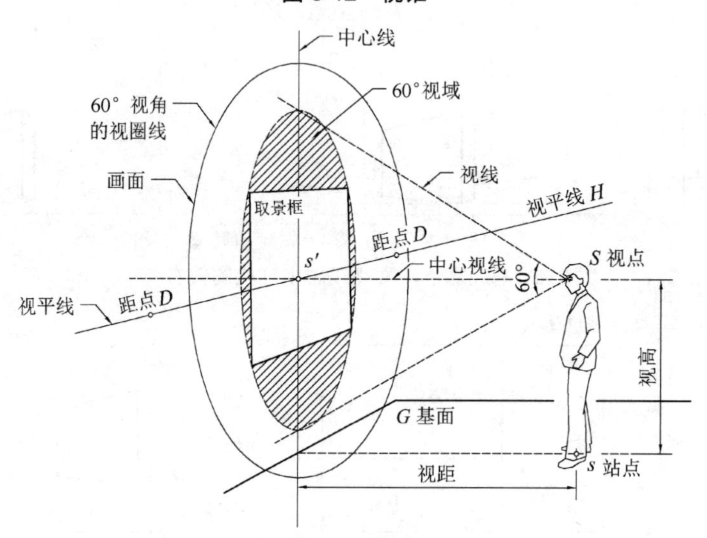

图 5-13　视域

绘制透视图时，在如图 5-13 所示的 60° 视域范围内，观者看到的物象是清晰的，而且没有发生畸变，若超出该范围，物象的透视就会发生畸变。从图 5-14 中也可以看出，加大视距，60° 视域范围会增加，所以当绘制的透视图发生严重透视变形的时候，可以考虑加大视距，也就是拉大灭点之间的间距，这样就可以消除透视畸变。与此同时，加大视距也是有限度的，当视距太大时，就会造成实物视角(从人眼向所描绘物体的周边引出的视线形成的视锥，其视角或视域称为实物视角或视域)过小，而透视消失现象削弱，透视图形近似于轴测投影，这也是在绘制透视图中应注意的问题。

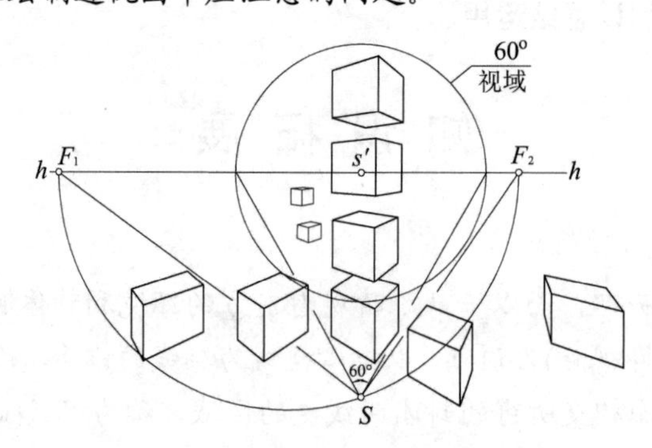

图 5-14　视觉范围与透视形象的关系

因此，在绘制透视图时，通常把生理视角控制在 60° 范围内；绘制室内透视图时，由于受到室内空间的限制，视角可以稍微大于 60° ，但是不能超过 90° 。

2. 平视、仰视或俯视时，视平线(地平线)发生了什么变化

(1) 平视：此时中心视线指向水平方向，中心视线恰好位于视平面上。视锥以中心视线为对称轴，所以此时观者眼中视平线上下景物一样多。视平线位于画面中部，如图 5-15 所示。

图 5-15　位于画面中部的视平线

(2) 仰视：此时中心视线指向天空，视锥靠底部视线勉强可以“看见”视平面，因此视平线(地平线)靠近画面底端，如图 5-16 所示。

图 5-16　位于画面底端的视平线

(3) 俯视：中心视线向下指向公路，不是远处地平线，视锥勉强能够容纳视平面(注意顶部视线非常接近视平线)。因此视平线(地平线)靠近画面顶端，如图 5-17 所示。

图 5-17　位于画面顶端的视平线

思考与练习

1. 请绘制书桌的三面投影图和一点透视图、两点透视图，使用 2 号绘图纸，比例自定。

2. 用量点法画出下面凉亭的两点透视图，比例自定，物体距画面一定距离，使用 2 号绘图纸，并保留作图痕迹。

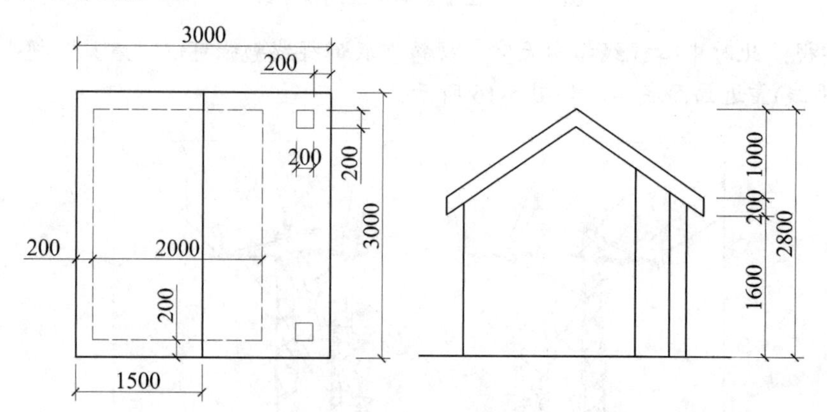

第 6 章

透视的简便作图法

学习要点及目标

掌握矩形、圆、曲线的作图方法，并且在绘图中能够熟练应用，从而达到简便、快捷、准确作图的学习目的。

6.1 矩形的分割

1. 将矩形透视等分

已知矩形一点透视图 *ABCD*，连接对角线 *AC*、*BD*，过对角线交点 *N* 作垂线，即为矩形 *ABCD* 的等分透视线。依此类推，就能再将矩形等分。两点透视中，过对角线交点连接灭点即为矩形的等分透视线，如图 6-1 所示。

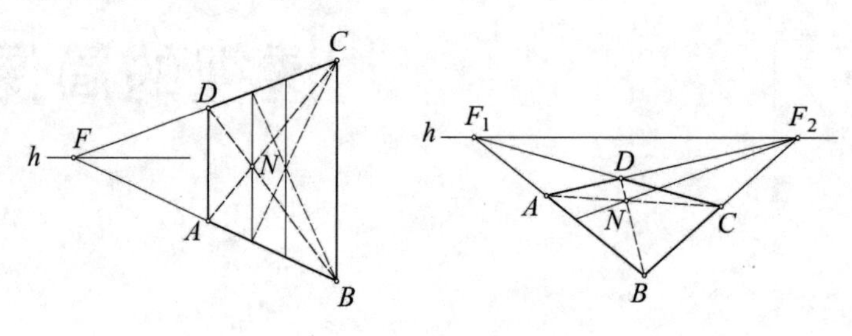

图 6-1 透视矩形等分

2. 将矩形分为三个小矩形，其比例为 2∶1∶3

如图 6-2 所示，已知矩形 *ABCD*，在 *AD* 上自 *A* 点起任意分六组相等的线段，*A1*∶*12*∶*23*=3∶1∶2。连接 *3B*，过 *1*、*2* 点分别作水平线交 *3B* 于 *N*、*M* 点，过 *NM* 点作垂线所得三个小矩形，其比例即为 2∶1∶3。

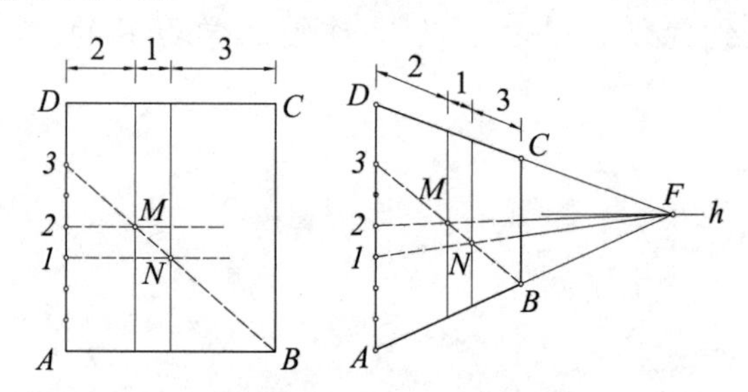

图 6-2 将透视矩形按比例分割成三部分

3. 矩形的延续

如图 6-3 所示，已知矩形 *ABCD*，作连续等大的矩形延续。连接对角线 *BD*，延长 *AD*、*BC*，过 *C* 点作对角线 *BD* 的平行线与 *AD* 交于 *N*，过 *N* 点作垂线，得到矩形 *DCMN* 即为等大矩形，依此类推。透视图中需要找到对角线灭点，即为过灭点 *F* 作垂线与矩形对角线 *BD* 的延长线的交点 F_1。其他对角线也消失于此灭点。若对角线灭点超出画外，则可利用对边中点作图，因为复合矩形的对角线必然通过对边中点，如图 6-4 所示。对角线 *BN* 必然经过 *CD* 的中点点 *1*，用对角线交点求出矩形水平中点即可。

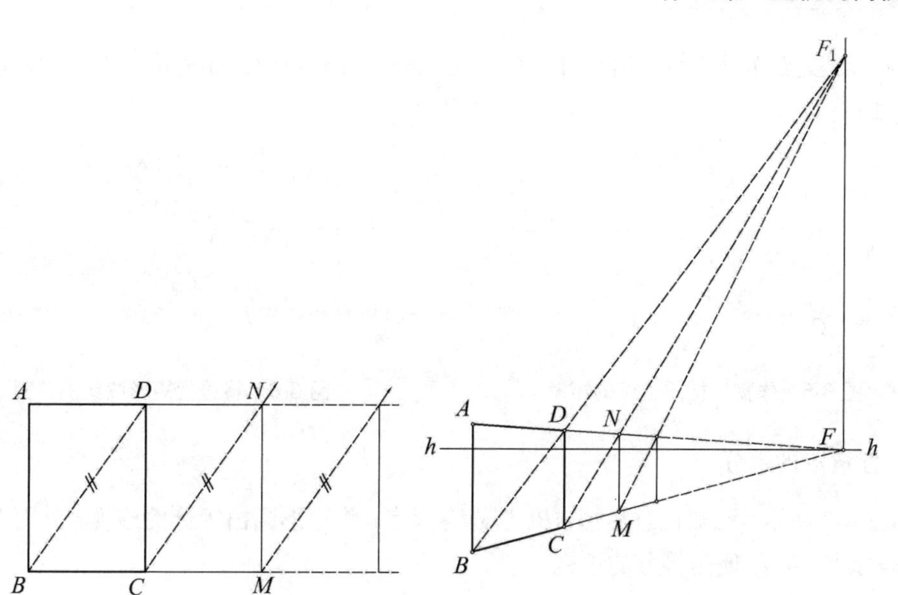

图 6-3　作等大连续的矩形(1)

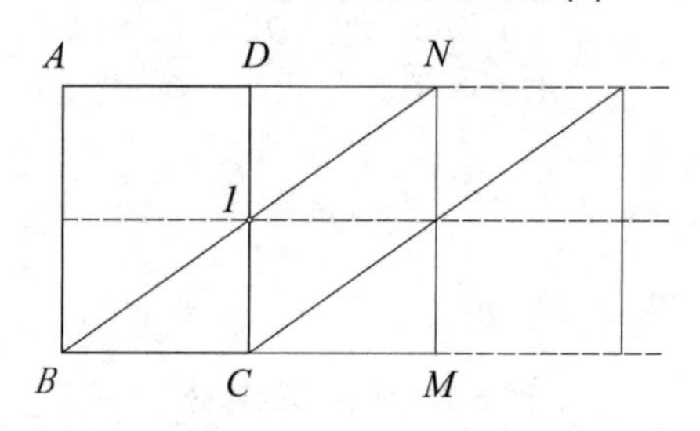

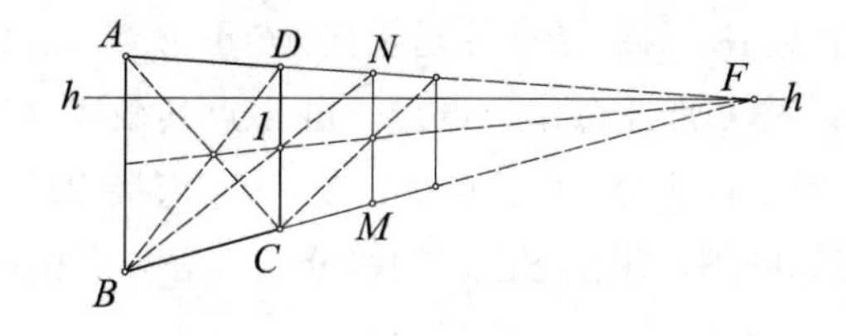

图 6-4　作等大连续的矩形(2)

4. 已知矩形 *ABCD*、*CDEG*，求作出连续若干宽窄相间的矩形

如图 6-5 所示，连接对角线 *DG*、*CE* 交于点 *K*，即为矩形的水平中点。连接 *BK* 交 *AF* 于点 *L*，过 *L* 作垂线交 *BF* 于点 *J*，矩形 *EGJL* 即为 *ABCD* 的对称矩形。连接 *KF* 求出矩形的水平中点 *M*、*N*，连接 *BM*、*CN* 分别交 *AF* 于点 *R*、*T*，过 *R*、*T* 作垂线交 *BF* 于点 *Q*、*W*，矩形 *RQWT* 即为 *EGJL* 的对称图形，也就是宽窄相间的连续矩形。

5. 利用一组平行线将透视矩形按一定比例分割

如图 6-6 所示，已知矩形 *ABCD* 透视图，过 *A* 点作 *hh* 的平行线 *AK*。自 *A* 点起作任意等分点 *1*、*2*、*3*、*4*，连接 *KD* 并延长交 *hF* 于点 *V*(辅助灭点)，连接 *1V*、*2V*、*3V*、*4V*，与

AD 相交，过交点作垂直线，所得分割后的矩形即为等分矩形，如需按比例分割，连线比例分割点即可。

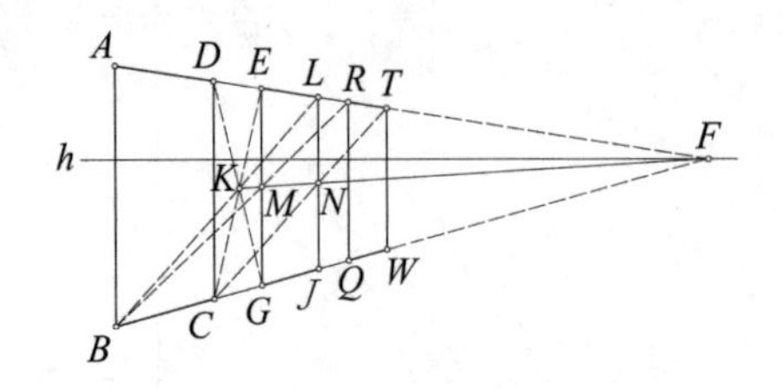

图 6-5　作宽窄相间连续的矩形

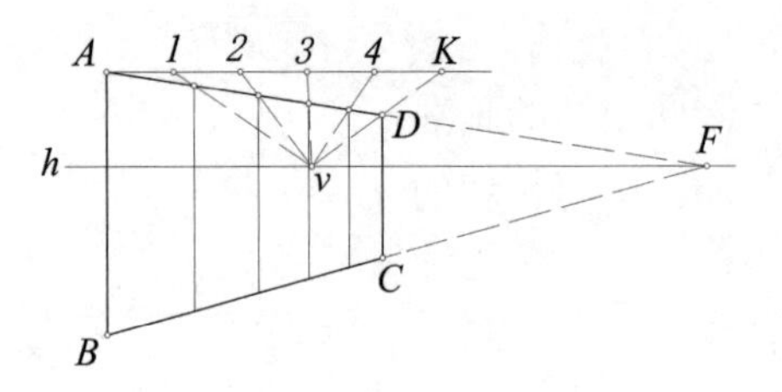

图 6-6　将透视矩形按比例分割

6. 任意形的等分

如图 6-7 所示，已知任意矩形 *ABCD* 没有灭点，将矩形画出等分的透视。分别求出 *AD*、*BC* 的等分点，连线便是等分的透视。

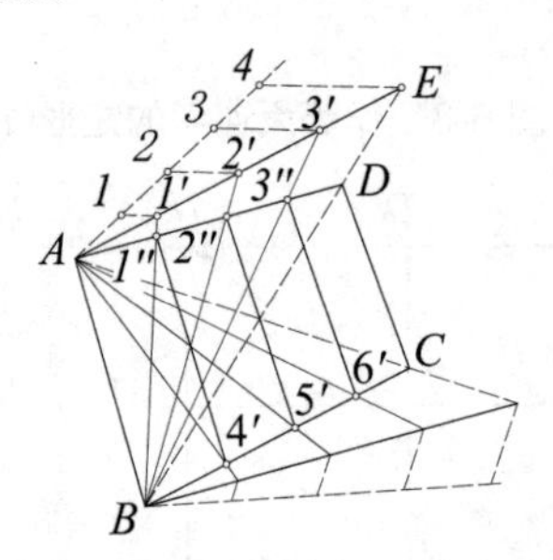

图 6-7　任意形的等分

过 *A* 点作 *BC* 的平行线 *AE*，连接 *BD* 并延长交 *AE* 于 *E* 点。等分 *AE*(透视中的任意等分成几份，此处为四等分)：过 *A* 点任意作一直线，自 *A* 点其截取 *A1=12=23=34*，连接 *4E*。分别过 *1*、*2*、*3* 点作 *4E* 的平行线交 *AE* 于点 *1′*、*2′*、*3′*。连接 *B1′*、*B2′*、*B3′*交 *AD* 于点 *1″*、*2″*、*3″*即为 *AD* 边等分点。同理，求出 *BC* 边的等分点，等分点相连即为等分矩形的透视。

7. 过任意一点又无灭点的分割

已知矩形透视(无灭点)*ABCD* 和边 *AB* 上点 *N*，作过点 *N* 的直线分割透视图，如图 6-8 所示。连接对角线 *AC*，过 *N* 点作 *BC* 的平行线交 *AC* 于点 *E*。过 *E* 点作 *AD* 的平行线交 *DC* 于 *H*。连接 *NH* 即为过 *N* 点的透视分割线。

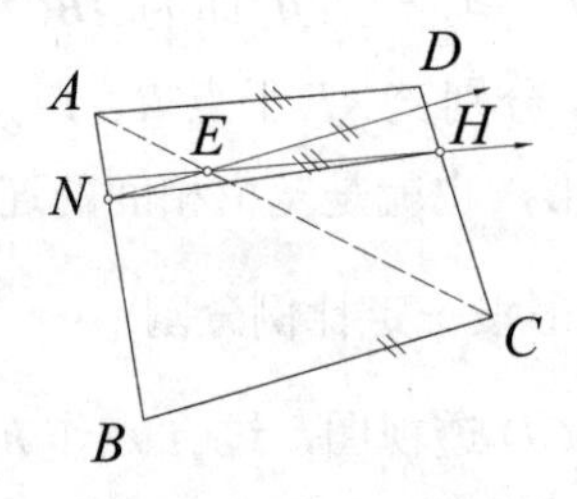

图 6-8　过任意一点又无灭点的分割

6.2 圆的画法

透视图中圆的画法基本原则是首先画出适合圆的正方形透视，接着画出圆的几个关键点，比如和圆周相切的四个顶点，方形对角线和圆周的四个交点或者其他几个关键点，然后用平滑的曲线将点连接起来，这样就能得到圆的透视图。基于此，画出的关键点越多，那么画的圆就越精确。

1. 八点画圆法

已知圆形，画出和圆相切的正方形，可以得到四个切点 *ABCD*。连接正方形的对角线，和圆相交于 *1*、*2*、*3*、*4* 点，如图 6-9(a)所示。作圆的图形时，如果知道这八个点，就可以将八个点依次平滑地连接起来，即可得到圆的图形，如图 6-9(b)所示。重点是如何找到对角线和圆的四个交点，可用辅助线作图，如图 6-10 所示。画出与圆相切的正方形，分别过点 *B* 和 *E* 作两条相互垂直的直线，交点为 *H*，以点 *B* 为圆心，以 *BH* 为半径画弧线，交 *BE* 于点 *1'*、*2'*，点 *1'*、*2'*即为正方形对角线和圆交点与灭点连线的延长线。画出正方形的对角线 *24*、*13*，连接 *1'F*、*2'F* 与对角线相交于点 *1*、*2*、*3*、*4*，再画出正方形和圆周水平和垂直的四个顶点(切点)，即所求的八个点，依次平滑地连接起来，即可得到圆的透视图。

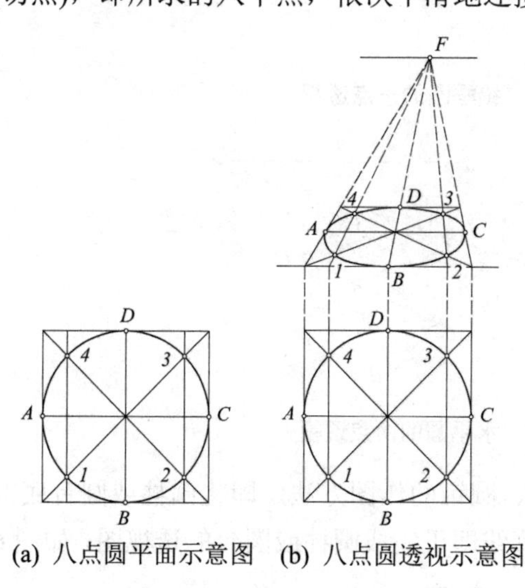

(a) 八点圆平面示意图　(b) 八点圆透视示意图

图 6-9　八点法画圆的透视

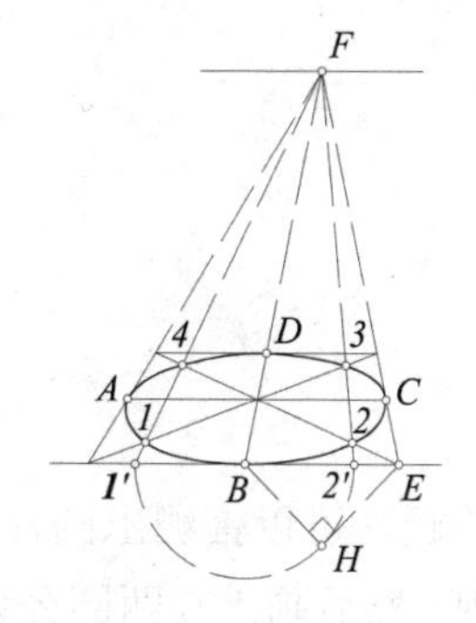

图 6-10　水平圆的八点透视法

2. 十二点画圆法

如图 6-11 所示，已知正方形(与圆相切的正方形)*ABCD*，将正方形横竖分别四等分，画出等分网格线，依次画出最外侧矩形的两条对角线，两条对角线与近边的两条等分网格线的两个交点是其中的两点。同理求出其他六个交点，再加上四个切点，便是十二点。依次平滑地连接起来，便可作出圆的图形。

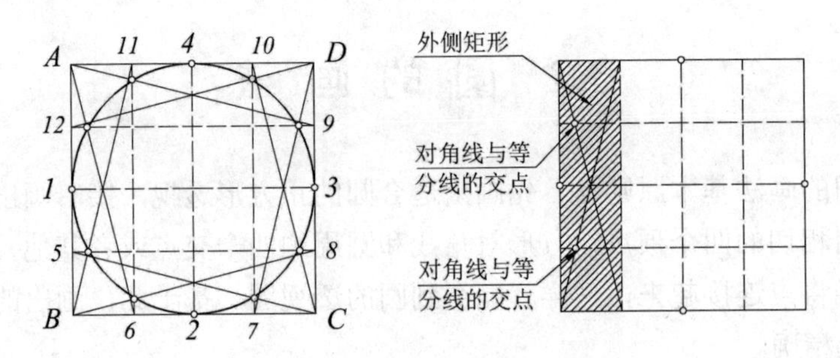

图 6-11　十二点法画圆的透视

在透视图中，找出等分线、正方形中线等相关透视线，按如图 6-11 所示的作图原理找出相关的十二点，依次平滑地连接起来，即得到透视圆形。图 6-12 所示为一点透视的圆，图 6-13 所示为两点透视的圆。

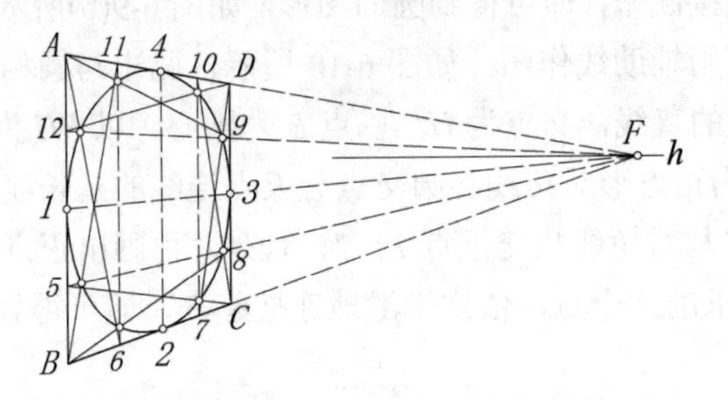

图 6-12　铅垂圆的一点透视

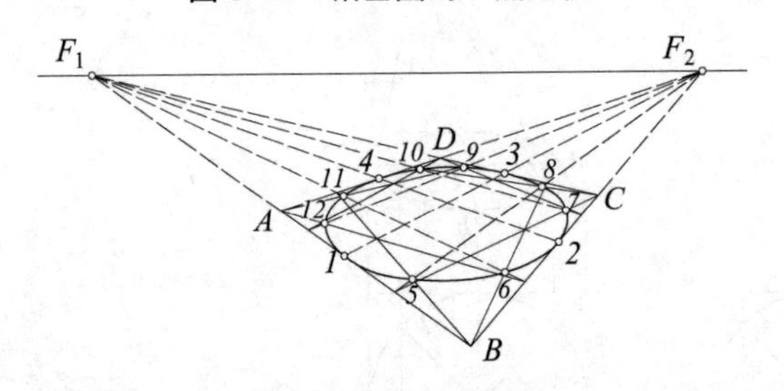

图 6-13　水平圆的两点透视

由圆的画法可以推测出圆柱及圆台、圆锥的作图方法，即将圆柱或圆台底部、上端的圆画出透视，然后画出与两圆公切的轮廓线即可完成圆柱或圆台的透视图，如图 6-14 所示。

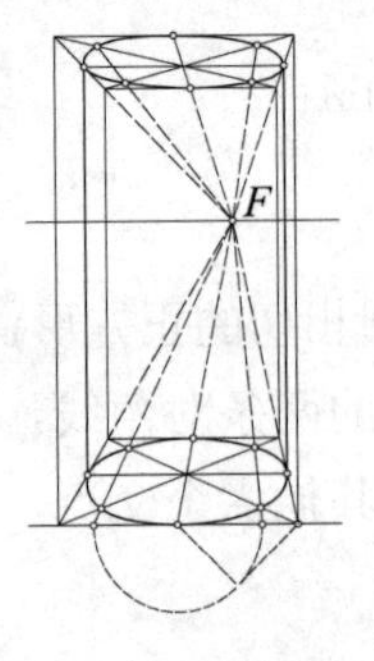

图 6-14　圆柱体的透视

6.3　曲线的画法

绘制曲线透视图其原则与圆的作图方法相同，也是找出曲线上关键的点的透视，然后依次平滑地连接起来。曲线上找的关键点越多，曲线绘制就越精确。

(1)　在曲线上找出关键点，利用过该点的两条辅助线(正交关系)，画出两条辅助线的透视，交点即弧线上的点。如图 6-15 所示，依次平滑地连接起来即得曲线透视。

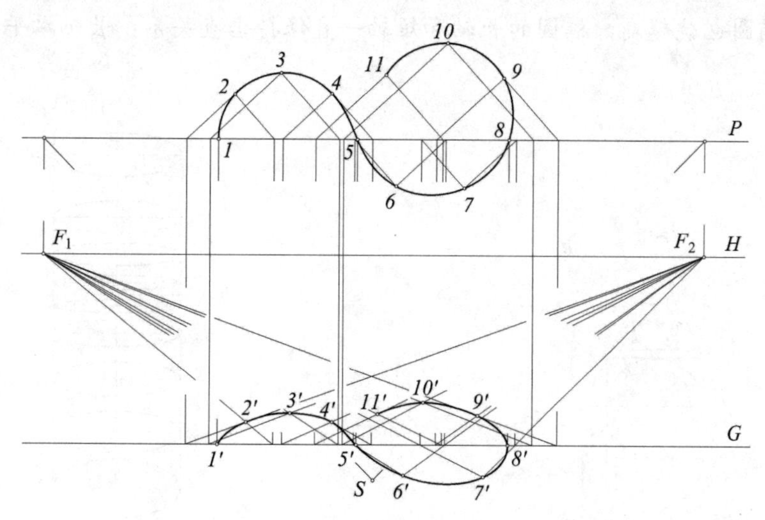

图 6-15　利用两组主向直线的交点作曲线的透视

(2)　将曲线适当地放置于正方形或矩形网格内，画出网格的透视图，按原曲线与网格线的交点位置估计出曲线与网格线的关键交点(不一定是网格线的交点)，依次将交点平滑地连接起来即得曲线透视，如图 6-16 所示。

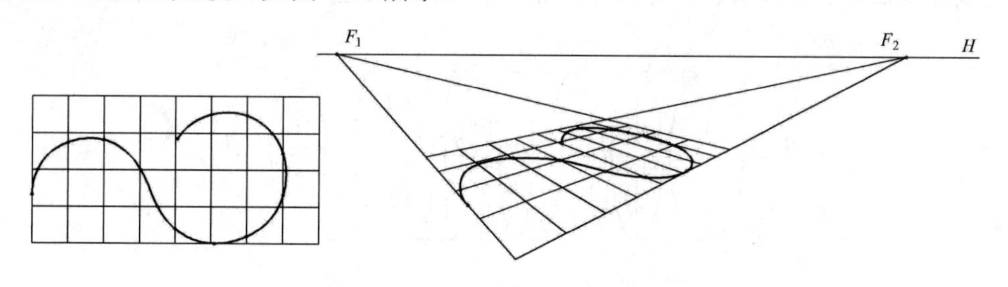

图 6-16　利用网格法作曲线的透视

本 章 小 结

本章主要讲述了矩形的分割和延续的简易作图法、八点法和十二点法作圆的透视，以及用两线相交法和网格透视法作曲线的透视，重点掌握上述简易作图法在烦琐复杂建筑细部透视中的灵活运用，简化建筑细部的透视作图，提高作图效率。

知识拓展

从不同的角度看圆的透视变化

(1) 当圆为正平圆且在视点前后时，其透视仍为圆。随着离画面距离的增大，透视变形程度也越大，如图 6-17 所示。

(2) 当圆为水平圆且圆心在视点上下时，其透视为椭圆，离视点越近，其透视变形程度就越大，椭圆也就越扁，椭圆的长轴和短轴一直保持垂直关系，长轴水平，如图 6-18 所示。

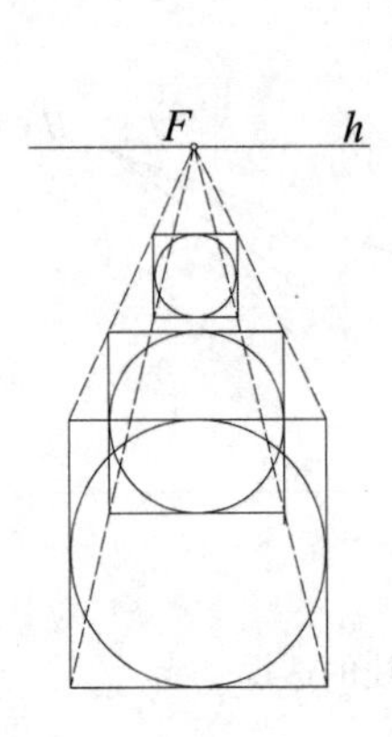

图 6-17　正平圆的透视变化

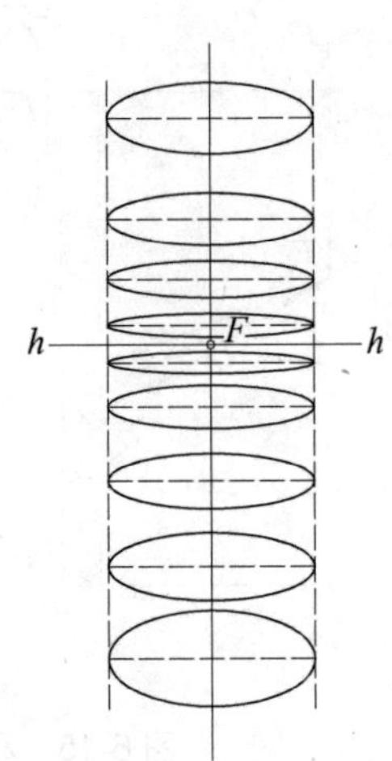

图 6-18　位于视点上下圆的透视变化

(3) 当圆为铅垂圆且圆心在视点左右时，离视点越近，其透视变形程度就越大，椭圆也就越扁，椭圆的长轴和短轴一直保持垂直关系，长轴铅垂，如图 6-19 所示。

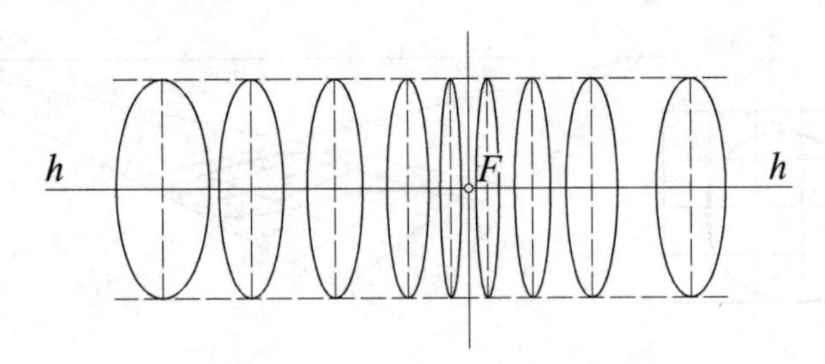

图 6-19　位于视点左右圆的透视变化

(4) 水平圆透视成椭圆，位于视点左右的椭圆的长轴便不再处于水平位置，而是发生了旋转，但长轴和短轴仍保持垂直关系，如图 6-20 所示。

(5) 铅垂圆透视成椭圆，位于视点上下的椭圆的长轴便不再处于铅垂位置，而是发生了旋转，但长轴和短轴仍保持垂直关系，如图 6-21 所示。

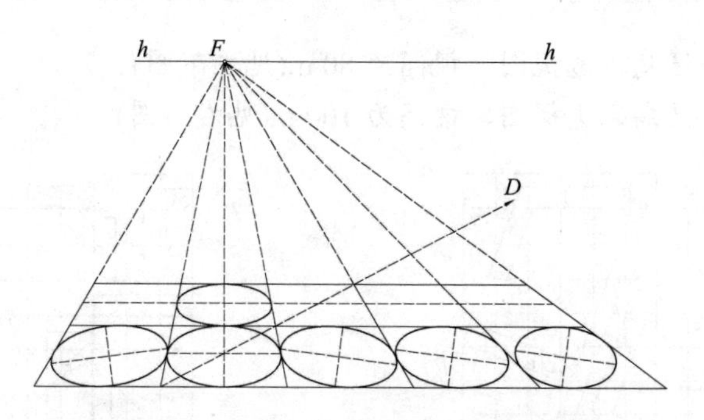

图 6-20　水平圆透视成椭圆时长短轴的变化

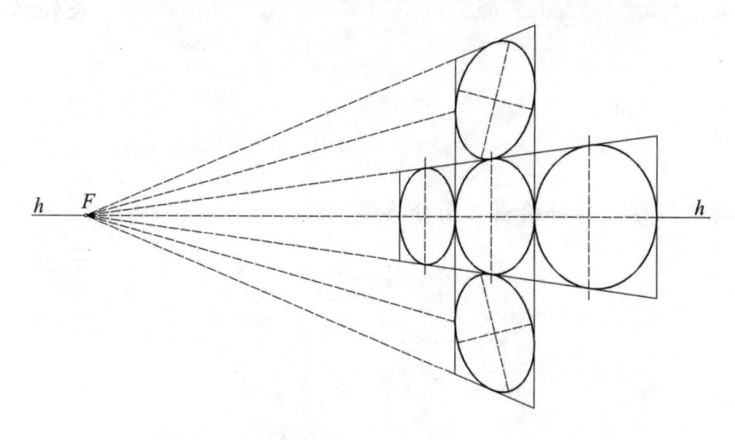

图 6-21　铅垂圆透视成椭圆时长短轴的变化

思考与练习

1. 在透视图中将矩形铅垂面(见左下图)划分成 5 个相同的竖条。
2. 在透视图中，按已给的竖条(见右下图)，在同一平面内再连续画 4 个相同竖条。

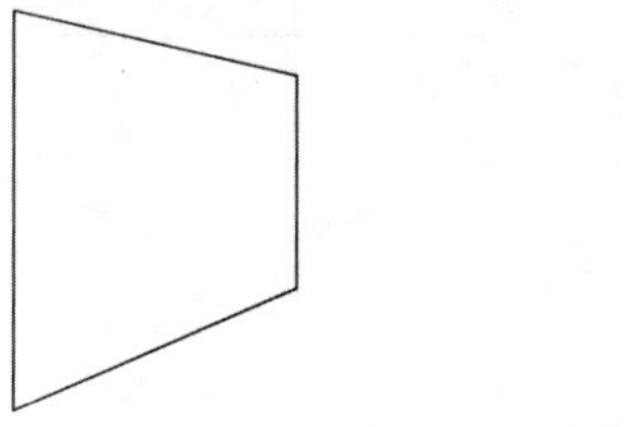

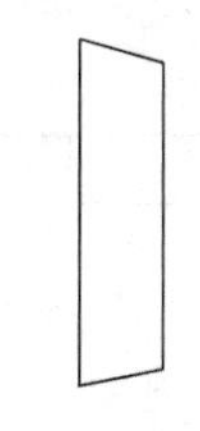

3. 在透视图中，将一矩形铅垂面(见左下图)划分成 9 个相同的矩形。
4. 在透视图中，按图示距离(见右下图)再画出 4 个大小相同的长方体。

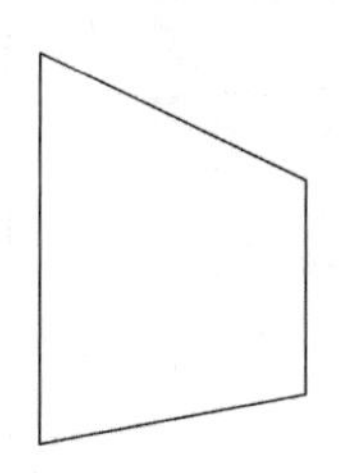

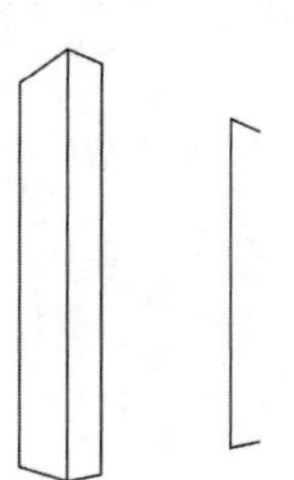

5. 用网格法作小区鸟瞰透视图，视高为 80 m(见左下图)。

6. 用网格法作小区鸟瞰透视图，视高为 100 m(见右下图)。

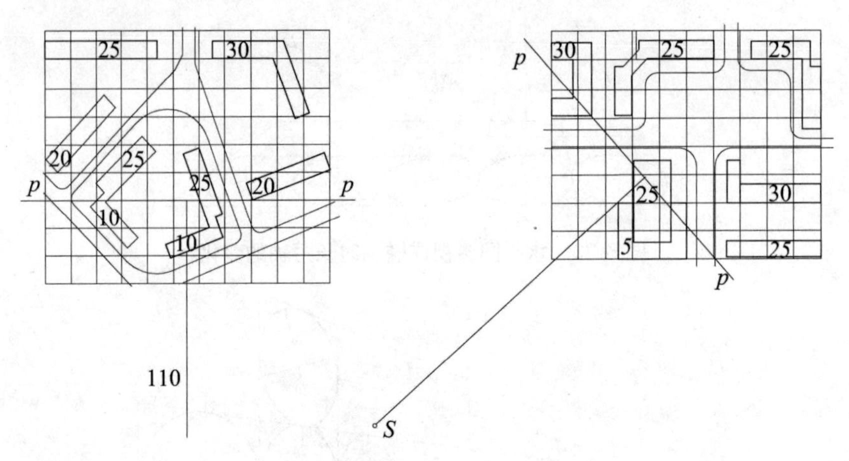

7. 画出透视主轮廓，并补绘出立面分格线。

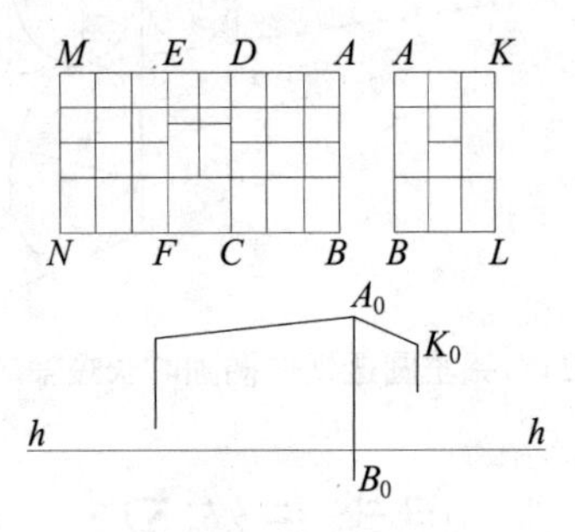

8. 将矩形按左下图所示要求进行分割。

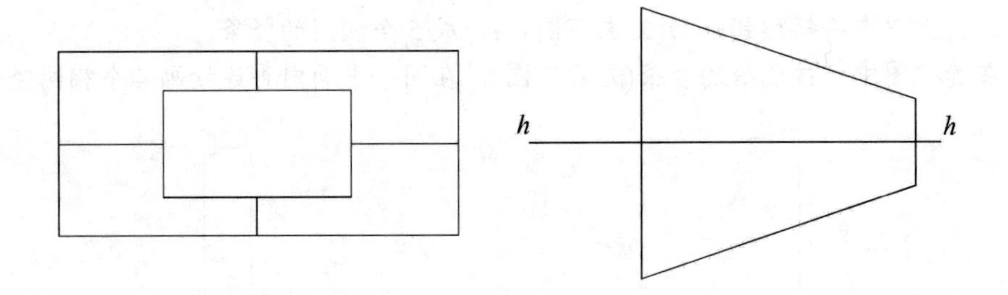

第7章

透视作图实例

学习要点及目标

在学习透视原理及作图方法的基础上，加以实践运用、拓展是学习透视的根本目标，要做到无论用哪种方法绘图都能够运用自如。另外，还要重点学习如何依据透视原理徒手绘制透视图稿，同时还要总结经验和技巧。

7.1 透视原理的强化和融会贯通

熟悉透视原理、规律，掌握了透视画法后，在环境设计、建筑设计及园林设计等专业学习中要经常运用透视手法画透视图，为后续课程“表现技法”奠定基础。透视原理及画法最终也是服务于设计，设计中的透视图一般有以下几种。

(1) 草图。草图是表现技法的一种，形式灵活，方便快捷，表现工具一般为黑色钢笔或签字笔等，用简洁的线条语言及透视，快速地表现出设计构思、方案的空间、尺度比例、材料、结构等内容，可以是整体空间，也可以是局部细节，均可以用草图透视表现。草图透视在绘制中一般是以透视原理为基础，抓住主要的透视要点——灭点，主要凭感觉绘制，严谨性稍差，但其效果及灵活性、美学感受要求较高，需要大量的训练，以达到熟练、专业、美观的要求，同时结合线条的韵律、专业特点及规律来表现设计对象的内涵，草图透视是设计师必备的专业基础，如图 7-1～图 7-3 所示。

图 7-1 流水别墅的两点透视图

图 7-2 木屋建筑的两点透视图

(2) 透视图(尺规作图)。正式透视图一般是设计方案的最终表现图，也叫透视效果图，一般是确定设计方案后，最后绘制的表现图。作图步骤相对严谨、规范，比草图表现更为准确，一般按比例绘制，是设计方案展示的最后环节，后期着色后，通常将其用于方案评标竞标，如图 7-4 所示。

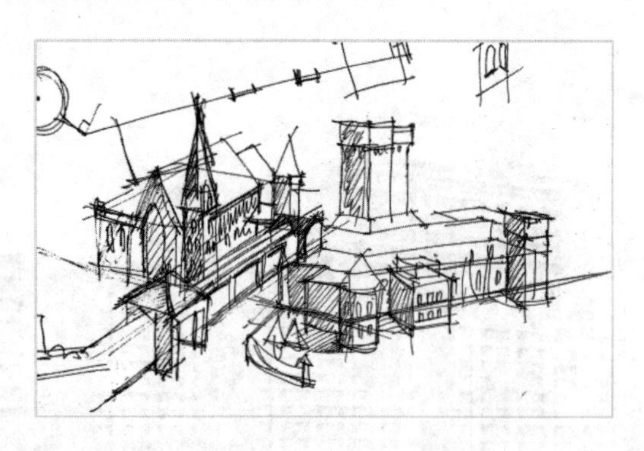

图 7-3 建筑外观的透视草图

图 7-4 室内一点透视图

掌握透视原理后，以后作图无论是方案草图透视还是正式透视(尺规作图)，大都可以凭感觉绘制，在某种意义上说，凭感觉画要求更高，难度更大。要时刻对应透视原理，不断检验透视的准确性，反复地比较物体三维尺寸并参照已有比例，尽量使透视图符合实际空间、比例。而尺规作图无非就是按步骤画，完成只是时间问题。

在“凭感觉”画透视图的过程中，并不能随意地涂鸦，其透视是符合透视原理的，其空间尺度、比例关系是符合实际尺寸的。这就要求作者首先要对方案的比例尺度进行揣测，可以以物体的高度或宽度作为参照比例，比如先画出物体的高度和宽度，再通过对象实际长宽比，对比已有的高度和宽度画出长度或进深。尤其是进深的作图，由于透视的特点是近大远小，若进深选择和已有图上宽度相等，那视觉感知自然不是等大了，进深可能比宽度增大了两倍甚至更多，这也要看灭点的远近或透视强弱感，如图 7-5 所示，一点透视图中，物体为立方体。先按比例画出高度 *a* 和宽度 *a*，即物体的正立面，接下来重点是取进深透视长度，凭感觉画，若进深同样取 *a*，则视觉效果太长，不是立方体，如图 7-5(a)所示，比例差别太大，不符合立方体特征。若进深取 *a*/2，则视觉效果是立方体，如图 7-5(b)所示，接近原立方体物体。当然是否所有透视进深均可取宽度的 1/2，答案是否定的，要根据灭点远近和透视感强弱而变化，透视感强烈，进深取得会更小，才符合实际立方体的透视比例，如图 7-5(c)所示。

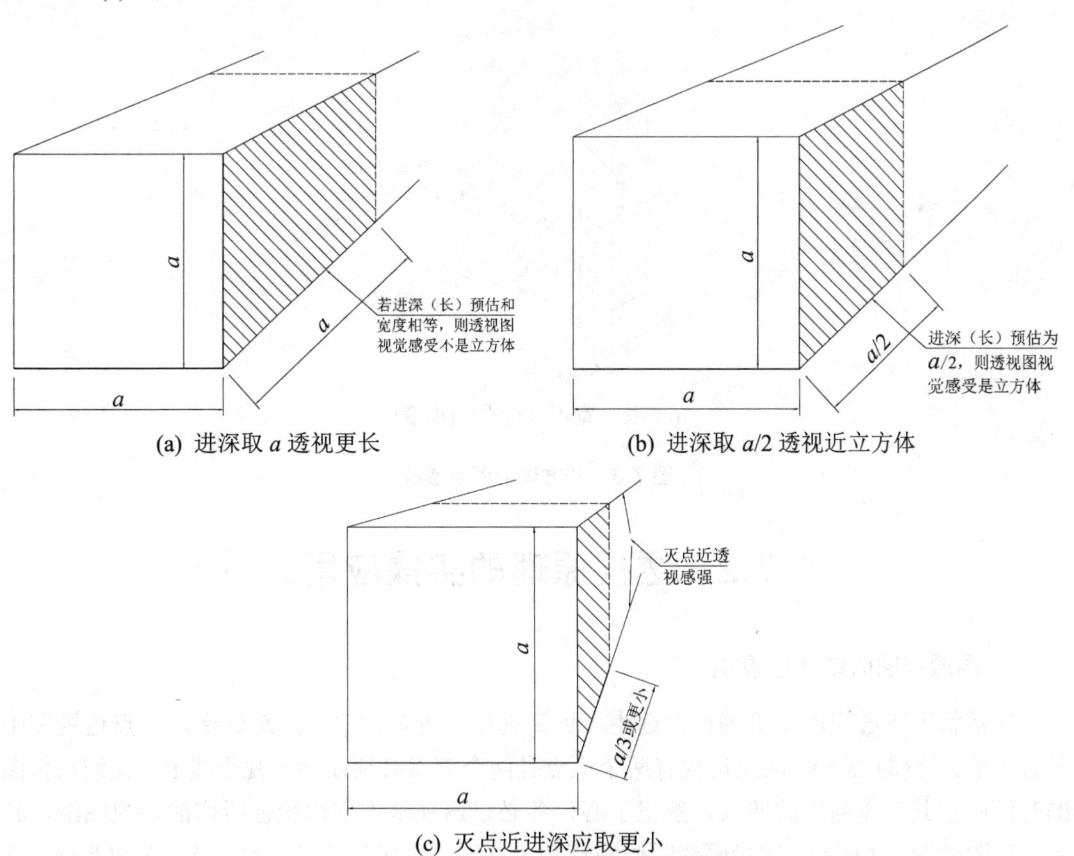

(a) 进深取 *a* 透视更长

(b) 进深取 *a*/2 透视近立方体

(c) 灭点近进深应取更小

图 7-5　立方体一点透视的进深判断

两点透视作图中，要预估两个透视进深即宽度和长度。可以以先画好的高度为参照，如图 7-6 所示。假设物体的宽、高、长分别为 3m、6m、12m，则可以先画出物体高度(透视图上 6m)，其次确定左侧进深(宽度)。分析得知，宽度为高度的 1/2，进深不要画太长，以免透视感觉不符合实际比例。右侧进深(长度)为 12m，为高度的两倍，根据透视感觉强弱取合适的长度，感觉长度进深为高度的两倍，如图 7-6(a)所示，是相对符合实际比例的物体透视图。图 7-6(b)和图 7-6(c)所示均和实际物体宽、高、长比例相距甚远。

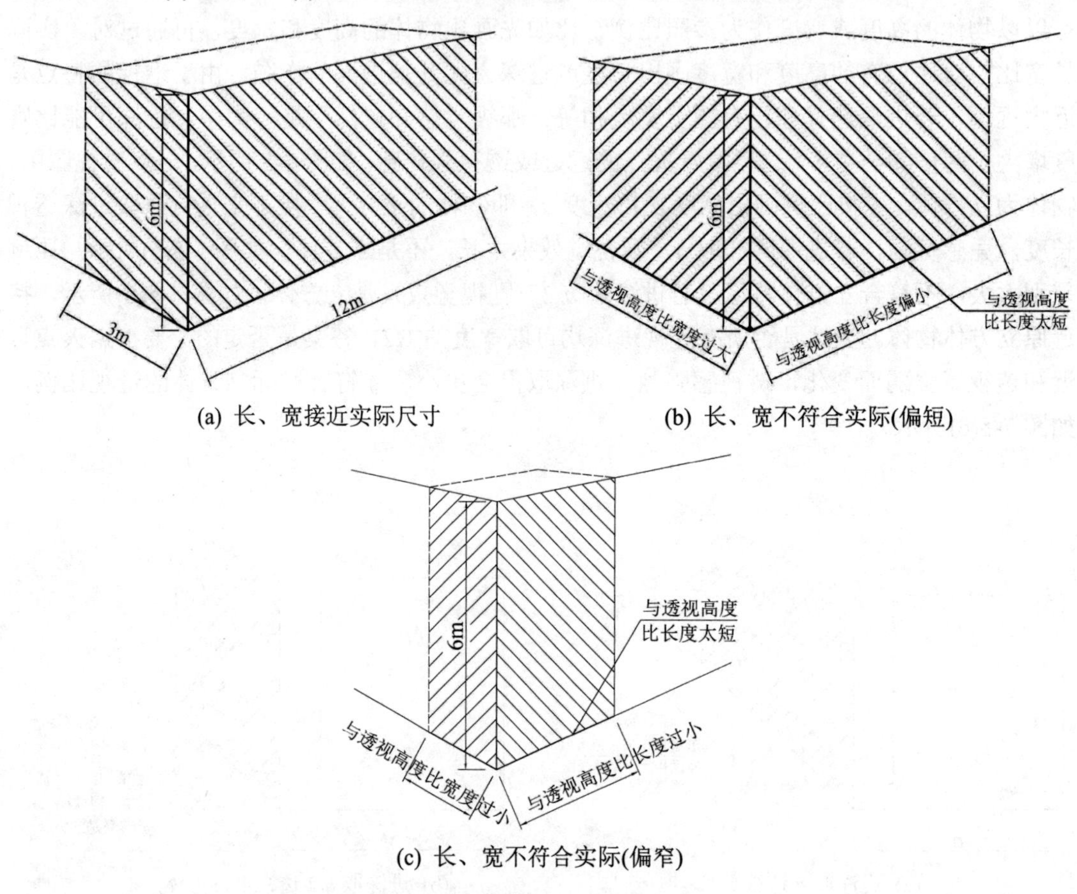

(a) 长、宽接近实际尺寸

(b) 长、宽不符合实际(偏短)

(c) 长、宽不符合实际(偏窄)

图 7-6　长方体的两点透视

7.2　透视原理的实操应用

1. 画透视图时的注意事项

通常状况下透视的现象为近大远小、近高远低、近宽远窄、近疏远密，一点透视图中只有一个灭点(即心点)，两点透视有两个灭点且两个灭点必须在同一视平线上。我们在作图的时候应把其当作基本的要领，熟记于心，务必以透视基本规律验证所作的透视图纸，其示意草图如图 7-7 所示。实操画线时候垂直且相互平行的线条务必一致，切忌各自为政，互不平行也不垂直，其结果就是形体不稳定、透视变形、不严谨。具体做法是，先确定一条准确的垂直线，后画的相关线条以此为参照，余光注视已有线条反复比对后运笔作图，如图 7-7(a)所示。画两点透视图时，对透视图中的几种线条比较熟悉，一为垂线，二为向灭点 1 消失的斜线(向左)，三为向灭点 2 消失的斜线(向右)。若向左消失的斜线已画好一条，那么后画的相同关系线条务必以先画好的线为参照，且运用近大远小、近高远低或类似的透视规律并予以验证。向右消失的斜线亦是如此，如图 7-7(b)所示。

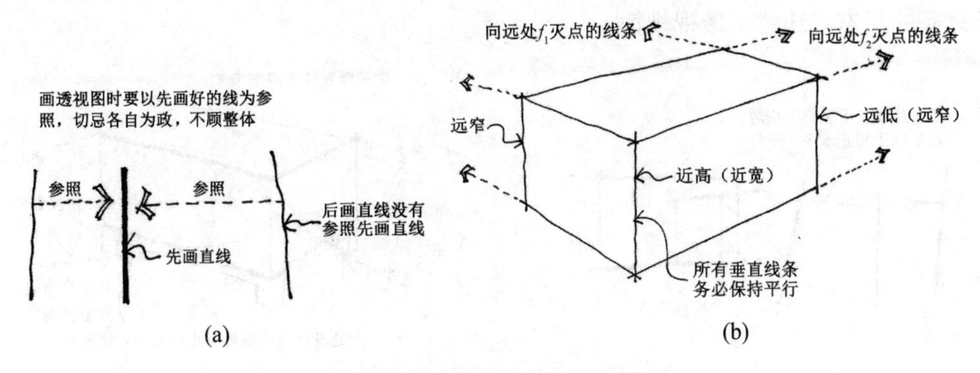

图 7-7　透视原理应用示意草图

2. 画透视图时易出现的问题

画透视图时容易出现以下几个问题。

(1)　两点透视图中两灭点不在同一视平线上。

两点透视图中有两个灭点且两个灭点必须在同一条视平线上，如果两个灭点出现一高一低不在同一条视平线上的情况，透视图就会扭曲变形，如图 7-8 所示。

(2)　视距过近，透视失真畸变。

根据前面章节所述内容，画透视图时，视距过近(相当于观察者距离物体很近去观察)，两灭点间距很近，所画的透视图会产生较大透视感，同时产生了失真畸变，所以绘图时要选择适当的视距，一般选择物体范围的 1.5～2 倍长度以上比较适合，如图 7-9 所示。

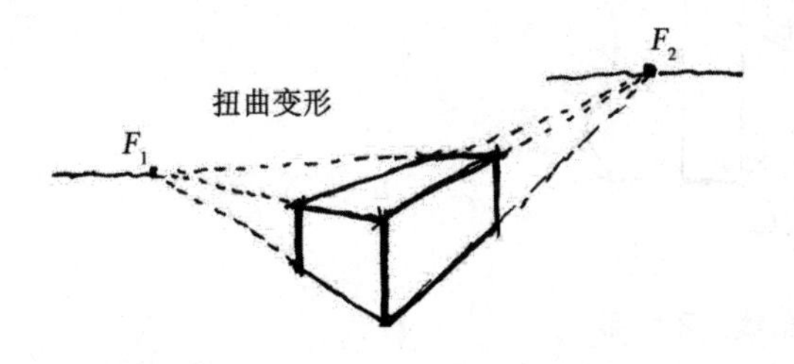

图 7-8　两灭点不在同一条视平线上

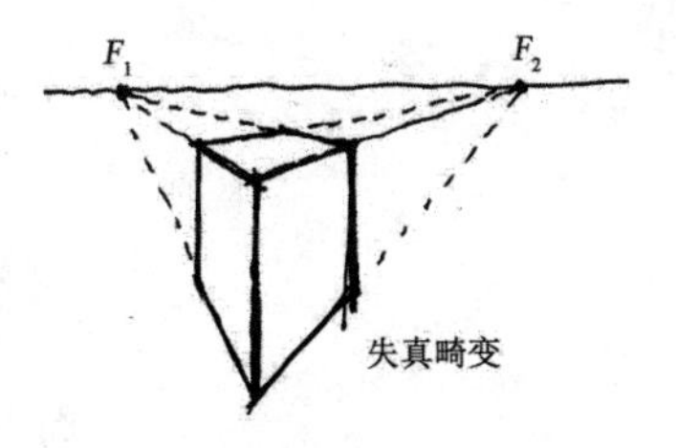

图 7-9　视距过近产生畸变

(3)　垂直线相互不平行，水平线相互不平行。

绘图的时候要分析几种线条，比如垂直线、水平线及向灭点消失的斜线，每一种线条要注意其中的一致性，如平行、垂直或者向灭点消失等。如果垂直线不垂直，水平线不水平，图面会产生松散扭曲变形，形态不严谨、不稳定，如图 7-10 所示。

(4)　只顾整体，忽略细节。

画透视图的时候，所有的线条都要符合一个画面中的透视规律。不论造型大小、线条的长短都要符合透视原理。往往有的同学在大的形体上照顾了透视规律，却忽略了一些小的形体或者线条的透视规律，也就是前面讲过的线条的相互平行、垂直或者向灭点消失近大远小这种规律，如图 7-11 所示，整体大的透视没有问题，但忽略了底部一些短线条的透视方向，不符合整体画面的透视规律。左下角的短线过于倾斜，和原有相同灭点消失方向的线条不协调，或者消失方向不是同一个灭点。右下角的短线向下过于倾斜，因此产生了近低远高的形态，违背了透视规律。

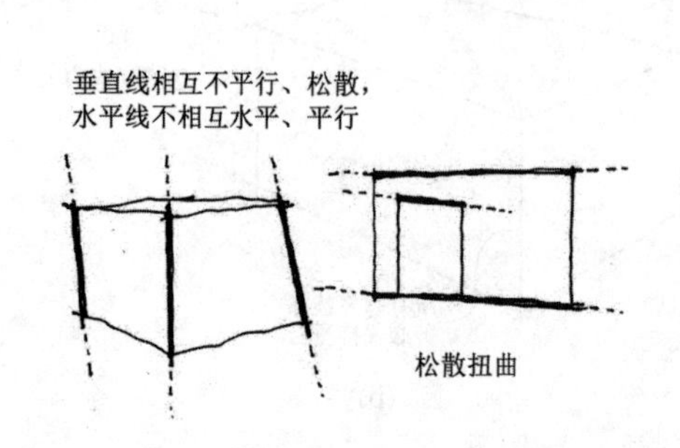

图 7-10　图线相互不垂直或水平画面扭曲变形

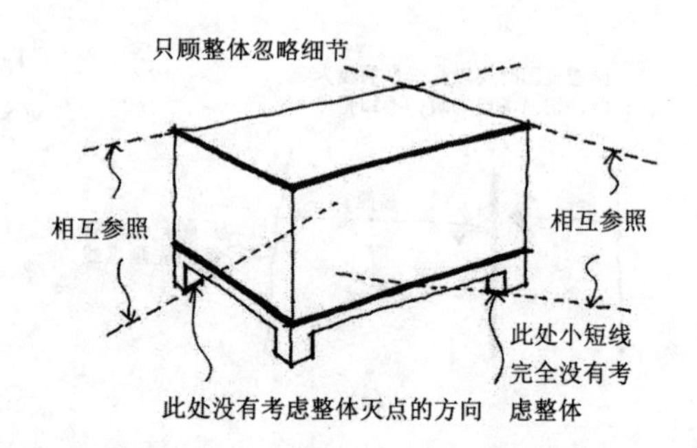

图 7-11　局部造型的短线不符合整体透视规律

(5) 一点透视中的水平线不水平，忽略细节。

通常一点透视中的线形有两种，一是水平线，二是向灭点消失的斜线。所有的水平线无论形态大小、线条长短，都必须做到水平，不要因为线条短而忽略它的水平特性，如图 7-12 所示。

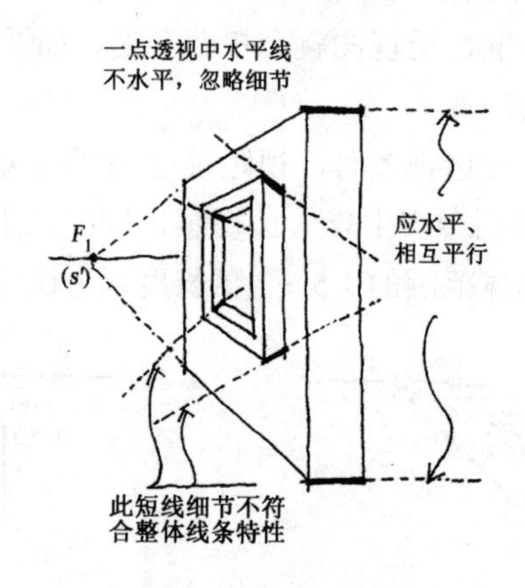

图 7-12　局部线条不水平

(6) 阵列物体没有注意近大远小(近宽远窄)的规律，出现突变。

在画透视图的时候，实际物体中宽度一样的造型比如阵列的窗户，徒手画图的时候，必须根据透视形态的强弱来判断窗户的渐变宽窄的幅度，使之符合近宽远窄的透视规律，即窗户由近及远地渐变，越来越窄，而不是忽宽忽窄不规律，如图 7-13 所示。

(7) 透视图没有考虑纸张大小，忽视整体布局，尤其是水平及垂直线不严谨，这样有失美观，如图 7-14 所示。绘制透视图的时候要根据纸张的大小合理布局，图纸的上、下、左、右适当地留出空隙，使得画面适合图纸，透视图当中垂直的线条务必画垂直，可以用纸张的两个垂直边作参照，使得画面稳定，不要将垂直线画倾斜，如图 7-14(a)所示。

绘制透视图的时候，不要将图线冲出画面，使边缘没有空隙，显得画面过于拥挤，或者使透视图在纸张上四周空隙过大而构图过小，如图 7-14(b)所示。

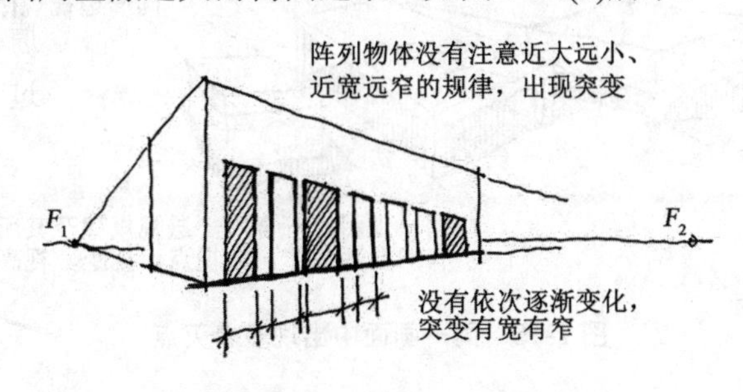

图 7-13　阵列造型没有依次渐变

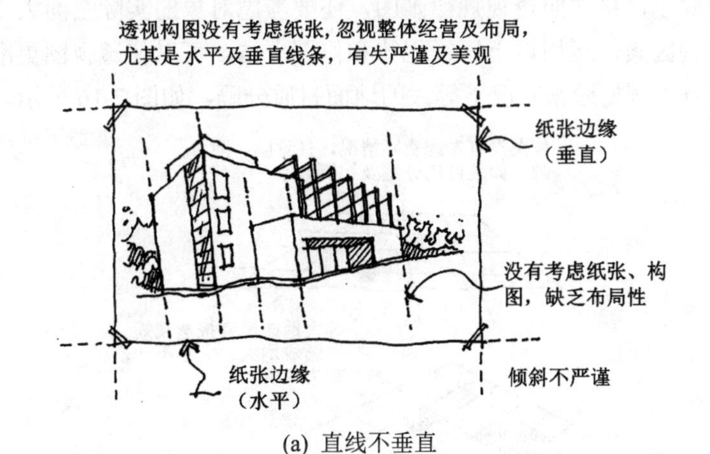

(a) 直线不垂直

构图过满，没有喘息　　构图过小

(b) 构图过满或过小

图 7-14　透视绘图与构图

(8) 透视图中的多个物体不符合同一透视规律，多个灭点出现且角度不同。

通常状况下，一幅透视图当中只有一个透视规律，也就是说，所有的物体符合一个透视规律：一点透视只有一个灭点；两点透视只有两个灭点，不能出现多余的灭点。如图 7-15 所示，同一幅画中出现了几个不同的灭点，而且视平线的高度也不一样，画面物体组合显得极不协调。

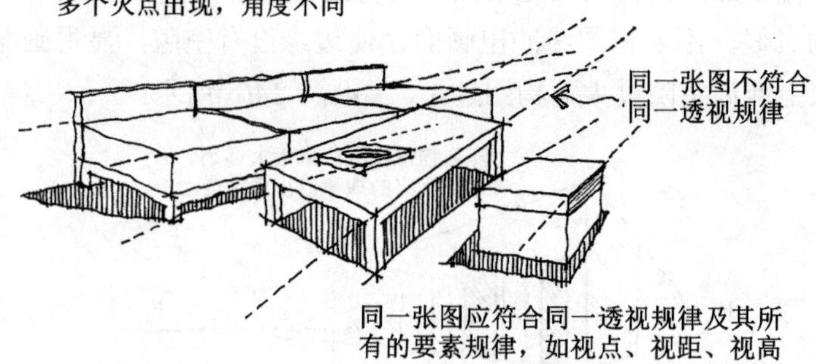

图 7-15　同一画面中出现多个灭点

(9) 作图没有考虑实际空间、比例、尺度。

透视作图中除了严格按照透视规律画图，还要考虑对象的实际空间大小尺度、物体的比例、形态等各种因素。运用以上透视规律和作图方法，可以使透视图更准确地表达真实的空间和造型特点，例如通常状况下等大的地面材质分隔，如图 7-16 所示。

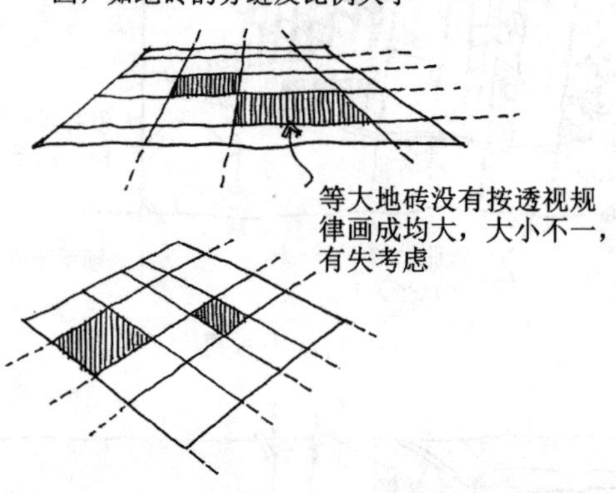

图 7-16　等大的形态没有按透视规律均匀地画出

7.3　室内透视作图

室内透视作图，首先要熟悉室内设计内容，掌握室内空间的尺度、比例，熟悉造型，并了解材料的属性质感，其次要根据图幅和画面内容确定比例，然后在此基础上确定透视方法、透视的角度、视高的高低及视距的远近等，按透视作图步骤作图，最后校正透视图，适当添加配景即可完成。

1. 室内一点透视作图步骤

如图 7-17 所示，此方案为一卧室(已知房间的开间为 3500mm，进深为 5000mm，层高为 2700mm)，作图前须熟悉空间的立面、顶面、家具等造型，掌握空间及所有家具的尺寸，并将该房间的平面图绘制在草图上作为参照，主要用来表达站点或视点的位置以及看的方向。立面、顶面的造型、尺寸可用草图方式记录或者根据施工图纸，按 4.4 节所述步骤作图。

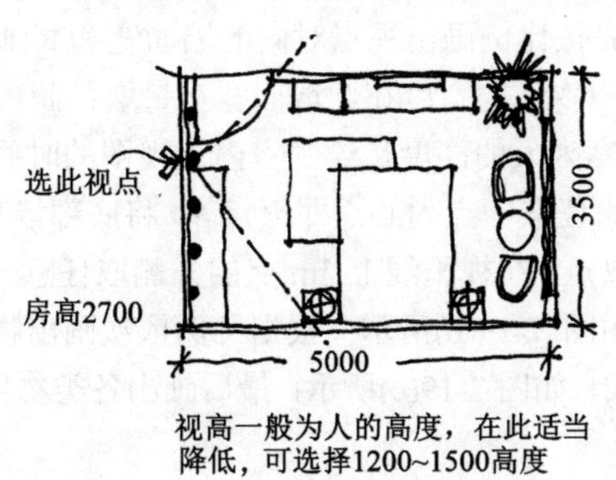

图 7-17　空间平面及站点位置

作图原理如下。

首先，按比例画出平行于观察者的墙面即房间的宽和高，也是室内物体真宽和真高的量取线，确定视平线及心点(灭点)，如图 7-18(a)所示。将墙面四个角连接心点并延长画出室内空间的四个面；其次，要确定空间进深量取点，自 *1* 点向右侧延长基线并取房间实际长度 5m 至点 *2*，所有物体长(进深)在点 *1*、*2* 间量取；再次，确定距点 *P* 以用来画出物体进深的透视距离，由图 7-18(b)可以看出，若以点 *2* 为参考点，点 *P* 越靠左，房间进深的透视越长，反之，点 *P* 越靠右得到的进深越短，由此判断出距点 *P* 是一个变量，需要根据构图灵活判断确定适当的位置(透视进深过窄物体形体线条积聚不易画清)，从而得到更清晰的造型及恰当的构图。

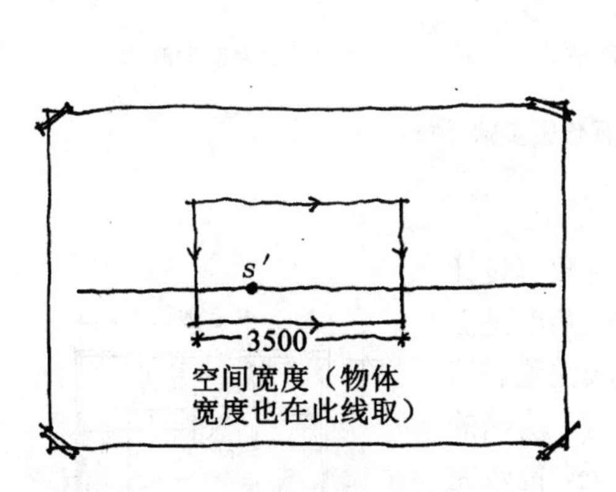

(a) 确定宽度及高度

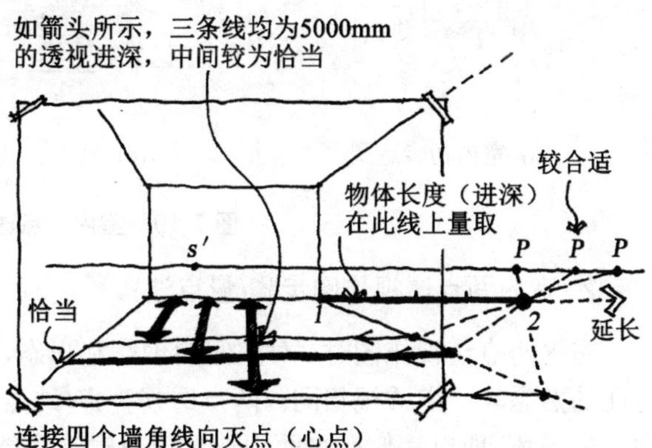

(b) 空间进深判断

图 7-18　一点透视真宽、真高及进深的确定

尺规作图步骤如下。

如图 7-19(a)所示，首先按比例画出视点对向的墙面宽和高(此房间的宽度为 3500mm，高度为 2700mm)，透视图中物体的宽度在此墙面宽上量取；画出视平线 P，也即视高，此处取高为 1200mm(通常视高为人的高度，绘制室内透视图的时候为取得较好的效果，故而适当将视高降低)，在墙面内任取一点为心点即灭点 S；将底部墙角线向右延长至 5m 处，此处为房间的进深透视的量取点；在视平线上 5m 点的外侧取任意一点 P 为距点；依次画出房间内物体的宽度和进深，如图 7-19(b)所示；根据比例依次画出物体的高度，按照透视规律依次画出水平线及灭点连线，如图 7-19(c)所示；最后画出各类物体的造型细节及配景等，如图 7-19(d)(e)(f)所示。

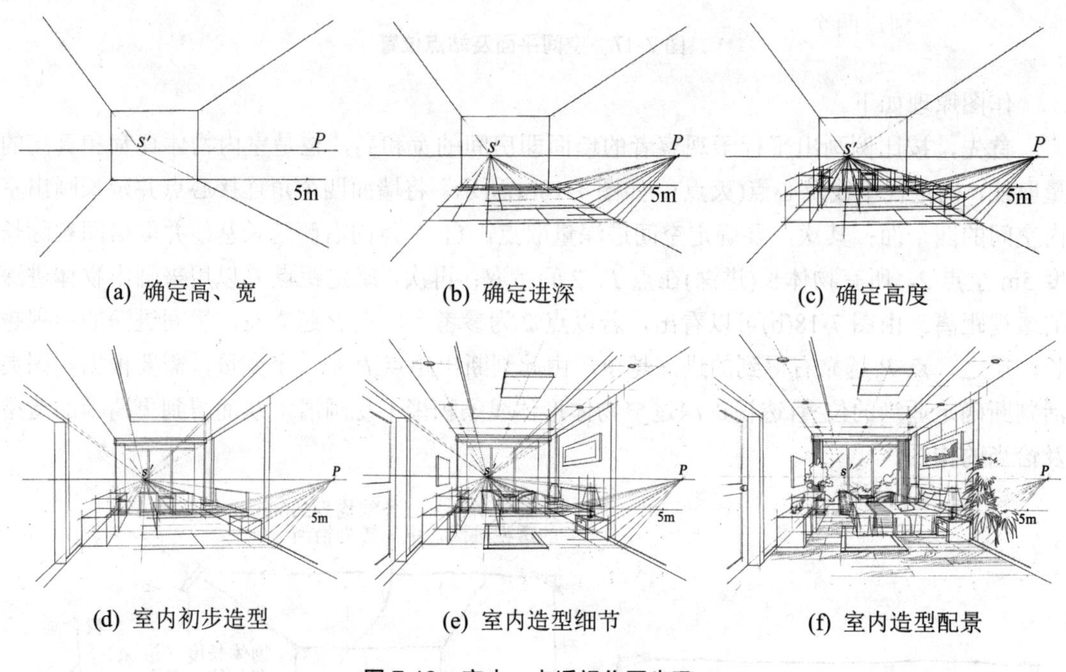

图 7-19　室内一点透视作图步骤

2. 室内两点透视作图步骤(量点法)

室内两点透视作图时，对空间的理解和形态、材质等设计方面的熟悉与一点透视相同。两点透视视点(站点)的角度是面向一处墙角，所以我们在平面中选择位置时注意能较完整表达出空间主要造型，如图 7-20 所示。此空间为一厨房，房间的长宽分别为 3500mm 和 3000mm，站点选择在入口处，能较完整地画出 L 形橱柜及冰箱等物体，按 4.4 节所述步骤作图。

图 7-20　空间平面及站点位置

作图原理如下。

首先，按比例画出墙角垂直线(即房间高度)，房间高度为 2600mm，确定视高为 1200mm，如图 7-21(a)所示。在视平线上墙角线外侧任意定出两个灭点 F_1、F_2，在两灭点之间取两个量点：将 F_1F_2 三等分等分点即为两个量点 M_1、M_2(此处两个量点为估计，前提是室内成角的平面布局为 45°），如图 7-21(b)所示。

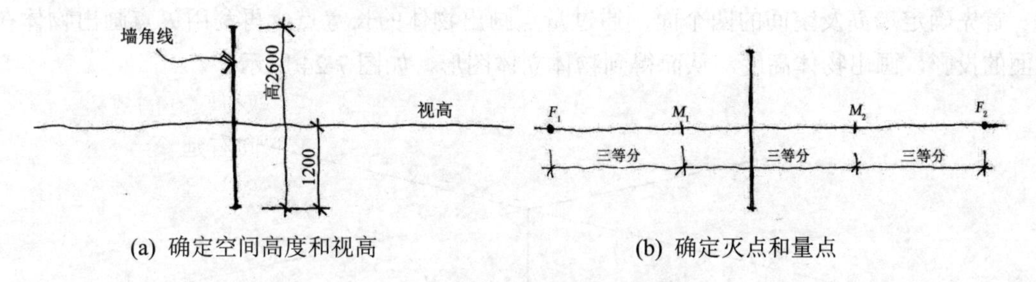

(a) 确定空间高度和视高　　(b) 确定灭点和量点

图 7-21　视高、灭点及量点的确定

其次，分别过两个灭点连接墙角线，画出墙顶和墙地的四角线，架构起房间的墙、顶、地四个面空间，如图 7-22(a)所示。

过墙角底部 N 点画水平线，此线是截取透视宽度或长度的依据。自 N 点向左侧或向右侧为取左侧物体长度(宽度)的依据，此水平线为取物体宽度(长度)的比例截取线，按比例截取物体长度点和宽度点后，连接 M_1 或 M_2 并延长与墙地角线相交，所得点即为物体的透视长度和宽度点，然后分别连接灭点 F_1、F_2，画出透视图即可，如图 7-22(b)所示。

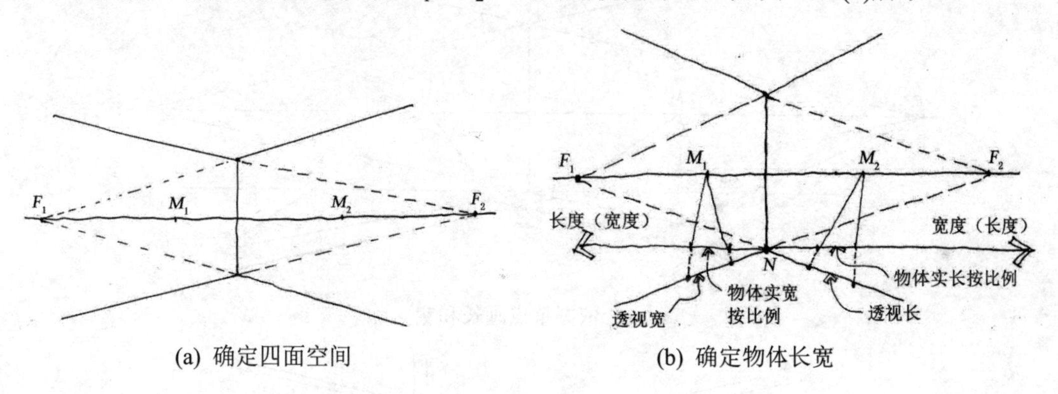

(a) 确定四面空间　　(b) 确定物体长宽

图 7-22　确定空间及物体长、宽

由于墙角线是按比例画出，同时墙角线在画面上，所以墙角线即是真高线，物体高度在此线上量取，取出高度后，连接灭点与物体在墙上的投影线相交，再由交点连接另一灭点与物体升起的高度相交，便可以画出物体高度，如图 7-23 所示。

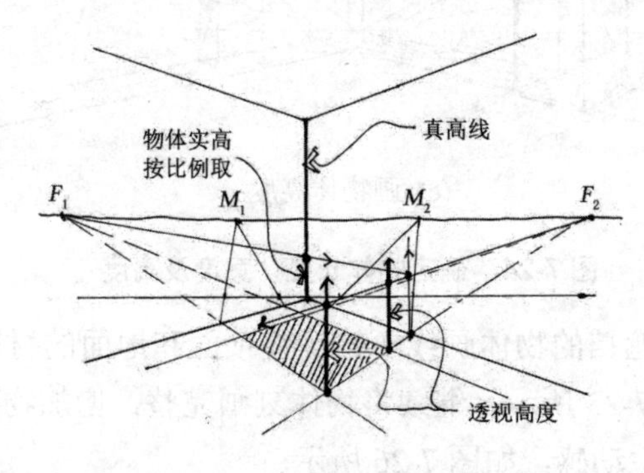

图 7-23　确定物体的高度

尺规作图步骤如下。

首先确定墙高及空间的四个面，通过量点画出物体的长宽点，再利用灭点画出物体在地面的投影，画出物体高度，从而得到物体立体图形，如图 7-24 所示。

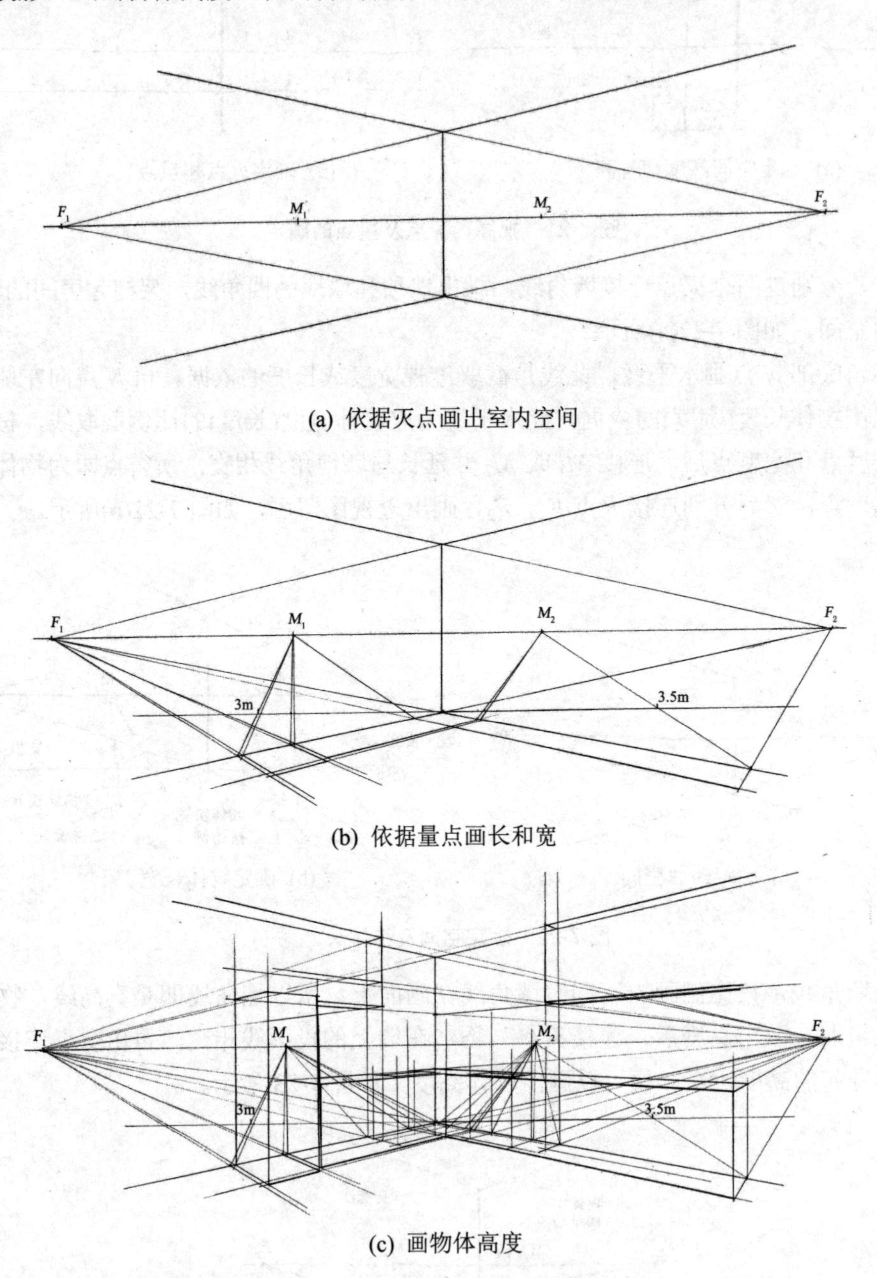

图 7-24　确定物体长度、宽度及高度

依次将物体画出，被遮挡的物体画线要轻，将顶面和地面的材质分格画出，再次画出主要物体的大形体，如图 7-25 所示。继续将物体刻画完整，增加物体的细部结构、材质纹理、配景等，使画面更具生动感，如图 7-26 所示。

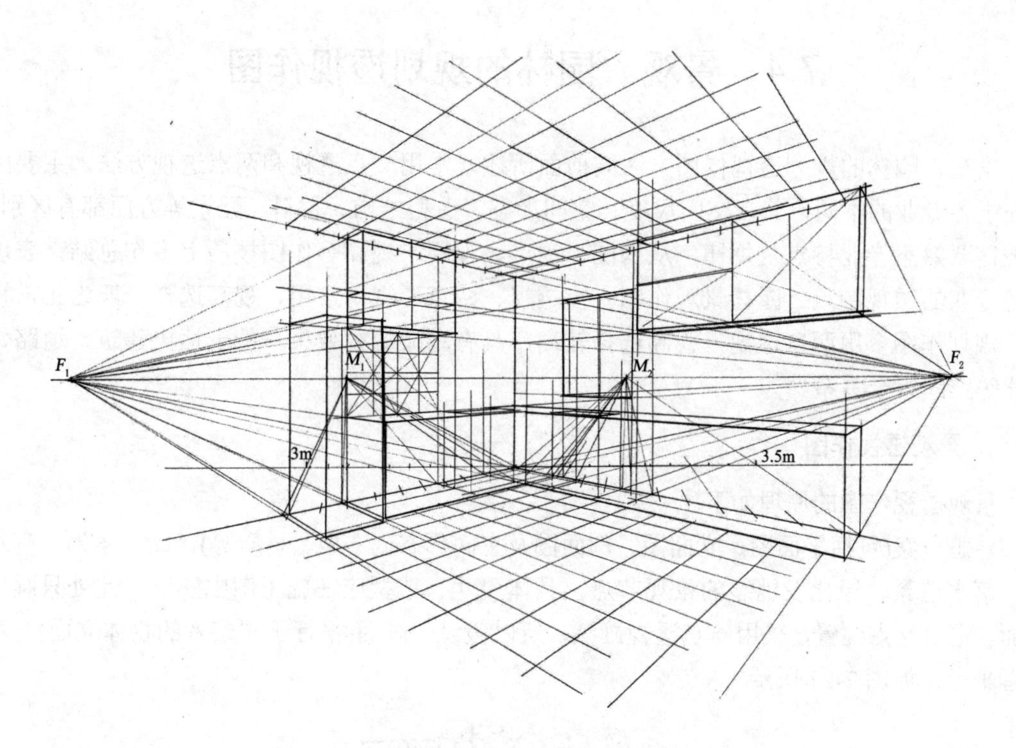

图 7-25　刻画形体和顶面、地面

图 7-26　刻画细部造型和配景

7.4 景观、园林的规划透视作图

景观、园林的规划透视作图方法同前面所述，常用一点透视和两点透视方法，主要区别在于各专业的不同，其在空间尺度、空间形态、造型结构、材料、配景等方面都有区别。画图需要熟悉专业特点及规律，从构图、视点、视距、视高等作图技巧上多作总结，表现出各专业的透视特点。园林景观作图一点透视、两点透视均常用，视高选择一般为正常视高；规划作图多用两点透视，视高选择较高，具有鸟瞰俯视效果，能表达出建筑、道路、绿化等空间组合关系。

1. 景观透视作图

景观透视作图的原理如下。

熟悉方案(包括平面图、立面图、剖面图及空间形态、造型、材质等)，此方案为一有水池、落水造景、绿化及铺装的景观节点，具体尺寸、造型应在施工图中熟读，此处只画出平面，定出站点位置，采用一点透视画法，所以假设一画面(平行于观察者的物体立面)与观察者平行，如图 7-27 所示。

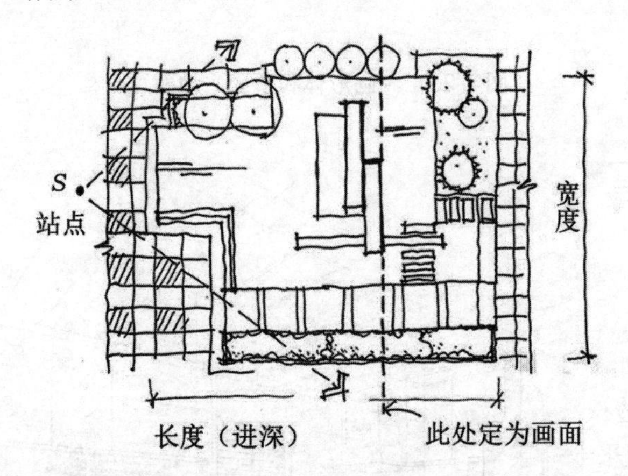

图 7-27 景观平面中视点及设定平行面位置

按比例画出画面上物体的正立面，此时要充分考虑比例大小及画幅构图等关系，确定视高，选定心点 s'。由于景观透视作图属于局部图，因此宽度两侧也要留出适当空间，从而保证画面的进深感，如图 7-28 所示。

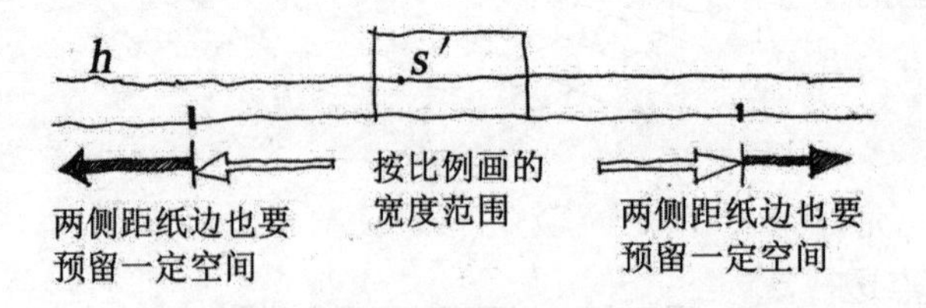

图 7-28 确定心点及预判性构图

同室内一点透视一样，在宽度外侧延长基线，按比例取长度(进深)的大小，并在视平线上，进深外侧取距点 P。依次根据物体尺寸画出长度(进深)、宽度，同时在画面位置上取物体的真高，然后画出透视高度即可，如图 7-29 所示。

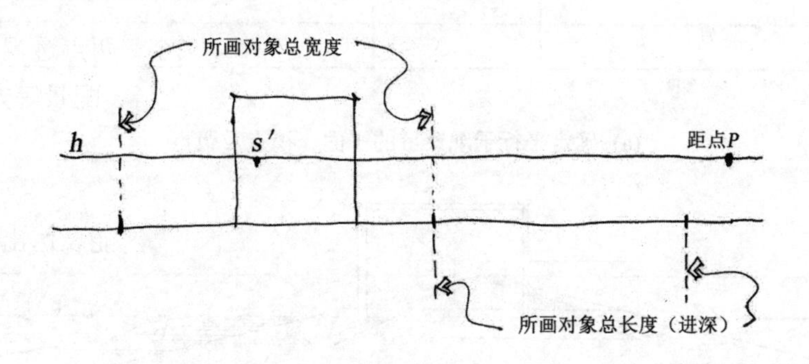

图 7-29　确定物体真宽、进深和真高

主体造型两侧预留空间，主要用来绘制周边地面拼缝、植物等，因为所画重点景观是主体造型的透视，实际景观场地中还有向周边延伸的地面、植物等次要造型，图面边缘不能戛然停止，而是要稍作交代并虚化处理，使画面自然生动。所以图纸四周构图时要根据所画内容多少留一定空间，如图 7-30 所示，两侧留有一定空隙，这样较符合构图的审美规律。

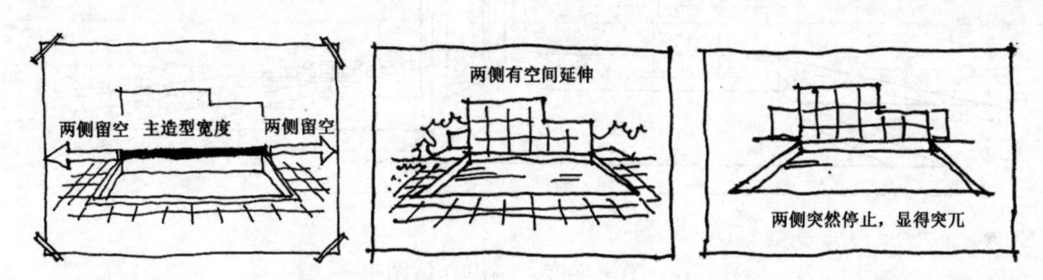

图 7-30　突出主体，四周构图注意留白

尺规作图的步骤如下。

首先，确定一点透视的平行面(平行于观察者且为真宽真高)，按比例画出；画出视平线确定视点位置 s、在视平线上确定距点 P、基线上确定进深量取点，如图 7-31(a)所示。根据方案尺寸画出形体的宽度及进深，通过距点画出基面的透视图，如图 7-31(b)所示。向上作垂线画出物体高度，如图 7-31(c)所示。

其次，画出植物及地面铺装的定位，物体的高度、宽度及进深量取同上一步骤，如图 7-32 所示。

最后，完善造型的细节、材质，画出植物、设施及景观配景，将轮廓线加重，弱化辅助线，完成后如图 7-33 所示。

2. 规划透视作图

画透视图前首先充分熟悉设计方案、确定表现对象的重点；选择合适的透视方法及表现角度(此案例为两点透视、量点法)；根据图幅大小及规划场地的总长宽，确定比例，画出基线、视平线(视高)，由于将要画图的角度为俯视，所以根据方案中最高建筑物的高度，视高要高于最高建筑 3 倍以上才能达到鸟瞰的效果。

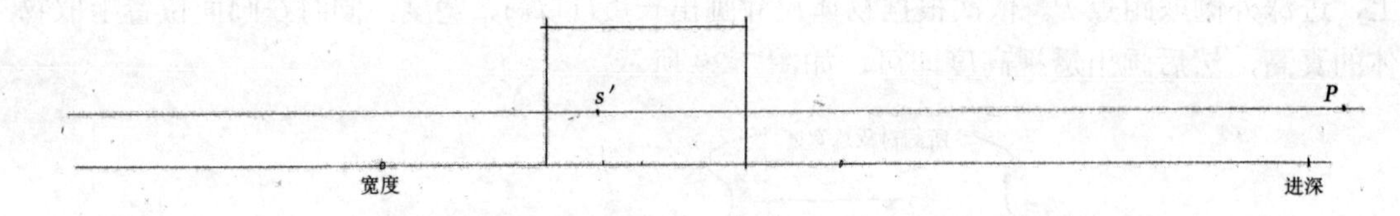

(a) 确定平行于观察者的平面、视点及距点

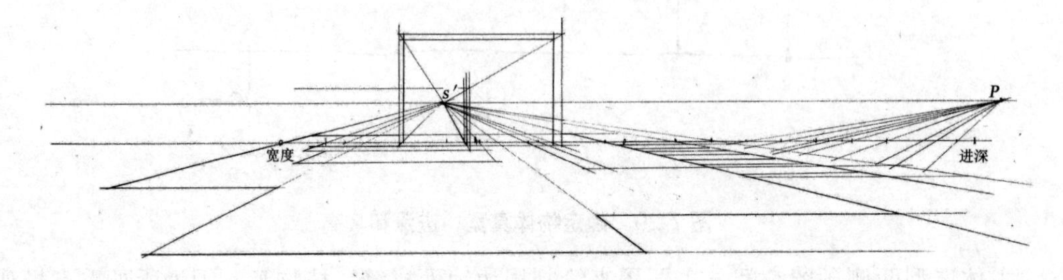

(b) 画物体长、宽

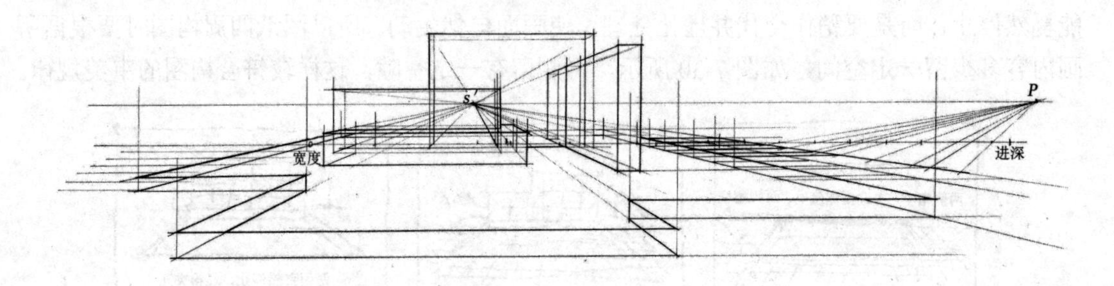

(c) 确定高度，画出立体图形

图 7-31　确定视点并画出物体宽度、进深及高度

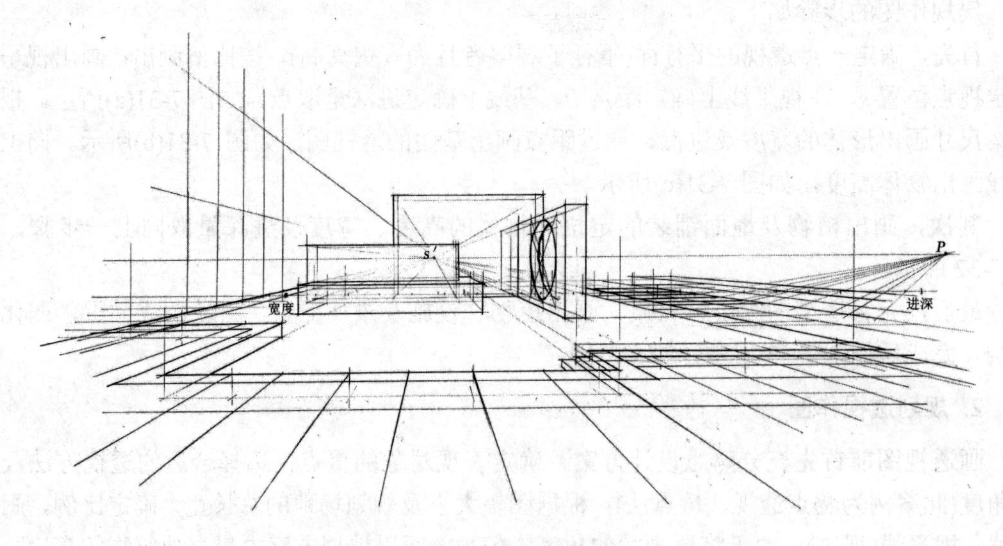

图 7-32　植物及铺装定位

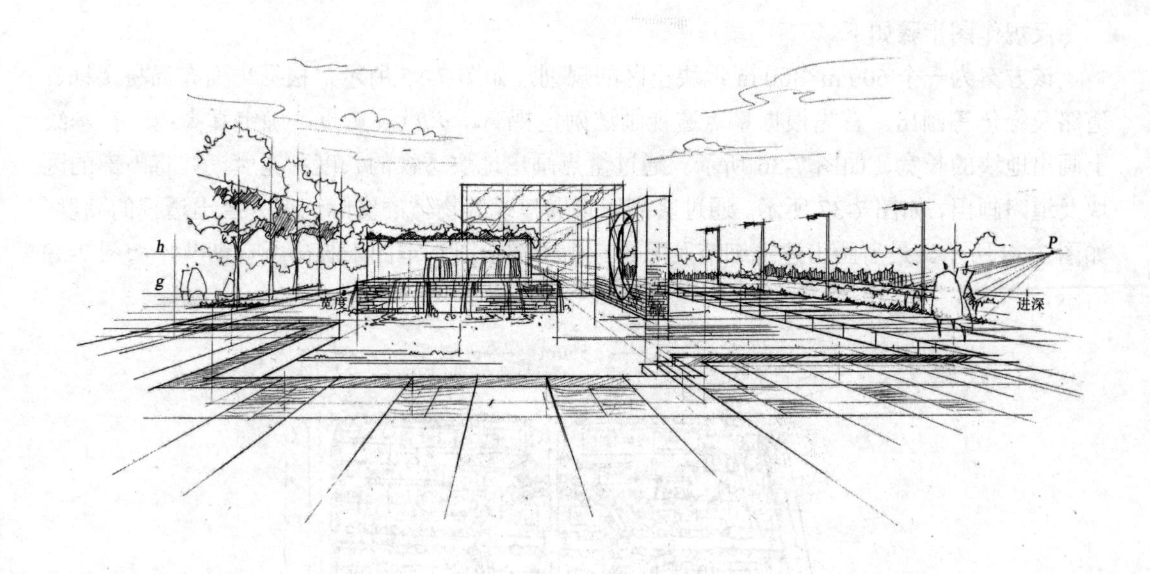

图 7-33　细节刻画

作图原理如下。

确定两个灭点 F_1、F_2，以及两个量点 M_1、M_2，方法同室内两点透视，如图 7-34(a)所示，依据量点画出地块长、宽，画出适合整个规划图的矩形，如图 7-34(b)所示，依从大到小、从整体到局部的顺序画出区域道路、建筑等物体，接下来细画每个区域、道路、建筑等(局部细节根据已有物体比例参照画出或透视简便作图方法，未必全求)。量取高度，画出不同对象的高度，刻画立面细节，补充平面细节，最后添加配景完成作图。

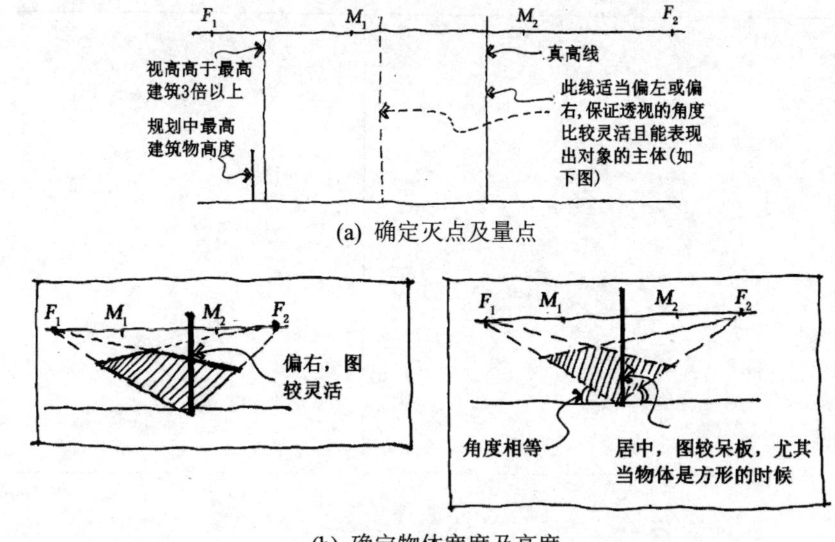

(a) 确定灭点及量点

(b) 确定物体宽度及高度

图 7-34　确定视高、灭点及量点，画出规划地块的总体矩形透视

尺规作图步骤如下。

该方案为一个 600 m×300 m 地块小区的规划，如图 7-35 所示，根据平面布局将楼栋、道路及绿化等画出。首先根据量点透视画法确定视高、灭点及量点，确定真高线，在基线上画出地块的长宽，如图 7-36 所示。通过量点画出地块透视的长度和宽度，并将内部的区块及道路画出，如图 7-37 所示。通过真高线量取建筑等物体的实际高度并画出透视的高度，如图 7-38 所示。最后画出建筑细节及配景。由于图幅限制本图未画出所有细节，如图 7-39 所示。

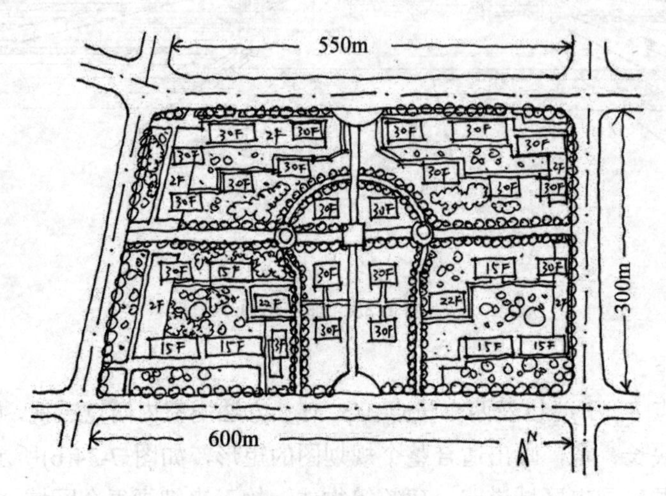

图 7-35　地块尺寸及布局

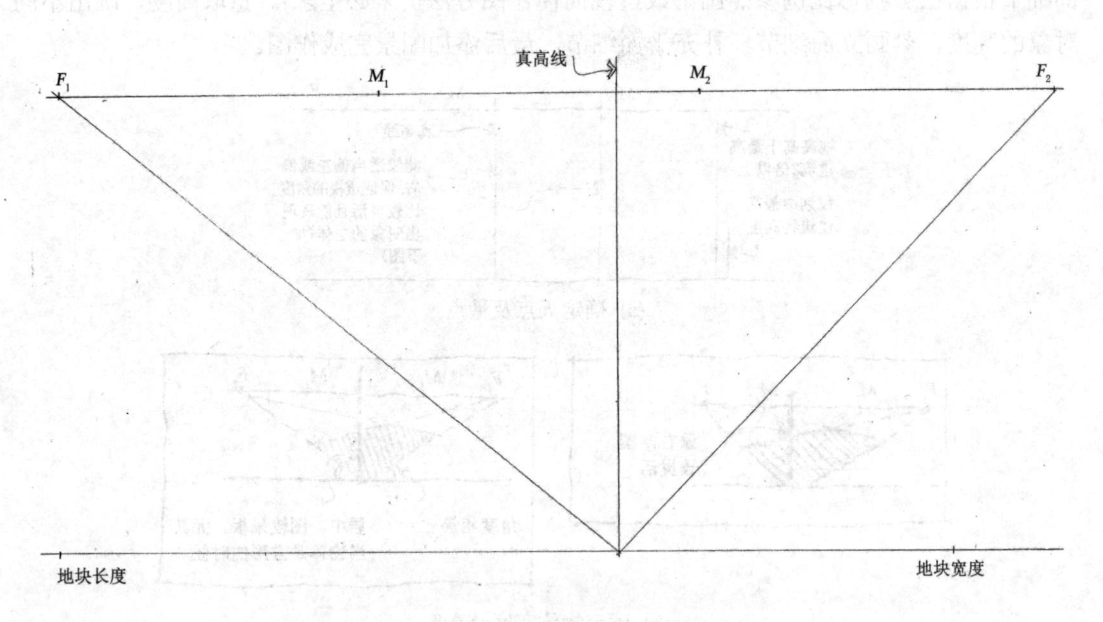

图 7-36　确定视高、灭点及量点，画出地块长、宽

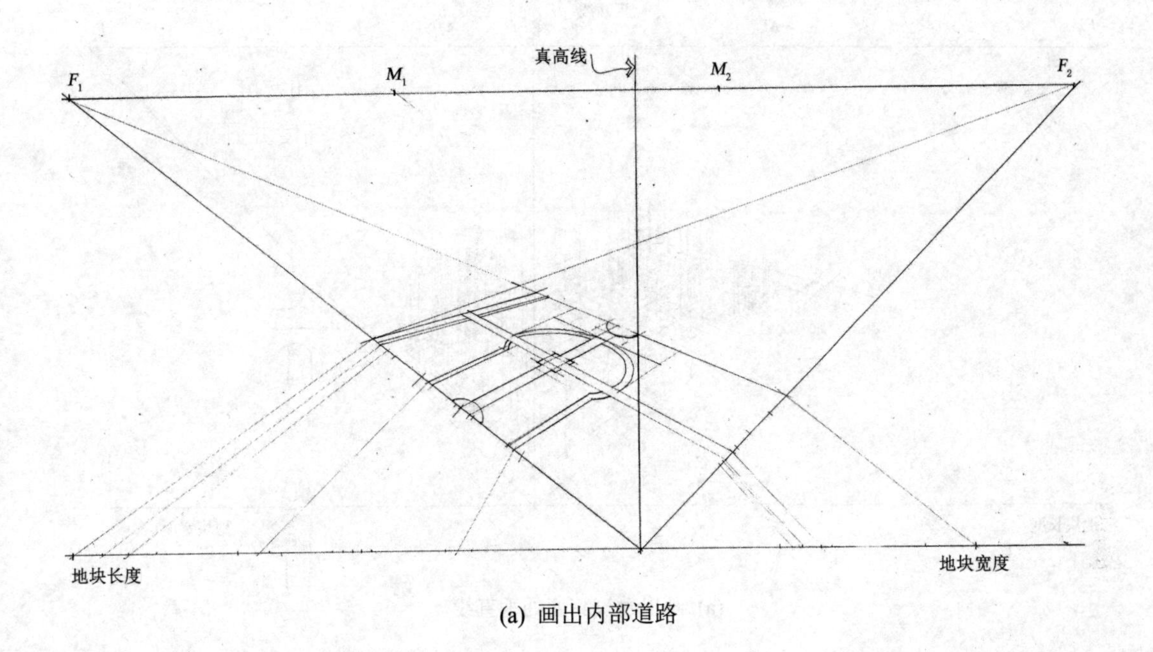

(a) 画出内部道路

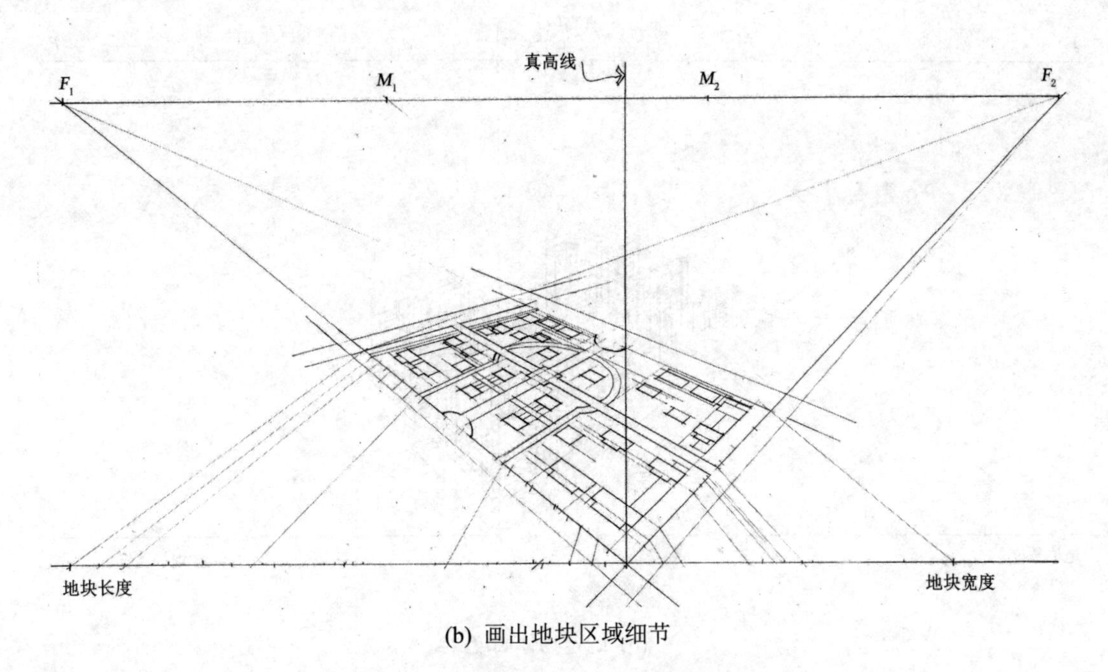

(b) 画出地块区域细节

图 7-37　画出地块总长、宽及地块分区

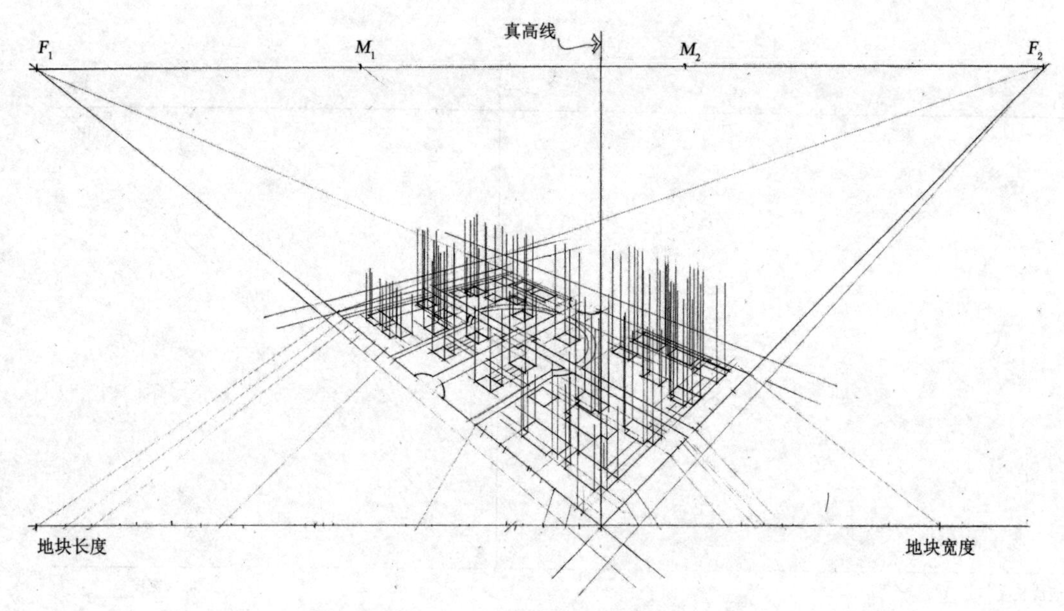

(a) 画出建筑高度处垂直线

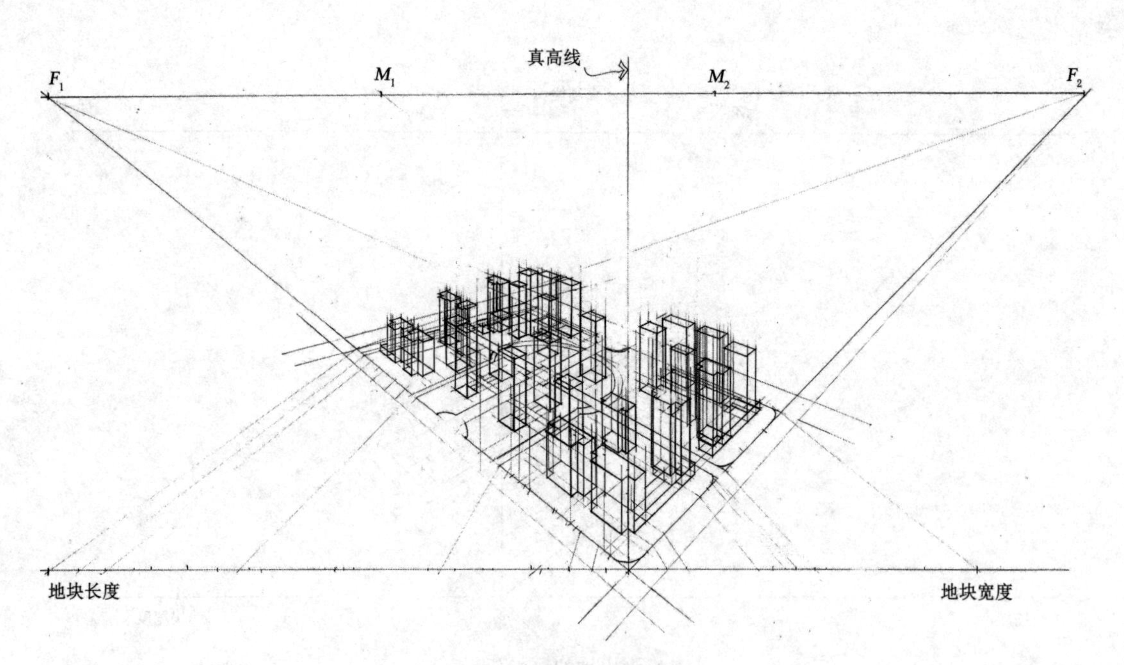

(b) 确定物体高度

图 7-38　物体高度的画法

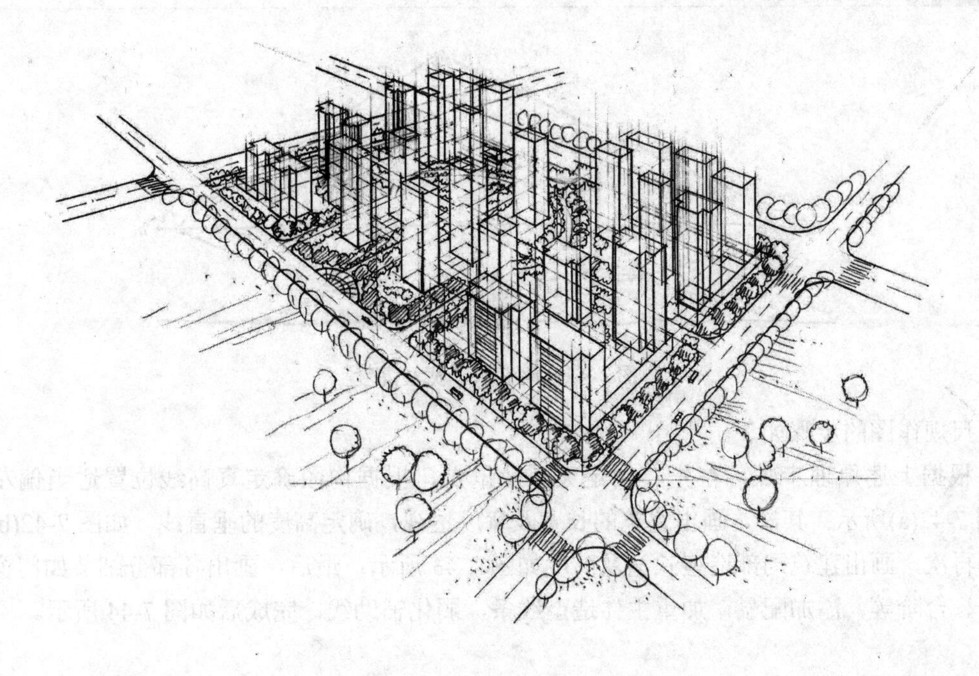

图 7-39 细部及配景的画法

7.5 建筑外观透视作图

建筑外观作图首先要熟悉建筑平面、立面、门窗造型、材质及体块穿插关系等，确定要表现的建筑外观角度，一般常用两点透视作图方法，视高选择通常以人视高度，若建筑物较高，视高也可适当升高至 2～3 m，具体根据所画内容灵活调节。

作图原理如下。

首先，按比例确定视高，画出基线，任意定出两个灭点 F_1、F_2，两灭点之间三等分，定出量点 M_1、M_2，画出真高线(一般是建筑平面图中一个角的垂直线)，如图 7-40 所示。

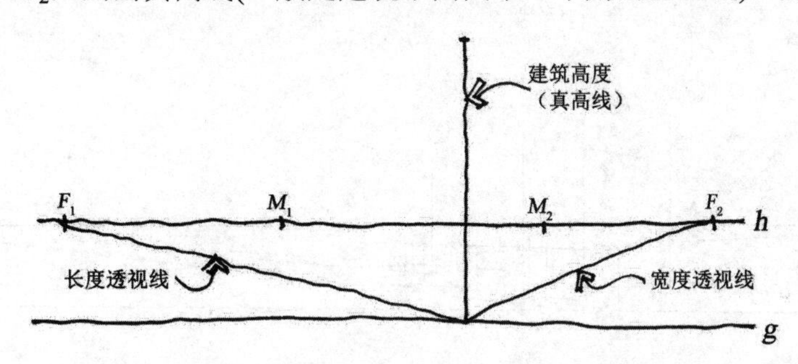

图 7-40 确定视高、灭点、量点及真高线

其次，根据量点画出建筑长宽透视和建筑各体块关系，如图 7-41 所示。根据立面图画出立面高度及细节和门洞窗洞等。

最后，添加配景，如地面铺装、人物、树木等。

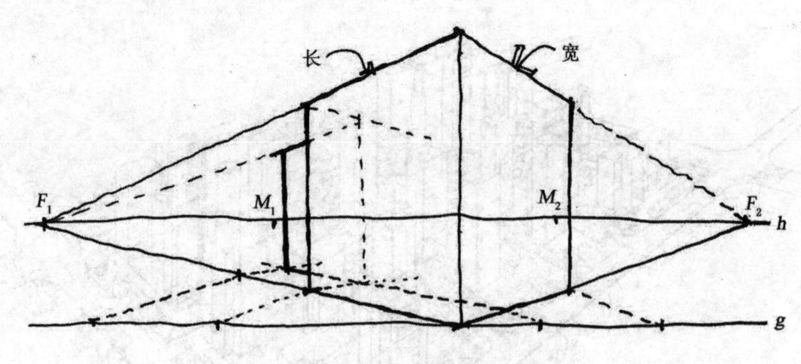

图 7-41　确定长、宽及高度

尺规作图的步骤如下。

根据上述原理步骤，首先，确定灭点及量点，根据构图确定真高线位置适当偏左，如图 7-42(a)所示；其次，画出建筑的长宽及宽度透视，确定高度的垂直线，如图 7-42(b)所示；再次，画出建筑局部造型长宽及高度如图 7-43 所示；最后，画出各部分细节如门窗、栏杆、台阶等，添加配景，加重主体造型线条，弱化辅助线，完成后如图 7-44 所示。

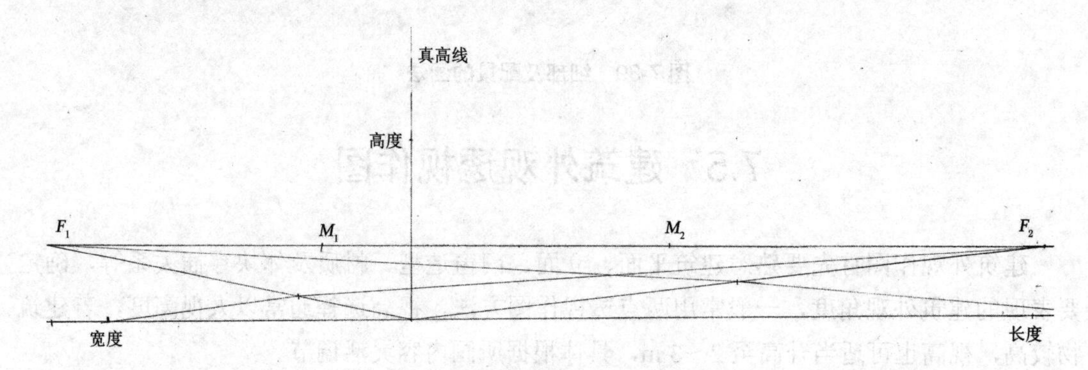

(a) 灭点、量点及真高线的确定

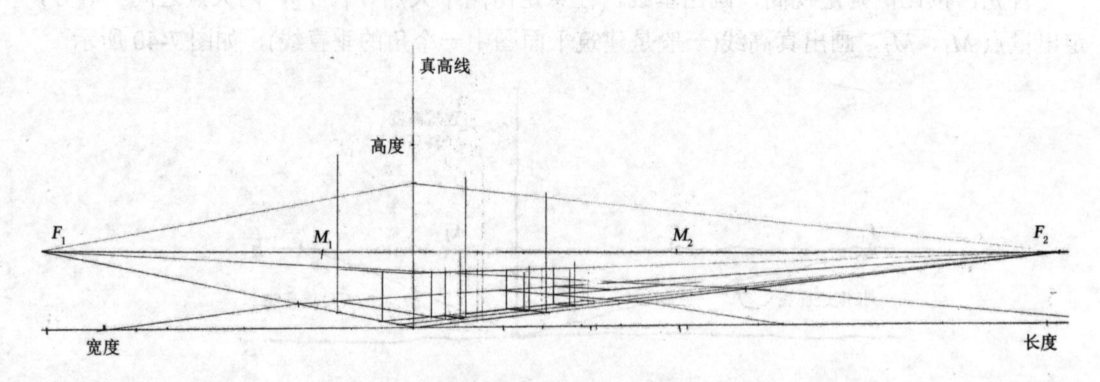

(b) 确定物体的长、宽、高

图 7-42　确定视高、灭点、量点及真高线，画出建筑长、宽

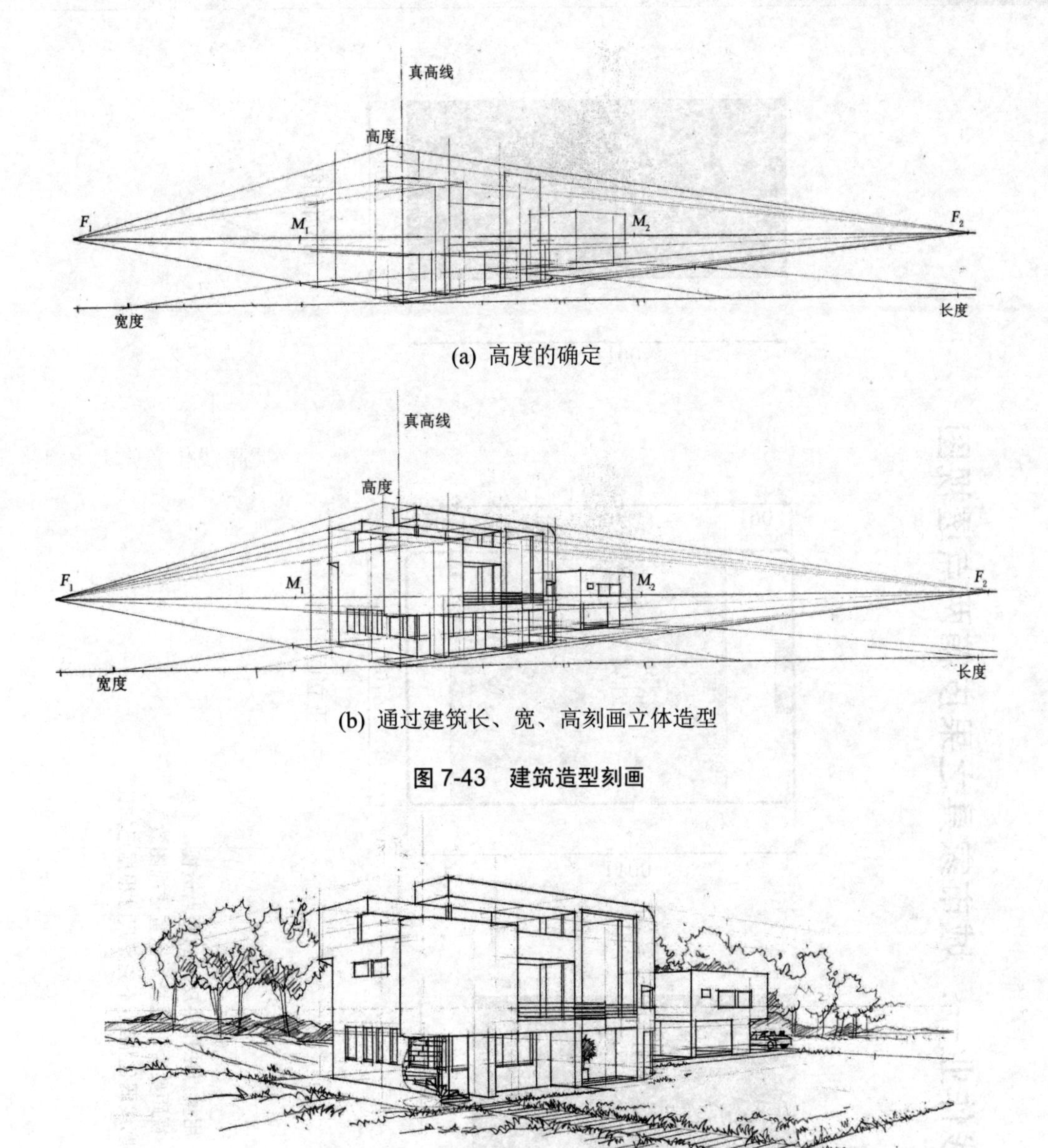

(a) 高度的确定

(b) 通过建筑长、宽、高刻画立体造型

图 7-43　建筑造型刻画

图 7-44　细节及配景

本 章 小 结

掌握不同对象(如建筑单体、家具、室内、景观、园林、规划鸟瞰等)透视图的作图规律和技法，总结作图经验，学会如何更好地表达对象，使之符合专业审美规律，尤其表达出对象的空间结构、形态、材质等，使之符合审美目标，真实地还原空间或物象。另外，要加强对建筑结构、室内造型、材料结构的专业认识，更好地辅助画图，使之有血有肉，既有美感，又有真实的空间感及合理的结构、材质表现。

实践作业一：城市家具之果皮箱两点透视图

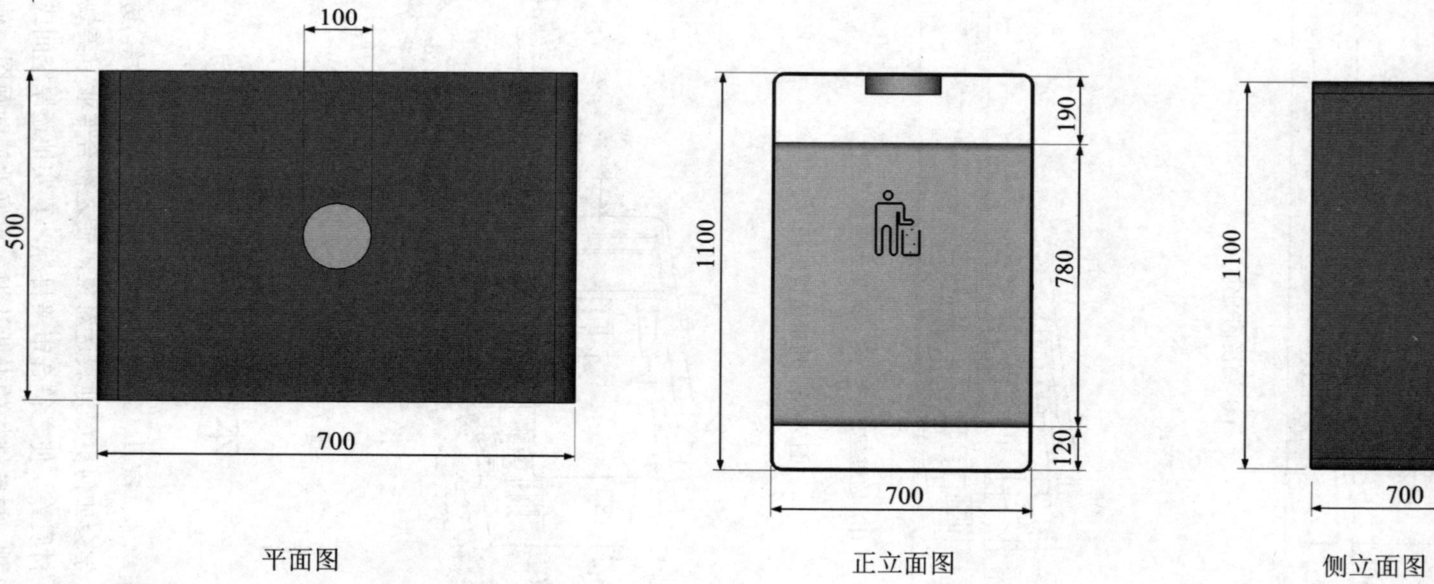

平面图　　正立面图　　侧立面图

注：单位为 mm

作业要求：

根据果皮箱的平面图和立面图，用量点法作果皮箱的两点透视，不要求完全保留作图痕迹，视点、视高、视距要合理选择，注重透视图效果，构图与纸张大小要协调。看不见的轮廓线弱化描线(不完整尺寸根据已知比例自行补充)。

实践作业二：城市家具之草坪灯两点透视图

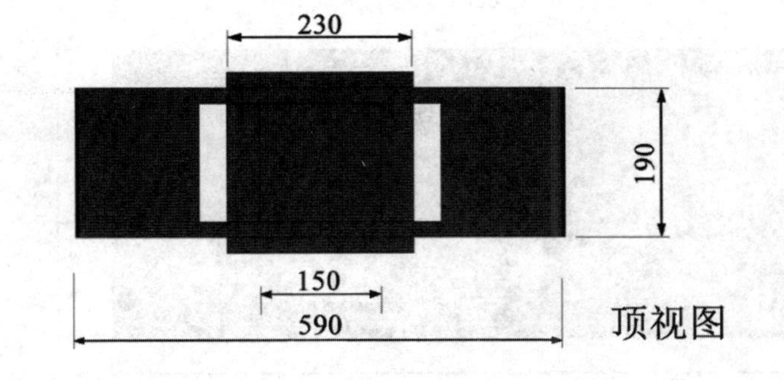

顶视图

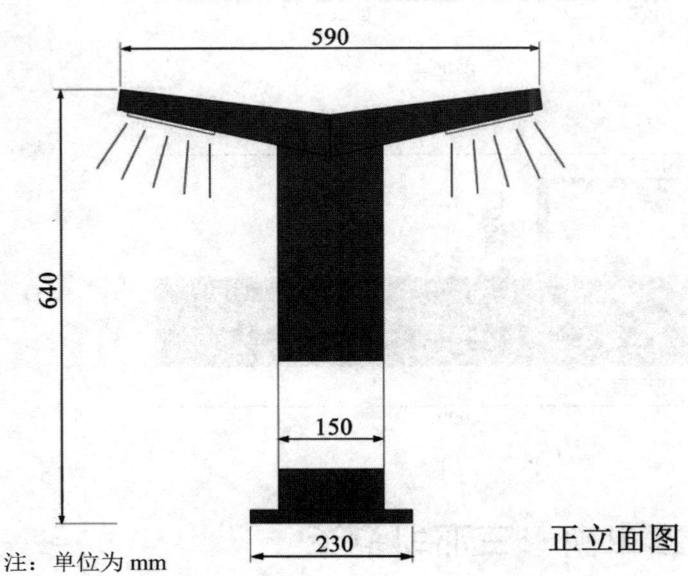

正立面图

注：单位为 mm

作业要求：

根据草坪灯的顶视图和正立面图，用量点法作路障的两点透视，不要求完全保留作图痕迹，视点、视高、视距要合理选择，注重透视图效果，构图与纸张大小要协调。看不见的轮廓线弱化描线(不完整尺寸根据已知比例自行补充)。

实践作业三：城市家具之电话亭两点透视图

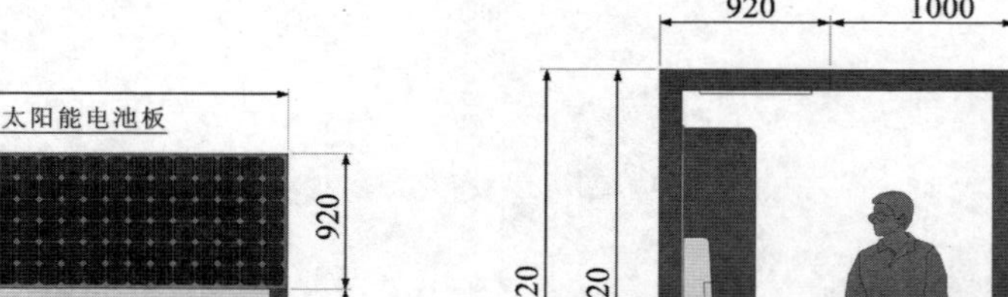

平面图

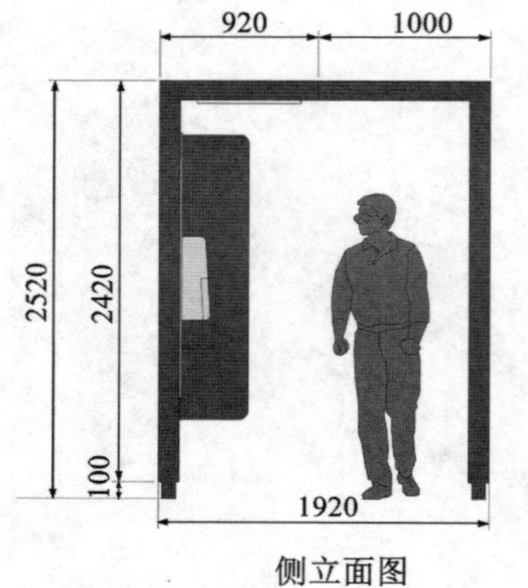

侧立面图

注：单位为 mm

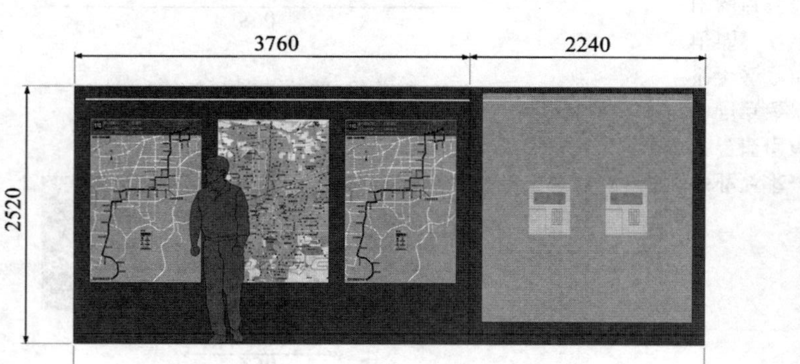

正立面图

作业要求：

根据电话亭的平面图和立面图，用量点法作路障的两点透视，不要求完全保留作图痕迹，视点、视高、视距要合理选择，注重透视图效果，构图与纸张大小要协调。看不见的轮廓线弱化描线(不完整尺寸根据已知比例自行补充)。

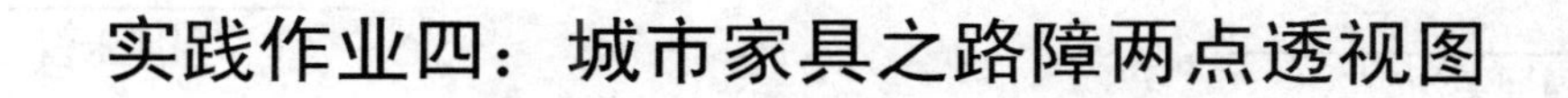

实践作业四：城市家具之路障两点透视图

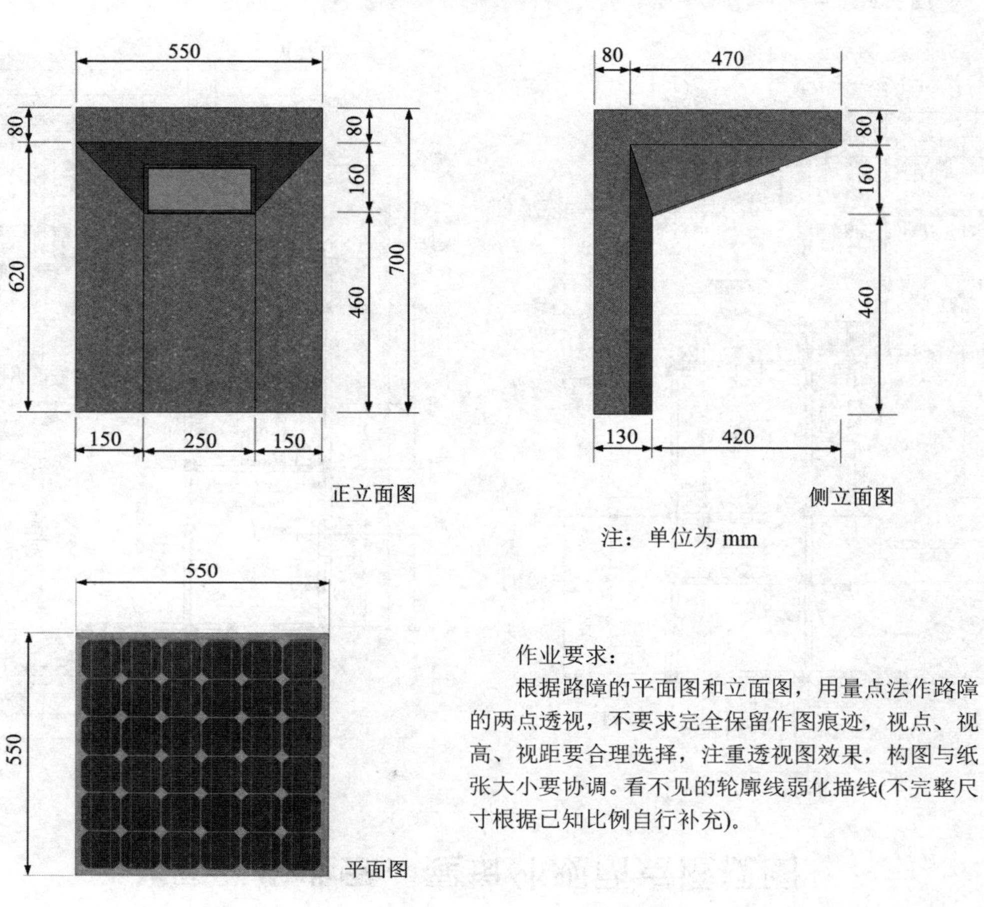

作业要求：

根据路障的平面图和立面图，用量点法作路障的两点透视，不要求完全保留作图痕迹，视点、视高、视距要合理选择，注重透视图效果，构图与纸张大小要协调。看不见的轮廓线弱化描线(不完整尺寸根据已知比例自行补充)。

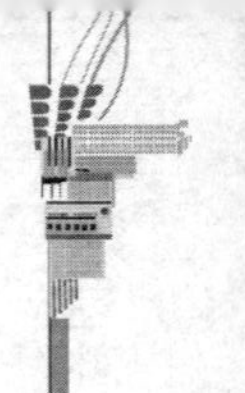

实践作业五：建筑外观两点透视图

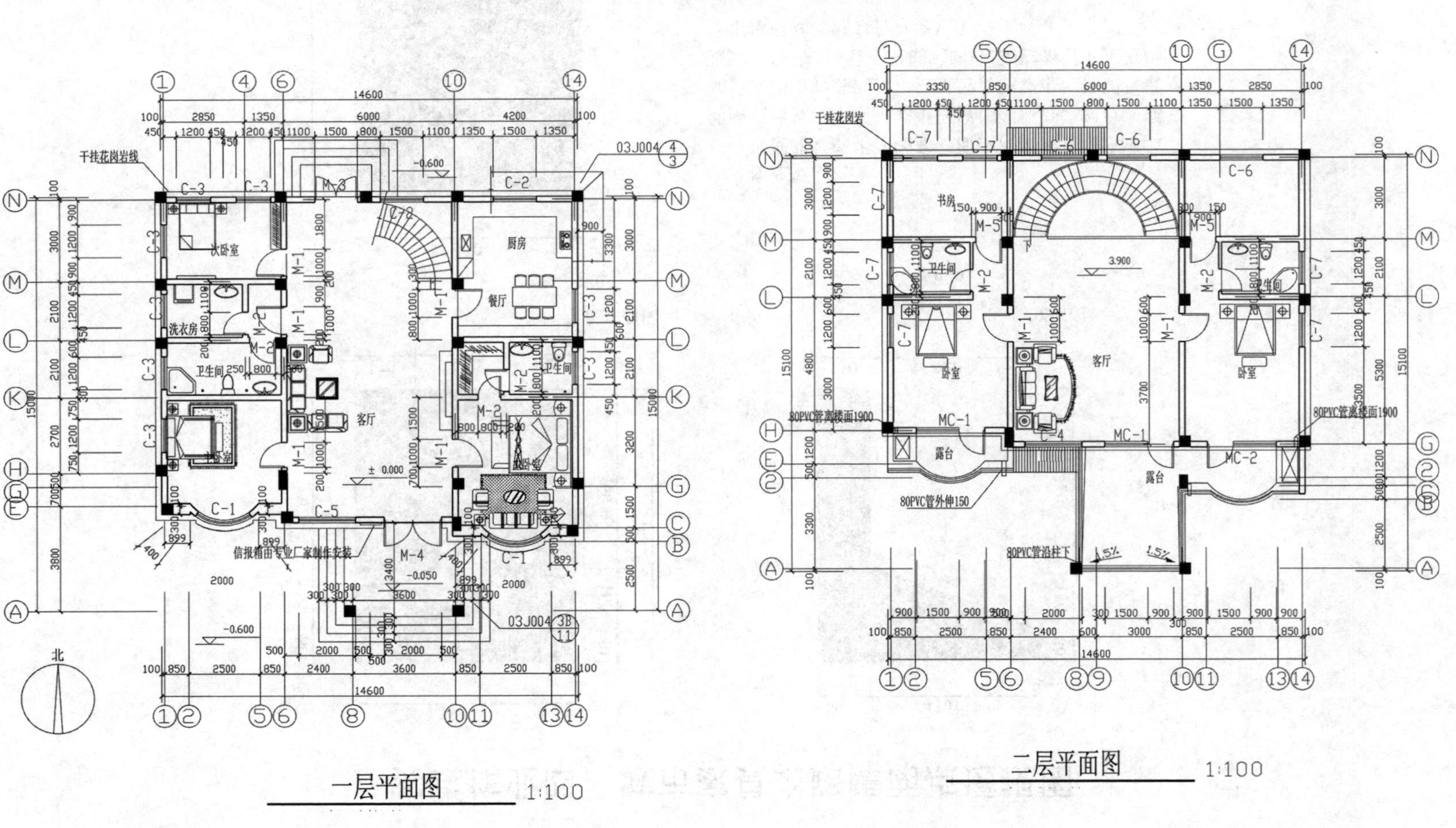

一层平面图　1:100

二层平面图　1:100

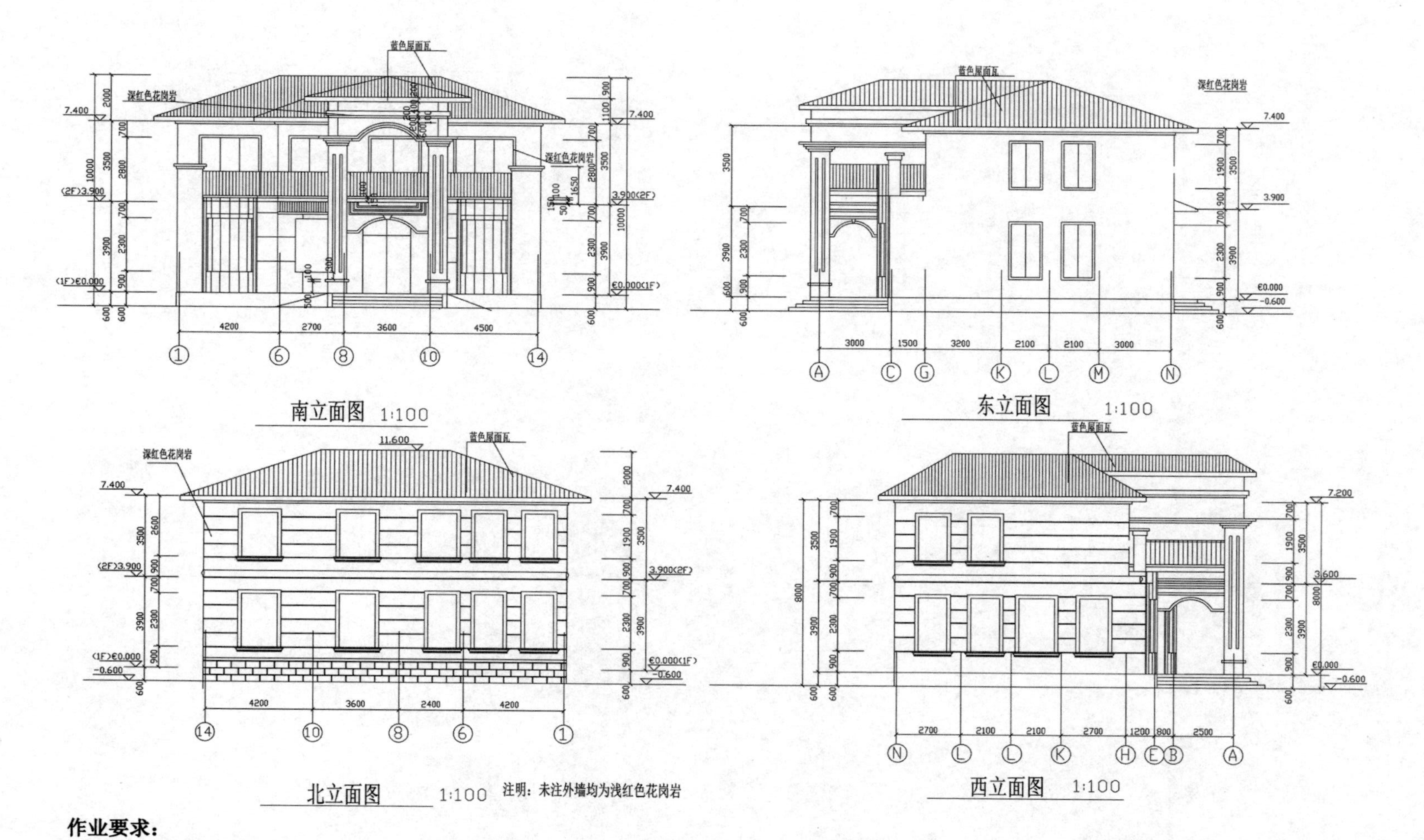

作业要求：

根据独立住宅的平面图和立面图，用量点法作独立住宅的两点透视，不要求完全保留作图痕迹，视点、视高、视距要合理选择，注重透视图效果，构图与纸张大小要协调。看不见的轮廓线弱化描线(不完整尺寸根据已知比例自行补充)。

阴影篇

第8章

光、阴与影的基础知识

学习要点及目标

掌握阴面、阳面、阴线、承影面和常用光线等阴影的基本概念；了解在工程施工图和效果图中绘制阴影的作用。

建筑始终处于一定的光照环境之中，有光存在的地方，就有阴和影。设计师在设计之初，就要考虑如何引导和控制光线，以确保光线如何投射，又是在何处消失，对光影的动态把握，会带来切实有效的而又环保的使用空间，而且还有可能带来如梦似幻的惊喜，如图 8-1 所示。

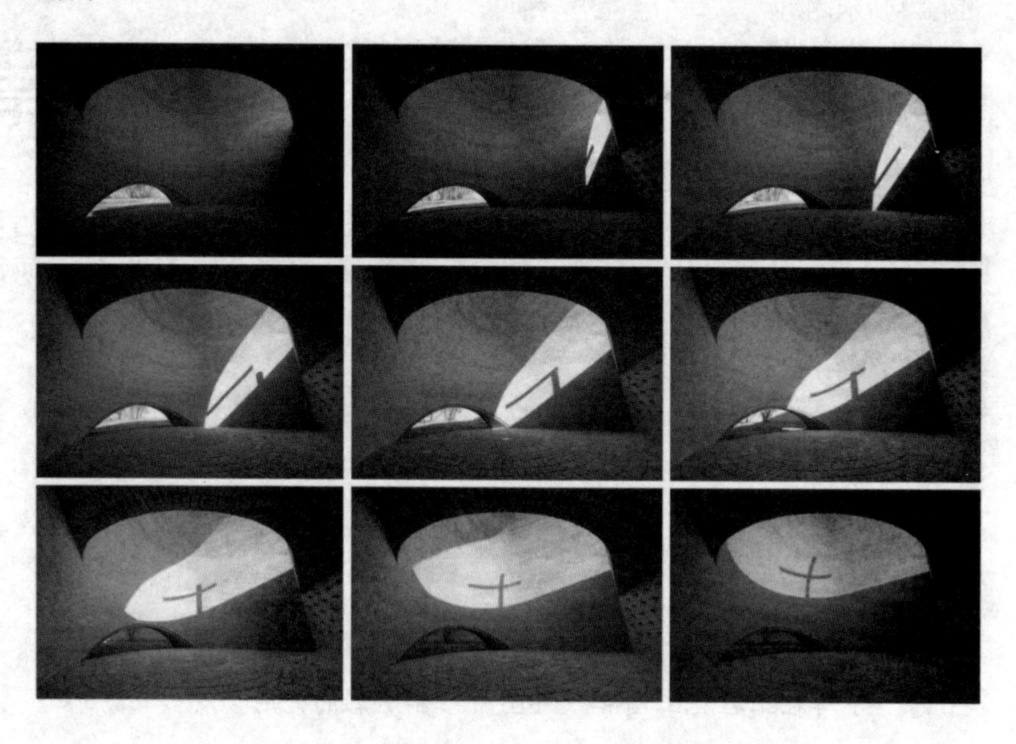

图 8-1　光在建筑中的流动(ABBS 建筑网)

如何掌控光线在空间的流动，就要用阴影去建构丰富的二维图纸，从而去加深二维图纸的深度感和层次感，在平面图、立面图、轴测图和透视图中加绘阴影，可以使图样更具真实感和感染力，如图 8-2 所示。

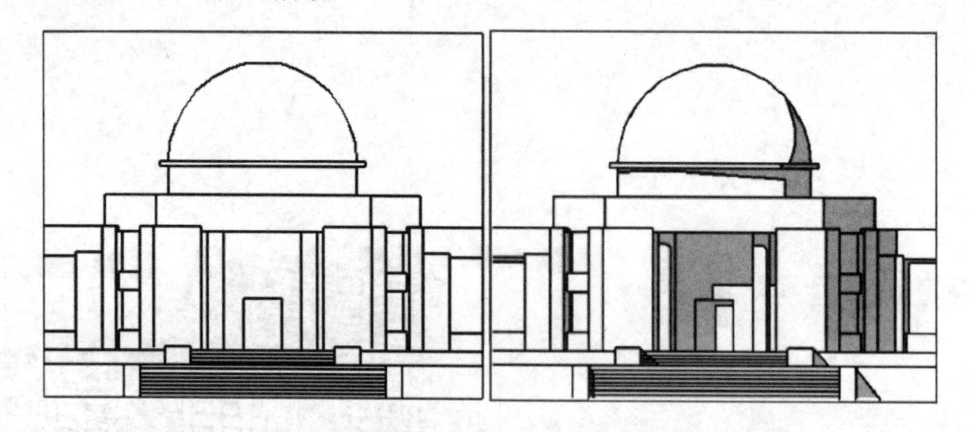

图 8-2　立面图加绘阴影后图面生动美观

如何在图纸中去表达阴影，是建筑师必备的技能。

8.1　阴和影的形成

如图 8-3 所示，物体在光线的照射下，光线能照射到的面明亮，我们称之为阳面；反之，物体表面背光部分显得阴暗，则称之为物体的阴面。阴面和阳面的分界线称为阴线。另外，由于大多数建筑物是不透明的，本来能够照射到阳面的光线，因为受到遮挡，使本来明亮的一部分阳面，故而出现了或部分出现了阴暗的区域，该区域我们称之为物体在这些阳面的落影(简称影)，落影的轮廓线，称为影线，影线所在的阳面，称之为承影面，阴(阴面)和影(落影)合称为阴影。

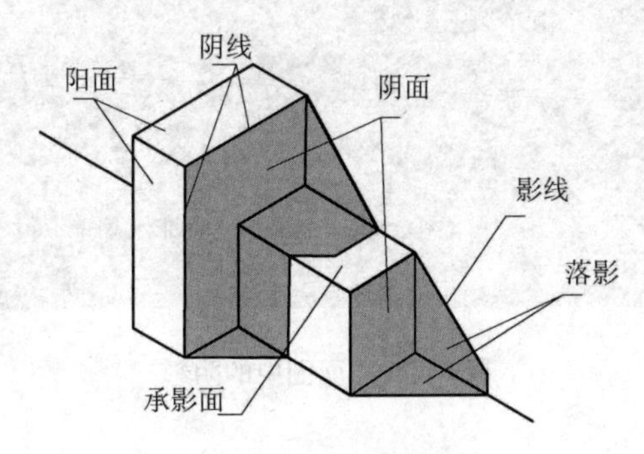

图 8-3　阴和影的形成

8.2　阴影的种类

根据阴影绘制的基本图的不同，我们把阴影分为以下三种类型。

1. 正投影图中的阴影

主要在建筑物的总平面图、立面图中绘制阴影，因为正投影图是二维平面图形，比较呆板，反映不出进深感，所以在正投影图中加绘阴影可以提高图面的层次感和活泼感。

(1)　总平面图中的阴影如图 8-4 所示。

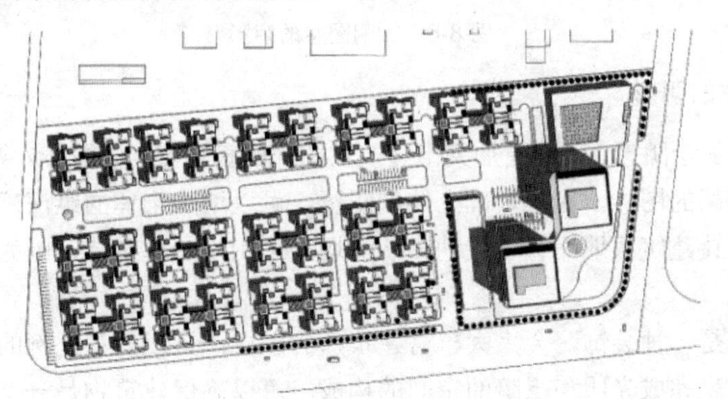

图 8-4　总平面图中的阴影

(2) 立面图中的阴影如图 8-5 所示。

图 8-5 立面图中的阴影

2. 轴测图中的阴影

在轴测图中加绘阴影，可以增加图样的真实感，如图 8-6 所示。

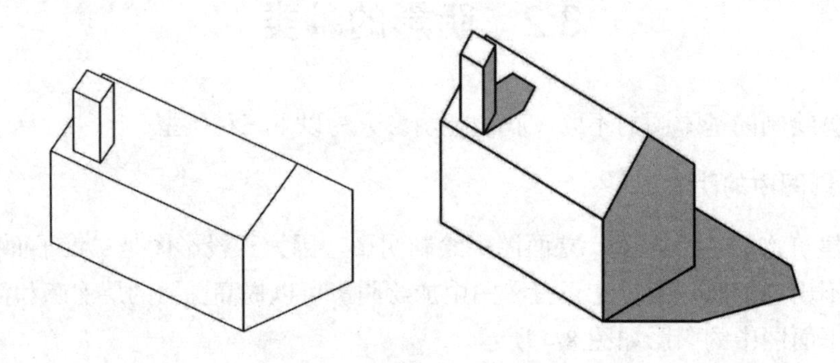

图 8-6 轴测图中的阴影

3. 透视图中的阴影

在透视图中加绘阴影，能够更加突出建筑物图样的真实感，如图 8-7 所示。轴测图和透视图均为有立体感的图样，在其基础上绘制阴影，可以增加物体的纵深感，而建筑物在地面上的落影，也让建筑跟地面有了互动，从而增加了图样的真实感，因为建筑物始终处于光环境之中。

总之，阴影是一种装饰，会大大丰富建筑师的图样，在线条和比例的基础上，通过光线的引导和控制来完成光明和黑暗的空间的构成，可以确保建筑物是一个明暗相间的光线适宜的空间。

图 8-7　透视图中的阴影

8.3　光线与常用光线

有了光，才有阴和影。物体的阴和影总是随着光线的照射角度和方向变化而变化。我们在建筑阴影的绘图中运用的光线基本有两种：太阳的平行光线和人造光源的辐射光线。

平行光线和辐射光线两种光源中，为了简化作图程序，大多数情况下选择平行光线，而灯具的辐射光线只适合于画室内透视，作图复杂，很少采用。而对于太阳的平行光线，随着时间的变化，又有方位角和高度角的不同，通常选用一些方便作图的方位角和高度角。

在轴测图阴影和透视图阴影中，一般采用方位角为水平方向，高度角为 45°的平行光线(也可根据具体工程选择 30°或 60°)。

在正投影图中绘制阴影，通常采用立方体的体对角线的方向作为入射光线的方向，如图 8-8(a)所示。该光线的方向就是自立方体左、前、上方的顶点引到右、下、后方的对角线 *L* 的方向，这种方向的平行光线，其三面正投影 *l*、*l*′、*l*″均与水平线成 45°角，如图 8-8(b)所示。

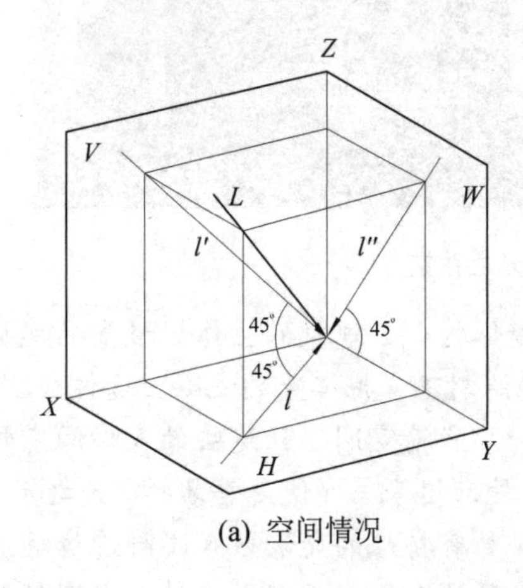

(a) 空间情况

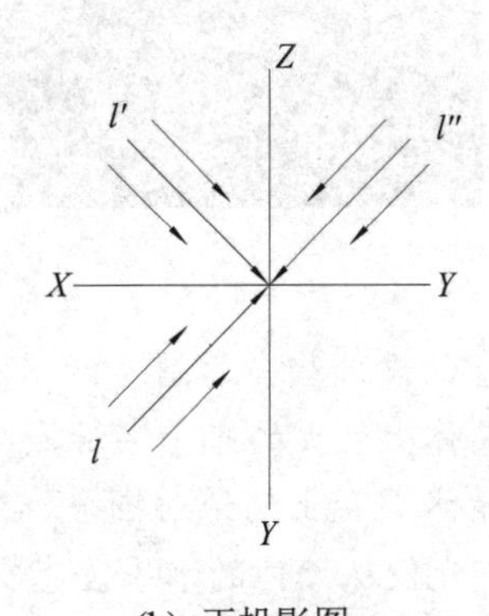

(b) 正投影图

图 8-8　常用光线

在正投影图中按常用光线作阴影，能充分发挥45°三角板的作用，且作图方便、快捷。并且在某些特殊情况下，这种光线求得的阴影能够度量出正投影中涉及的另一个方向的深度尺寸，从而反映出形体的空间形状，使二维的正投影图能够显示三维空间关系，更具立体感。

本章小结

本章主要讲解了阴影的形成原理，以及为何要在施工图、轴测图、效果图中绘制阴影，并介绍了阴影中的常用光线的选择。

知识拓展

光之教堂

光之教堂是日本建筑大师安藤忠雄的成名作，教堂的一面墙上开了一个十字形的洞口，在光线的照射下产生了特殊的光影效果，使信徒们产生一种接近天主的玄幻感觉。光之教堂的魅力在于其内部光影交叠所带来的震撼感，如图8-9所示。

图8-9 光之教堂

光之教堂的设计相当简洁，清水混凝土墙体构成了建筑的主体。教堂的视觉中心是一道素混凝土墙体上巨大的光十字缝，在光线的照射下，把厚重的混凝土墙体分割成四部分。坚实厚硬的清水混凝土的绝对围合，创造出一片黑暗空间，让进去的人瞬间感觉到与外界的隔绝，而阳光便从墙体的水平垂直交错开口处泄进来，那便是著名的“光之十字”——神圣、清澈、纯净、震撼。十字缝分割的墙壁，具有特殊的光影效果，再透过毛玻璃拱顶，人们能感觉到天空、阳光和绿树。光之教堂除了那个置身于墙壁中的大十字架外，并没有放置任何多余的装饰物。

第 9 章

正投影图中的阴影

学习要点及目标

掌握点、线、面的落影；掌握平面基本体、曲面基本体的落影；掌握常用建筑构配件的落影；了解整栋建筑物的阴影绘制技巧。

9.1 点的落影

如图 9-1 所示，一组常用光线照射在承影面 P 上，过空间点 A 的光线受到遮挡，照射不到承影面 P 上，形成了一直线型影区，则承影面与该直线相交的交点为一暗点 A_P，我们称之为 A 在承影面上的落影。

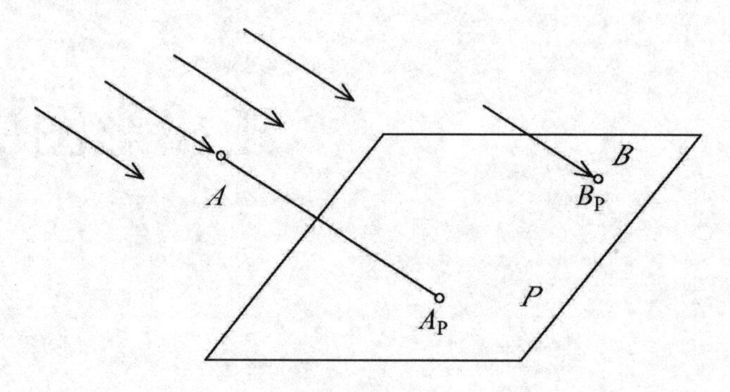

图 9-1　点的落影

由此可见，点在某承影面上的落影，就是过空间点的光线与承影面的交点，其实质就是求过该点的直线与面的交点问题。

若空间点位于承影面上，则该点的落影与其本身重合，空间点 B 位于承影面 P 上，其落影 B_P 与其本身重合(见图 9-1)。

落影的常用表示方法：空间点 A 在承影面 P 上的落影就用 A_P 表示，则在三个正投影面 H、V、W 上的落影分别用 A_h、A_v、A_w 来标记。

1. 点在投影面上的落影

当承影面为投影面时，点的落影就是过点的光线(常用光线，正方体的体对角线)与投影面的交点，即光线在投影面上的迹点。

在两面投影体系中，光线与两个承影面先后相交，形成了两个影子，但由于投影面不是透明的，所以光线 L 与哪一个投影面先相交，其交点(落影)就是真影，而与另外一个投影面的交点则在实际中并不存在，我们称之为虚影。

如图 9-2(a)所示，空间点 A 离 V 投影面近，所以过空间点 A 的光线先与 V 投影面相交 A_v(a_v、a_v')，A_v 就是空间点 A 在 V 投影面上的落影，把光线继续延长与投影面 H 相交于点 A_h(a_h、a_h')，点 A_h 称为 A 点的虚影，一般不必画出，但在求作直线的落影的时候可以利用虚影求直线的折影点。

根据观察，A 点距离 V 面近，所以 A 点的光线首先与 V 面相交，形成落影点 A_v，A_v 是光线与 V 面的交点，其正面投影 a_v' 与 A_v 重合，水平投影 a_v 落在 OX 轴上，也是光线的水平投影 l 与 OX 轴的交点；虚影 A_h 为光线与 H 面的交点，其水平投影 a_h 与 A_h 重合，正面投影 a_h' 落在 OX 轴上，也是光线的正面投影 l' 与 OX 轴的交点，如图 9-2(b)所示。

另外，由于常用光线的三面投影均与投影轴成 45° 角，所以可以得到如下结论：空间点在某投影面上的落影与其同面投影间的水平距离和垂直距离，都正好等于空间点对该投影面的距离。

在图 9-2(b)中，空间点 A 的落影 $A_V(a_V')$与其投影 a'之间的水平距离和垂直距离 d，都正好等于点 A 对 V 面的距离，即水平投影 a 对 OX 轴的距离。

因此可以得出点的落影规律：①当点有多个承影面时，点的落影一定是落在距点最近的那个承影面上；②空间点在某投影面上的落影与其同面投影的水平和垂直距离等于空间点对该投影面的距离。

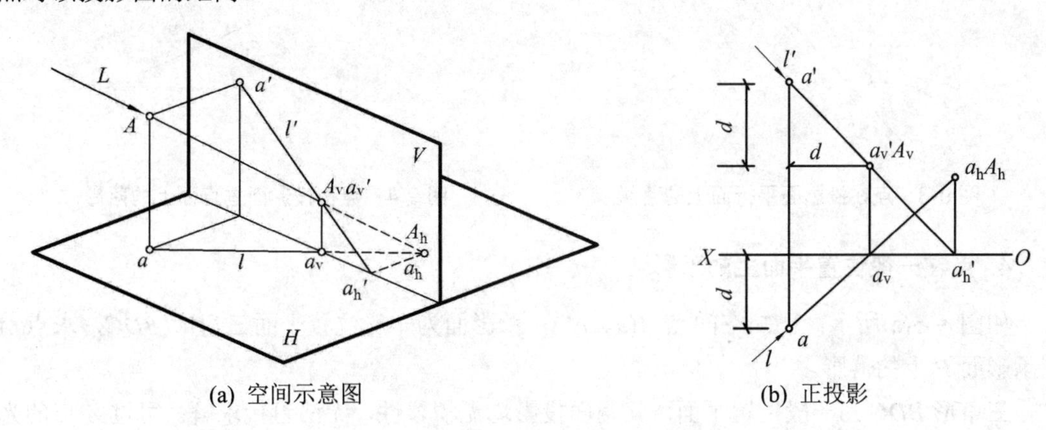

(a) 空间示意图　　(b) 正投影

图 9-2　点在投影面上的落影

2. 点在投影面平行面上的落影

如图 9-3 所示，已知空间点 $A(a、a')$，承影面 P 为 V 面的平行面，求点 A 在承影面上的落影。

利用 P 的水平投影具有积聚性的特性，可以快速求出过空间点 A 的光线与 P 的交点，其交点的水平投影必定既在光线的水平投影 l 上，也在 P 面的水平投影上。

①　过点 a 作光线的水平投影，与 P 面的水平投影相交于点 a_p，即为落影的水平投影。

②　由点 a_p 向上作垂线，与过 a' 的光线的正面投影相交于点 a_p'，即为落影的正面投影。

由图 9-3 可以看出，a' 与 a_p' 的水平距离和垂直距离，都等于点 A 到 P 面的距离 d。

因此，只要给出了点对投影面平行面的距离，就可以在单独一个投影中求作点在该承影面上的距离。

3. 点在投影面垂直面上的落影

如图 9-4 所示，已知空间点 $A(a、a')$，承影面 P 为 H 面的垂直面，求点 A 在承影面上的落影。

可以利用 P 面的水平投影有积聚性作图。

①　过点 a 作光线的水平投影 l，与 P 面的水平投影相交于点 a_p，即为所求落影 A_P 的水平投影。

②　由点 a_p 向上作垂线，与过 a' 的光线的正面投影相交，交于点 a_p'，即为落影的正面

投影。

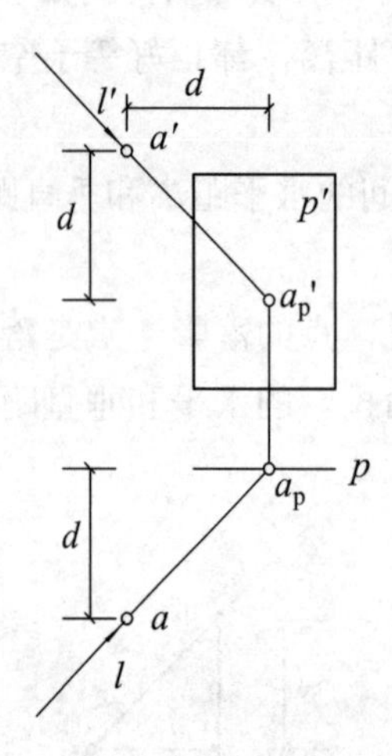

图 9-3　点在投影面平行面上的落影

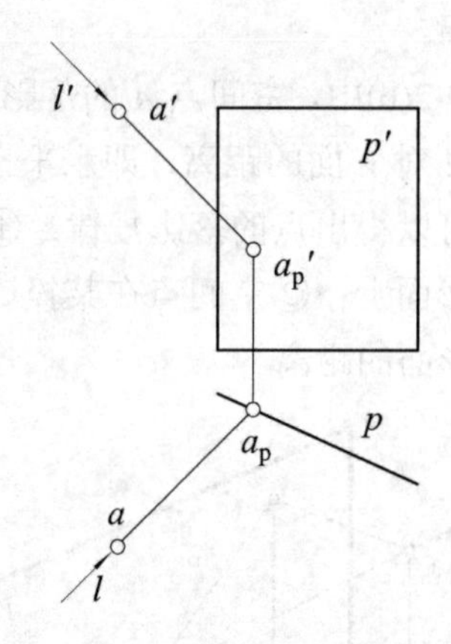

图 9-4　点在投影面垂直面上的落影

4. 点在一般位置平面上的落影

如图 9-5(a)所示，已知空间点 *A*(*a*、*a*′)，承影面为一般位置平面三角形 *BDC*，求点 *A* 在承影面 *P* 上的落影。

三角形 *BDC* 为一般位置平面，其两面投影均无积聚性，无法直接求解。可过 *A* 点的光线作一辅助的铅垂面 *Q*，利用 *Q* 面的 *H* 面投影(即光线的 *H* 面投影 *l*)的积聚性来进行求解，作图步骤如图 9-5(b)所示。

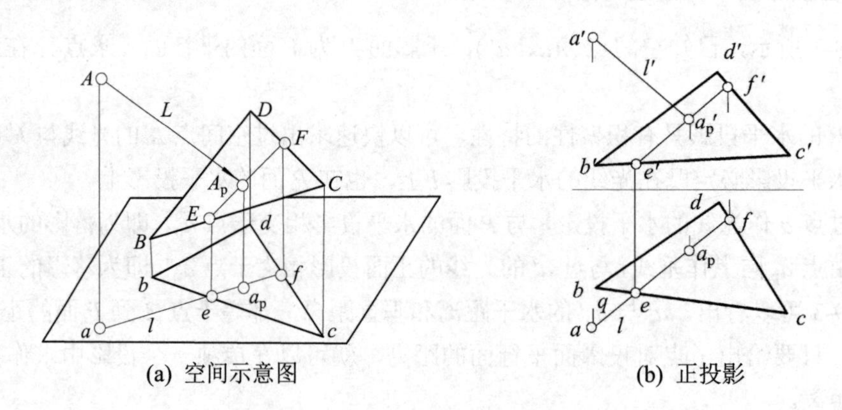

(a) 空间示意图　　(b) 正投影

图 9-5　点在一般位置平面上的落影

① 过 *A* 点的光线作一辅助的铅垂面 *Q*，其水平投影 *q* 与光线的水平投影 *l* 重合，*l* 与 *P* 的 *H* 面投影相交于 *e*、*f* 两点，*ef* 即为三角形 *BDC* 与 *Q* 面交线的水平投影。

② 自 *e*、*f* 向上作垂线，与三角形的 *V* 面投影相较于 *e*′、*f*′，即交线的 *V* 面投影。

③ 过 *a*′ 点作光线的 *V* 面投影 *l*′ 与 *e*′*f*′ 相交于点 a_p′，即为落影的正面投影。

④ 由点 a_p′ 向下作垂线，交 *ef* 于点 a_p，即为落影的水平投影。

9.2　直线的落影

如图 9-6 所示，空间直线 AB，承影面 P，在光线的照射下，过 AB 范围内的光线被遮挡，形成一平面型影区，该平面型影区与承影面 P 相交，交线为 A_PB_P，交线 A_PB_P 由于光线照射不到而成为一条阴暗的直线，我们称之为直线 AB 在承影面上的落影。

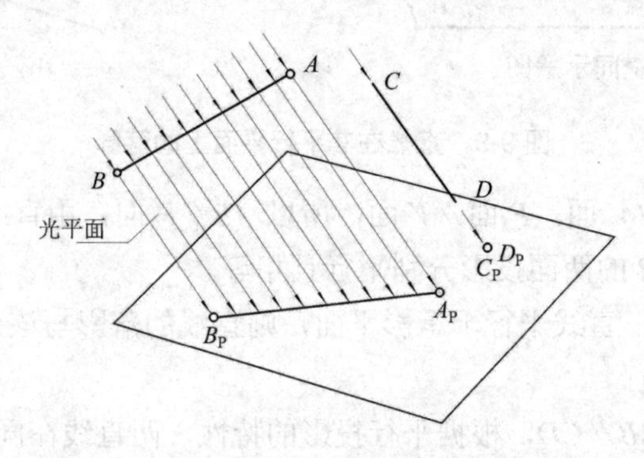

图 9-6　直线的落影

由此可以看出，当承影面为平面时，求直线在平面上的落影，本质上就是求两个平面的交线，即过空间直线的光平面与承影面的交线。

1. 直线在平面上的落影

直线线段在一个承影面上的落影，只要求出线段上两端点的落影，用直线相连即可。

(1)　直线在投影面上的落影如图 9-7 所示。

(2)　直线在铅垂面上的落影如图 9-8 所示。

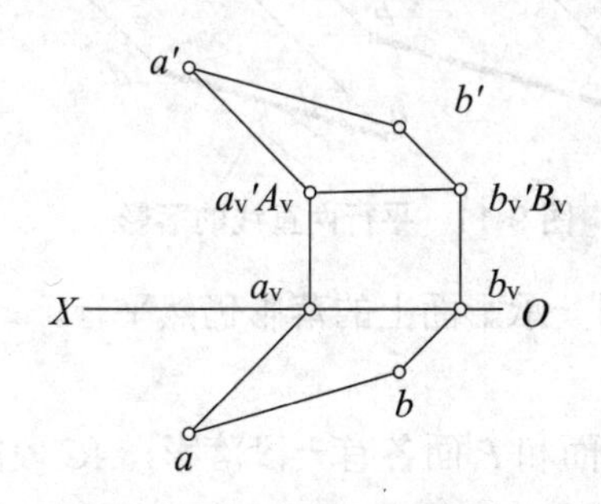

图 9-7 直线在投影面上的落影

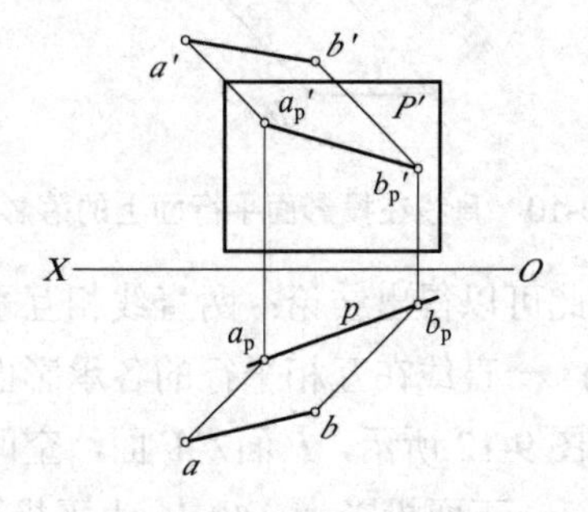

图 9-8　直线在铅垂面上的落影

2. 直线的落影规律

1)　直线落影的平行规律

(1)　直线平行于承影平面。

直线 AB // H 面，根据平行投影的特性，AB 在 H 面上的落影 A_HB_H 与其本身平行且等长，如图 9-9 所示。

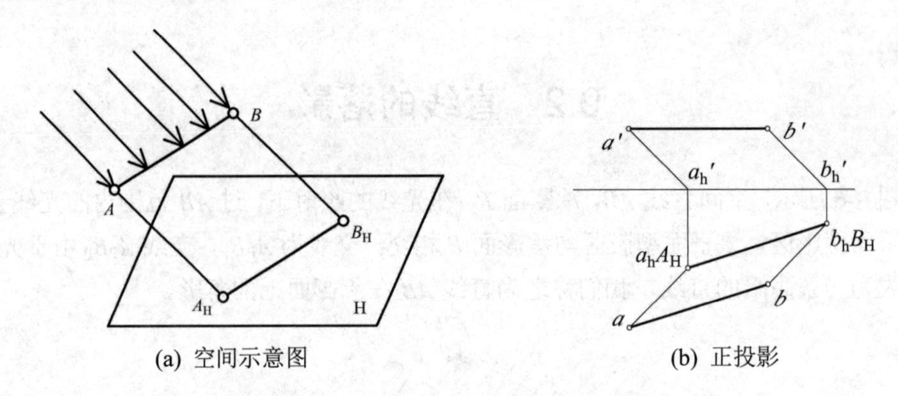

(a) 空间示意图　　　　(b) 正投影

图 9-9　直线在其平行平面上的落影

在图 9-10 中，$AB /\!/ V$ 面，P 面 $/\!/ V$ 面，所以 $AB /\!/ P$ 面，由直线落影概念所求出的 AB 的落影的两面投影和 AB 的两面投影分别平行且相等。

由此可以得出结论：直线平行于承影平面，则直线的落影与该直线平行且等长。

(2)　两直线相互平行。

如图 9-11 所示，$AB /\!/ CD$，根据平行投影的特性，两直线在同一承影面中的落影必定相互平行。

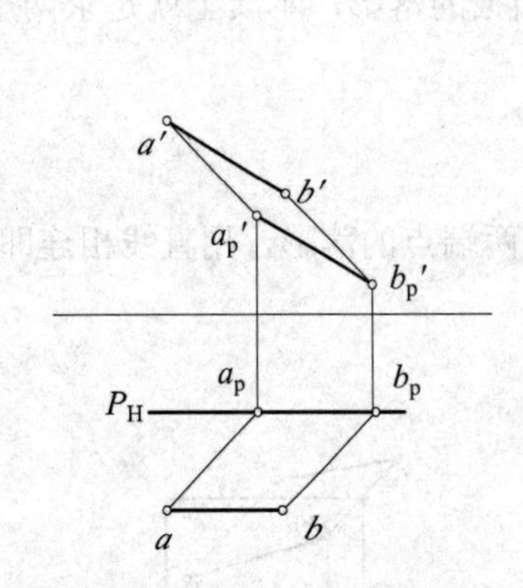

图 9-10　直线在投影面平行面上的落影

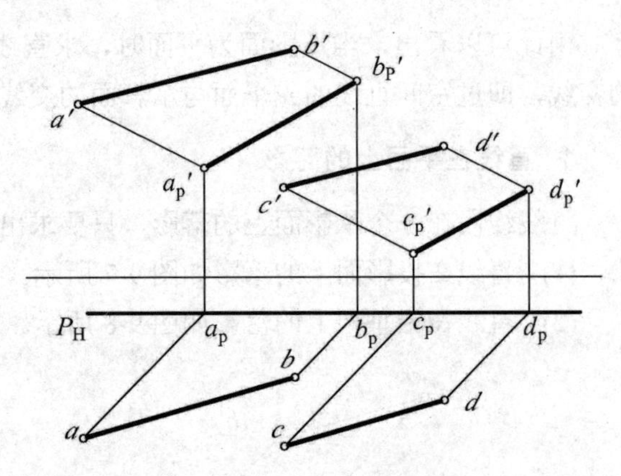

图 9-11　平行两直线的落影

因此可以得出结论：两直线相互平行，它们在同一承影面上的落影仍然平行。

(3)　一直线在互相平行的各承影面上的落影。

如图 9-12 所示，P 面 $/\!/ V$ 面，空间直线 AB 在 V 面和 P 面各有一段落影，AC 段的落影在 V 面上，正面投影为 $a_v'c_v'$，水平投影为 a_vc_v，CB 段的落影在 P 面上，正面投影为 $c_p'b_p'$，水平投影为 c_pb_p，因为 P 面平行于 V 面，所以过 AB 的光平面与两个相互平行的承影面的交线也必定是相互平行的，由图 9-12 也可以看出：$a_vc_v /\!/ c_pb_p$，$a_v'c_v' /\!/ c_p'b_p'$。

由此可以得出结论：一直线在相互平行的各承影面上的落影互相平行。

在图 9-12 中，C 点为 AB 直线在两个承影面上的过渡点，因过 C 点的光线恰好过 P 面最左边的边缘线，所以 C 点即在 P 面上，又在 V 面上有落影。C 点在 V 面上的落影前面已经讲过，故不再赘述，C 点在 P 面上的落影，可自 c' 点作光线的 V 面投影，交 P 面最左边

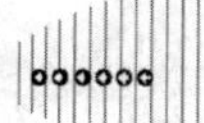

的边缘线于点 c_p'，即为 C 点在 P 面上的落影的正面投影。

2)　直线落影的相交规律

(1)　直线与承影面相交。

如图 9-13 所示，AB 与承影面 P 相交于点 A，交点 A 在承影面上，其落影就是其本身，因此，只要求出另一端点 B 的落影 B_P，把两端点的落影的同名投影相连即可。

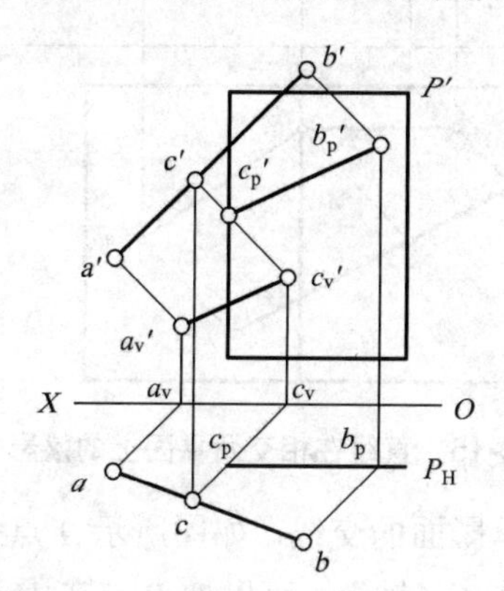

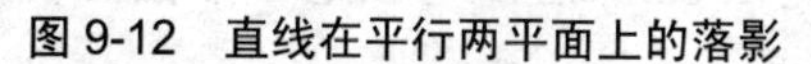
图 9-12　直线在平行两平面上的落影

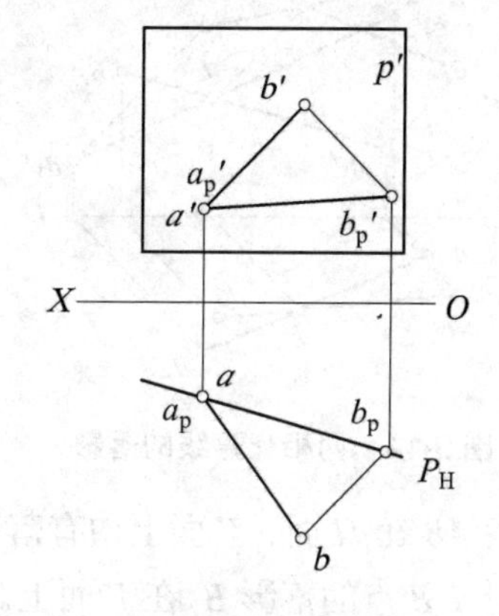

图 9-13　直线与承影面相交

因此可以得出结论：直线与承影面相交，直线的落影(或延长后)，必然通过该直线与承影面的交点。

(2)　两相交直线的落影。

两相交直线在同一承影面上的落影必然相交，落影的交点就是两直线交点的落影。

如图 9-14 所示，AB 与 CD 相交于点 K，根据点的从属性，两直线在承影面上的落影必定相交，其交点就是两直线交点 K 的落影(k_v，k_v')。

(3)　一直线在两个相交的承影面上的落影。

一直线在两个相交的承影面上的两段落影必然相交，落影的交点(称为折影点)必然位于两承影面的交线上。

如图 9-15 所示，直线 AB 在两个相交的 P 面和 Q 面上均有一段落影，此两段落影是过 AB 的光平面与 P、Q 两面产生的交线，根据三面共点的原理，三面的交点必定位于 P 面和 Q 面的交线上，即折影点 K_1 点。在正投影图中，两承影面积聚性投影相交的点 k_1' 即为折影点的 V 面投影，折影点 K_1 点的 H 面投影可用反向光线法求解，即过 k_1' 点作光线的 V 面投影，与 $a'b'$ 相交于点 k'，自点 k' 作垂线交 ab 于点 k，过点 k 作光线的 H 面投影，交 P、Q 两面的交线于 K_1 点，即为折影点的水平投影。

折影点求出后，求出 A 点在 P 面的落影(a_p，a_p')，求出 B 点在 Q 面的落影(b_q，b_q')，然后分别连接 a_pK_1、K_1b_q，即为 AB 在 P、Q 面的两段落影的水平投影；分别连接 $a_p'k_1'$，$k_1'b_q'$，即为 AB 在 P、Q 面的两段落影的正面投影。

求直线在两个相交的承影面上的折影点，除上述用反向光线法外，还可以用如图 9-16 所示的方法求解。

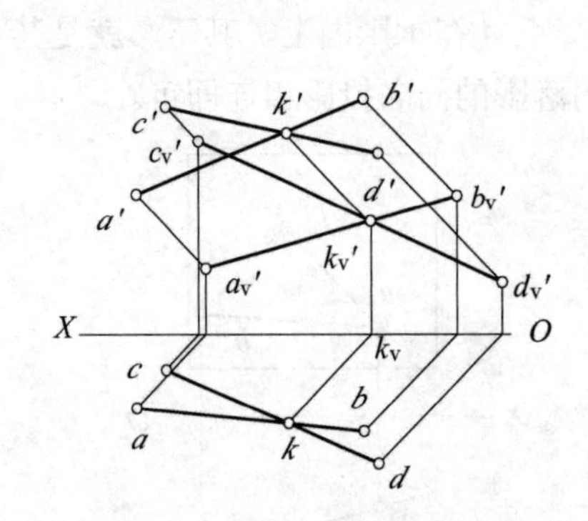

图 9-14　两相交直线的落影

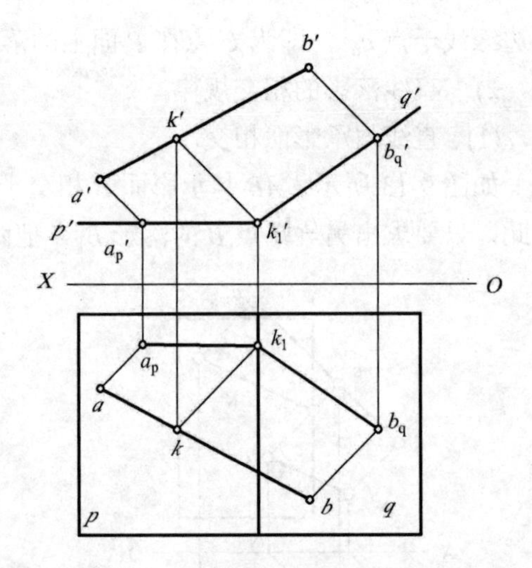

图 9-15　直线在相交两平面上的落影

经观察 AB 在 H 面、V 面上均有落影，OX 轴为两承影面的交线，如图所示 A 点的落影 A_h 在 H 面上，B 点的落影 B_v 在 V 面上。其折影点必定在 OX 轴上，可以把 B 点在 H 面的虚影 B_h 求出，连接 A_hB_h，与 OX 交于点 k，k 即为折影点。

连接 A_hk 和 kB_v 即为直线 AB 在两投影面上的落影。

3)　投影面垂直线的落影规律

(1)　某投影面垂直线在任何承影面的落影，此落影在该投影面上的投影是与光线投影方向一致的 45° 直线。

如图 9-17 所示，铅垂线 ab 在水平投影面和铅垂面 P 上的落影，实际上就是通过 AB 所引的光平面与 H 面和铅垂面 P 的交线，由于 AB 是铅垂线，所以该光平面为铅垂面，光平面的 H 面投影有积聚性，是与光线的 H 面投影方向一致的直线，所以光平面与 H 面及 P 面相交所得到的落影，其 H 面投影均积聚在光平面的 H 面投影上，成 45° 直线。

正如图 9-17 所示，AB 的两段落影：BC 段落影在 H 面上，其水平投影为 bc_p，正面投影为 $b'c_p'$；CA 段落影在 P 面上，其水平投影积聚在一点上 a_p(或 c_p)，正面投影为 $a_p'c_p'$。C 点的落影为折影点。

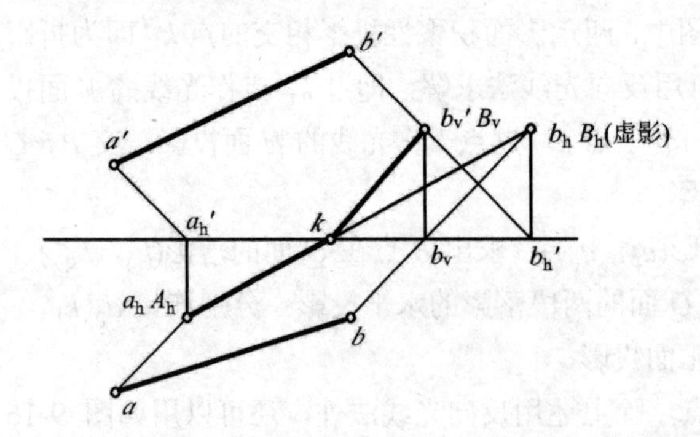

图 9-16　直线在两个投影面上的落影

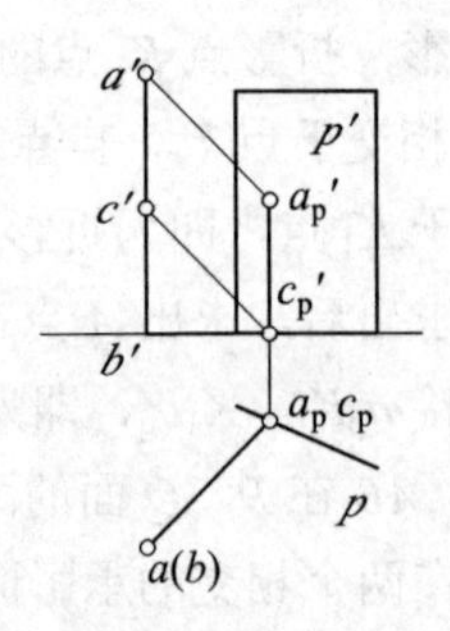

图 9-17　投影面垂直线在该投影面上的落影

(2) 某投影面垂直线在另一投影面(或其平行面)上的落影，不仅与原直线的同名投影平行，且距离等于该直线到承影面的距离。

如图 9-18 所示，*AB* 为铅垂线，*AC* 为侧垂线，承影面 *P* 为正平面，*AB* 在 *P* 面的落影水平投影 a_pb_p，*V* 面投影 $a_p'b_p'$；*AC* 在 *P* 面的落影水平投影 a_pc_p，*V* 面投影 $a_p'c_p'$，通过观察可知，$a'b' /\!/ a_p'b_p'$，$a'c' /\!/ a_p'c_p'$，$ac /\!/ a_pc_p$，而且它们之间的距离都等于这两条直线与承影面 *P*(正平面)的距离 *d*。

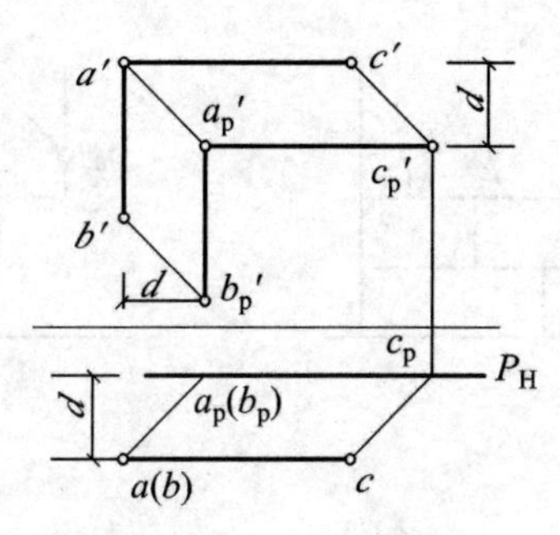

图 9-18　投影面垂直线在另一投影面平行面上的落影

(3) 某投影面垂直线落于任何物体表面的影，在另外两个投影面的投影，总是呈对称形状。

如图 9-19 所示，*AB* 为铅垂线，落影于 *H* 面、房屋墙面和坡屋面，由于通过 *AB* 线所作的光平面，对 *V* 面和 *W* 面的倾角均为 45°，所以包含在光平面内的影线 *BCDA*，其 *V* 面投影 $b'c_0'd_0'a_0'$与 *W* 面投影 $b''c_0''d_0''a_0''$呈对称形状。

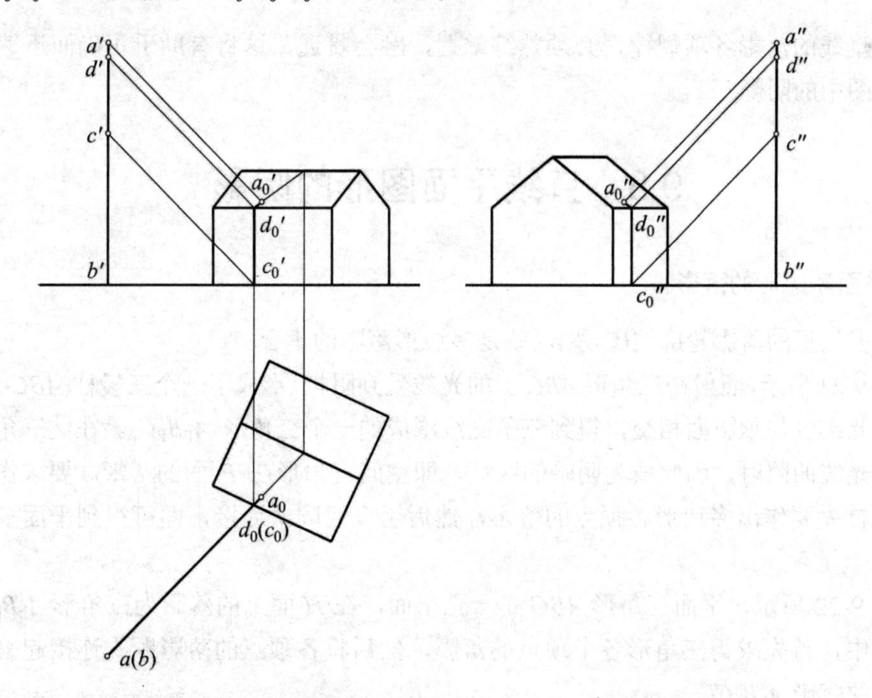

图 9-19　铅垂线在任何面上的落影在 *V*、*W* 面上的投影彼此对称(1)

如图 9-20 所示，AB 为铅垂线，承影面由水平面和正平面组成，其侧面投影有积聚性，因此，AB 线在组合的承影面上的落影，其 W 面投影就与承影面的 W 面投影重合，该落影的 V 面投影就与有积聚性的 W 面投影呈对称形状。

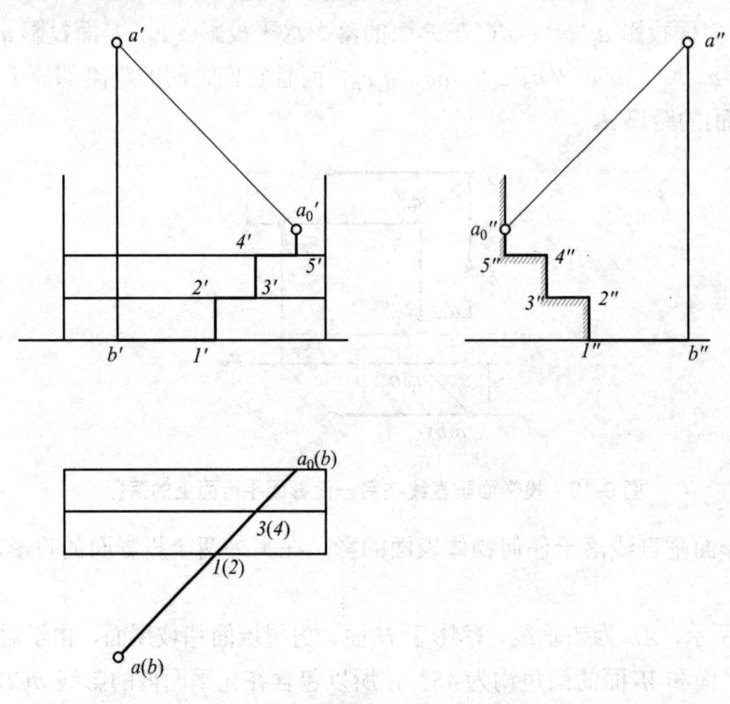

图 9-20　铅垂线在任何面上的落影在 V、W 面上的投影彼此对称(2)

上述直线的落影各项规律，必须熟练掌握，融会贯通，这将有助于正确而迅速地作出建筑设计图中的阴影。

9.3　直线平面图形的阴影

1. 平面多边形的落影

平面多边形的落影轮廓线(影线)，就是多边形落影的集合。

如图 9-21 所示，照射在三角形 ABC 上的光线受到阻挡，形成了一个三棱柱(ABC-$A_PB_PC_P$)的影区，此影区与承影面相交，得到三条交线围成的一个三角形 $A_PB_PC_P$。在此三角形范围内得不到光线的照射，因此成为阴暗的区域，即空间三角形在 P 面的落影。要求作多边形的落影，首先要作出多边形各顶点的落影，然后用直线顺次连接，即可得到平面多边形的落影。

如图 9-22 所示，平面三角形 ABC 是一正平面，在 H 面上的落影为三角形 $A_hB_hC_h$，在作图过程中，首先求得三角形各个顶点的落影，然后将各顶点的落影顺次连接起来，就得到三角形的落影 $A_hB_hC_h$。

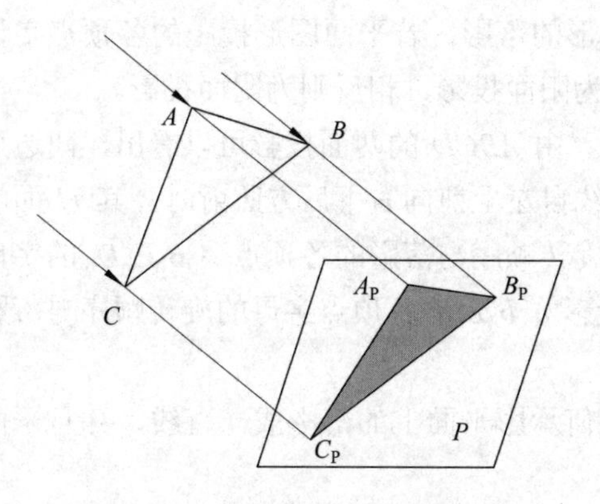

图 9-21　三角形在 H 面上的落影

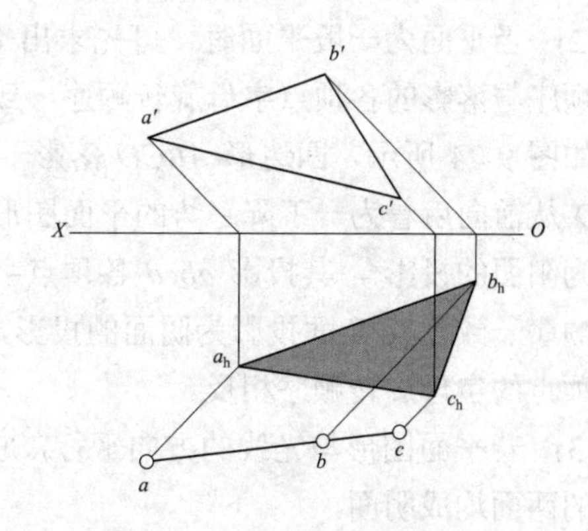

图 9-22　平面多边形的落影

2. 平面图形的阴面和阳面的判别

在光线的照射下，平面图形迎光的一侧，显得明亮，为阳面，另一侧则背光，显得阴暗，为阴面。另外，需要特别指出的是，如果平面平行于光线，则平面的两侧均为阴面。平面图形的各个投影是阴面的投影，还是阳面的投影，需要加以区分。

(1) 当平面图形为投影面垂直面时，可在有积聚性的投影中，直接利用光线的同面投影加以检验。

如图 9-23(a)所示，P、Q、R 三平面均为正垂面，其 V 面投影都积聚成直线，只需要判别其 H 面投影是阳面的投影还是阴面的投影。从 V 面投影可以看出 P、R 与 H 面的倾角均小于 45°，光线照射在 P、R 面的上表面，当自上而下投影时，所见的是 P、R 明亮的上表面，故其 H 面投影为阳面的投影；而 Q 平面与 H 面的倾角大于 45°，光线照在平面的左下侧面，自上而下作 H 面投影时，所见的是 Q 面的阴暗面，故其 H 面投影为阴面的投影，在其投影范围内涂黑以表示为阴面的投影。如图 9-23(b)所示，P、Q、R 三平面均为铅垂面，P、R 与 V 面的倾角均小于 45°，自前向后投影看到的是 P、R 两平面的阳面投影；而 Q 平面与 V 面的倾角大于 45°，其 V 面投影为阴面的投影，故涂黑以示之。

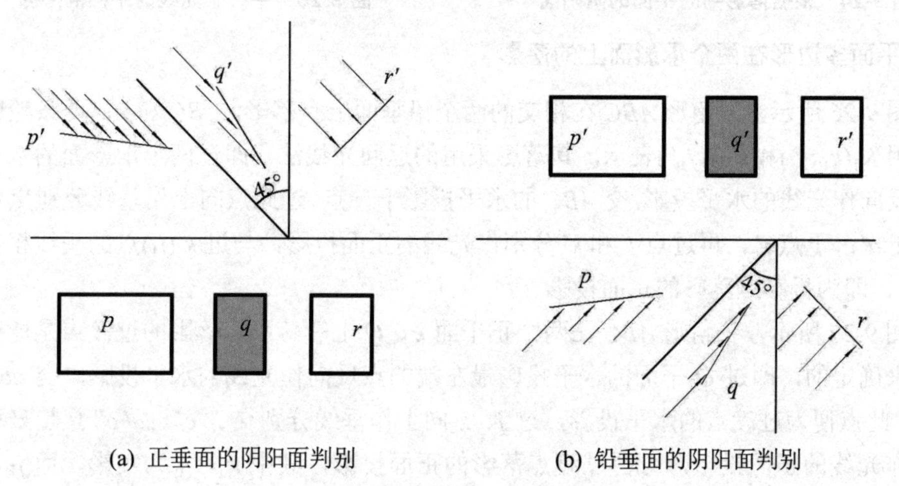

(a) 正垂面的阴阳面判别　　(b) 铅垂面的阴阳面判别

图 9-23　判别投影面垂直面的阴阳面

(2) 当平面为一般平面时，可先求出平面图形的落影，若平面图形投影的各顶点字母旋转顺序与落影的各顶点字母旋转顺序一致，即为阳面投影，相反则为阴面投影。

如图 9-24 所示，四边形 *ABCD* 落影于 *H* 面，由 *ABCD* 的两面投影可以看出，四边形 *ABCD* 从前向后看为一下降趋势的平面图形，光线自左上前向右下后方照射时，其 *H* 面的投影为阳面的投影，其投影 *abcd* 各顶点字母的旋转顺序与落影的各顶点 $A_hB_hC_hD_h$ 的字母旋转顺序一致；其 *V* 面投影为阴面的投影，其投影 $a'b'c'd'$ 各顶点字母的旋转顺序与落影的各顶点的字母旋转顺序相反。

(3) 若平面图形与光线的方向平行，它在任何承影平面上的落影成一直线，并且平面图形的两面均成阴面。

如图 9-25 所示，四边形 *ABCD*，平行于光线的方向，它的 *H* 面投影积聚成一条与光线水平投影方向一致的直线。这时，只有四边形的 *AB* 轮廓线受光故而显得明亮，其他部分均不受光，所以两表面均为阴面，其在铅垂面 *P* 上的落影是一条铅垂线 D_PB_P。

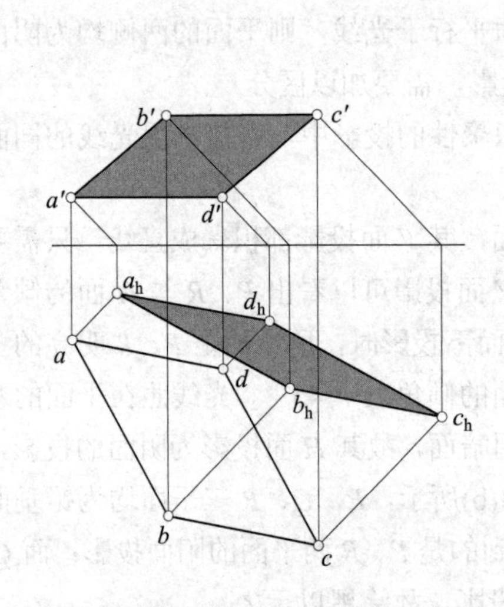

图 9-24　根据落影判断平面的阴阳面

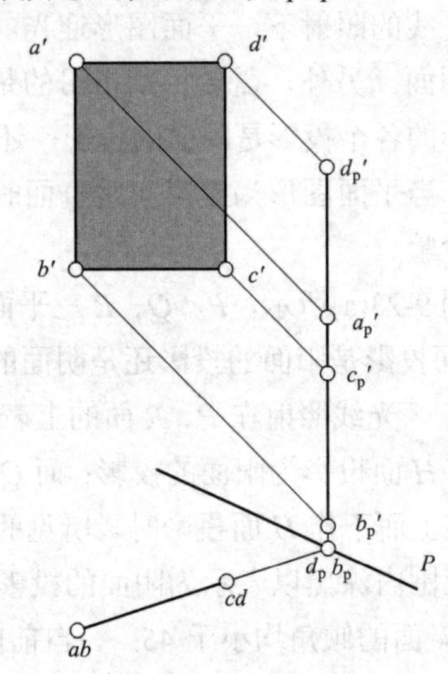

图 9-25　平行于光线的平面的落影

3. 平面多边形在两个承影面上的落影

如图 9-26 所示，三角形 *ABC* 在相交的两个铅垂面上有落影， *BC* 和 *AC* 两条轮廓线的折影点用 $K_1(k_1k_1')$ 和 $J_1(j_1j_1')$ 表示，其落影采用的返回光线法，即过两个承影面的水平投影的交点反向作光线的水平投影，交 *ABC* 的水平投影于一点，过此点向上作垂线分别交 $b'c'$ 于 k' 点，交 $a'c'$ 于点 j'，再过点 j' 和 k' 分别作光线的正面投影，与过 $k_1(j_1)$ 点的垂线相交于点 j_1' 和 k_1'，即为折影点落影的正面投影。

如图 9-27 所示，三角形 *ABC* 在两个正平面 *P*、*Q* 上有落影。落影的过渡点是通过返回光线法来确定的，即过 *Q* 平面的水平投影最左端的点反向作光线的水平投影，交 *abc* 于一点 $j(k)$，此点便为过渡点的水平投影，过 *j*、*k* 向上作垂线分别交 $b'c'$、$a'c'$ 于点 k' 和 j'，过 $k'j'$ 作光线的正面投影，可得过渡点落影的正面投影，其中 k_q、j_q 为实影，而 j_P、k_P 为虚影。

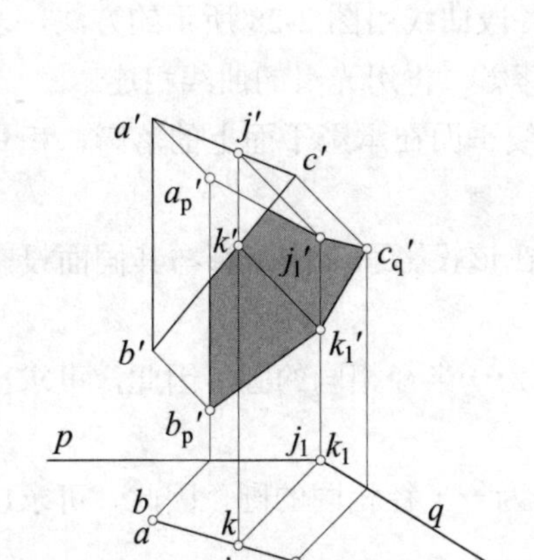

图 9-26　三角形落影于相交两平面上

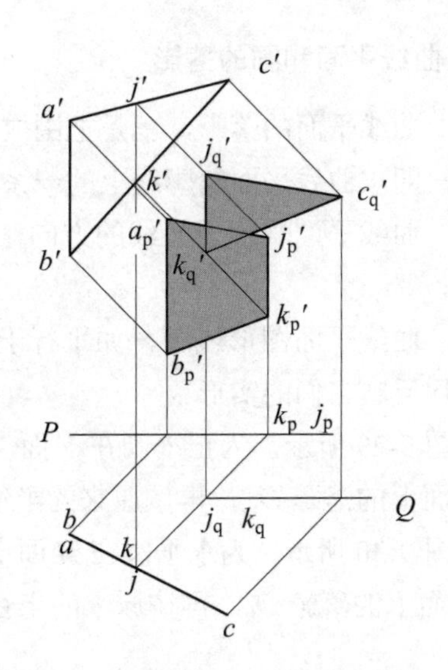

图 9-27　三角形落影于两平行平面上

9.4　曲线、曲面的阴影

1. 曲线的落影

曲线的落影是曲线上一系列点的落影的集合。在具体求作曲线的落影时，我们只能近似地求作曲线的落影，只是将曲线上少量的点，首先是那些具有特征的点的落影画出来，然后将这些点的落影光滑地连接起来，就可以得到曲线的近似的落影。

如图 9-28 所示，就是求作一曲线的落影，就是把曲线的最左最右点(点 *1* 和点 *6*)、最前最后点(点 *2* 和点 *5*)、最高最低点，以及拐点(点 *3* 和点 *4*)这些特征点的落影先求出来，用光滑的曲线相连即可，为了确保更接近实际情况，也可多画出几个中间点。

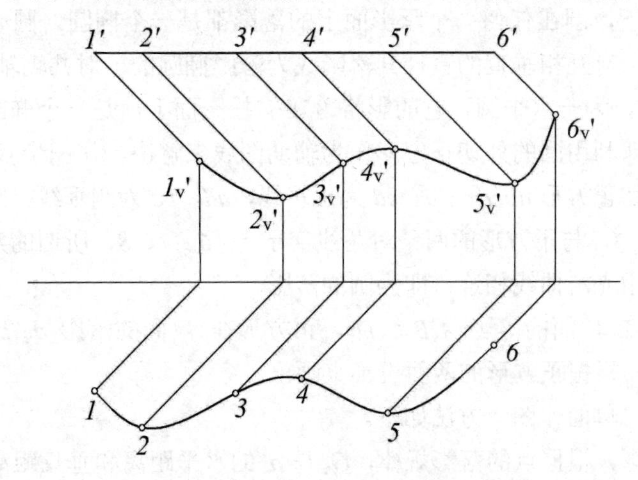

图 9-28　曲线落影的一般画法

2. 曲线平面和圆的落影

(1) 曲线平面的落影，就是把围成曲线平面的各段曲线用图 2-28 所示的方法，求其近似落影，即求曲线平面轮廓线上的一系列特征点的落影，再用光滑的曲线相连。

(2) 曲线平面平行于光线的方向，此时，该曲线平面在承影平面上的落影，积聚成一条直线。

(3) 曲线平面图形或圆，如平行于某投影面，在该投影面上的落影与其同面投影形状相同，均反映它们的实形。

如图 9-29 所示，为正平圆在 *V* 面上的落影，仍为一半径相同的圆，因此，可求出圆心 *O* 在 *V* 面上的落影 O_v'，再按原来的半径画圆即可。

如图 9-30 所示，为水平圆在 *H* 面上的落影，仍为一半径相同的圆，因此，可求出圆心 *O* 在 *H* 面上的落影 O_h，再按原来的半径画圆即可。

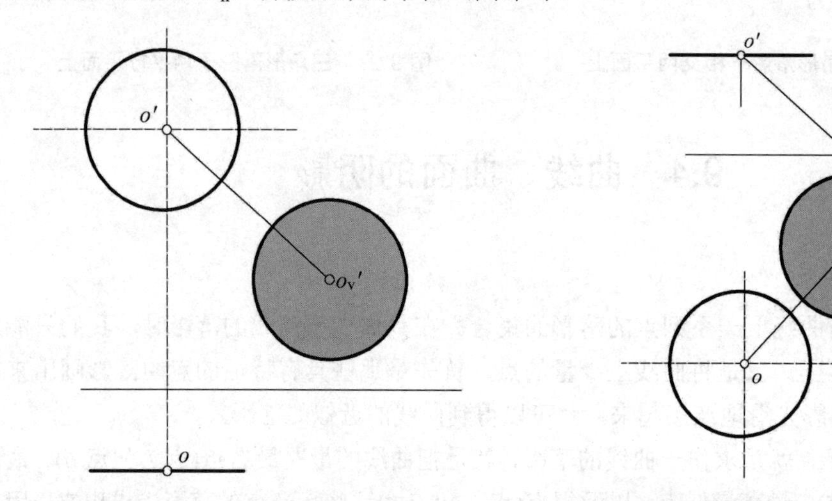

图 9-29　正平圆在 *V* 面上的落影　　　　图 9-30　水平圆在 *H* 面上的落影

(4) 一般情况下，圆在任何一个承影面上的落影都是一个椭圆。圆心的落影成为椭圆的中心；圆的任何一对互相垂直的直径其落影成为落影椭圆的一对共轭轴。

如图 9-31 所示，为一水平圆，它的影将落在 *V* 投影面上，是一个椭圆，可利用八点法求作落影的椭圆，即利用圆的外切正方形作为辅助图线来解决，作图步骤如下。

① 作圆的外切正方形 *abcd*，*ab*、*cd* 为正垂线，*ad*、*bc* 为侧垂线。圆周切于正方形的四边中点 *1*、*2*、*3*、*4*，与正方形的两条对角线交于 *5*、*6*、*7*、*8*，所谓的八点法，就是求出这八个点的落影，用光滑曲线相连，即为圆的落影。

② 作正方形在 *V* 面的落影 $A_vB_vC_vD_v$。正方形在 *V* 面的落影 $a_v'b_v'c_v'd_v'$ 可以用图 9-31(a)所示的方法，根据正方形的两面投影来画出。

在工程中，也可单面作图，方法如下。

先作圆心的落影，根据点的落影规律，O_v 与 o' 的水平距离和垂直距离均为圆心 *O* 至 *V* 面的距离 *d*。

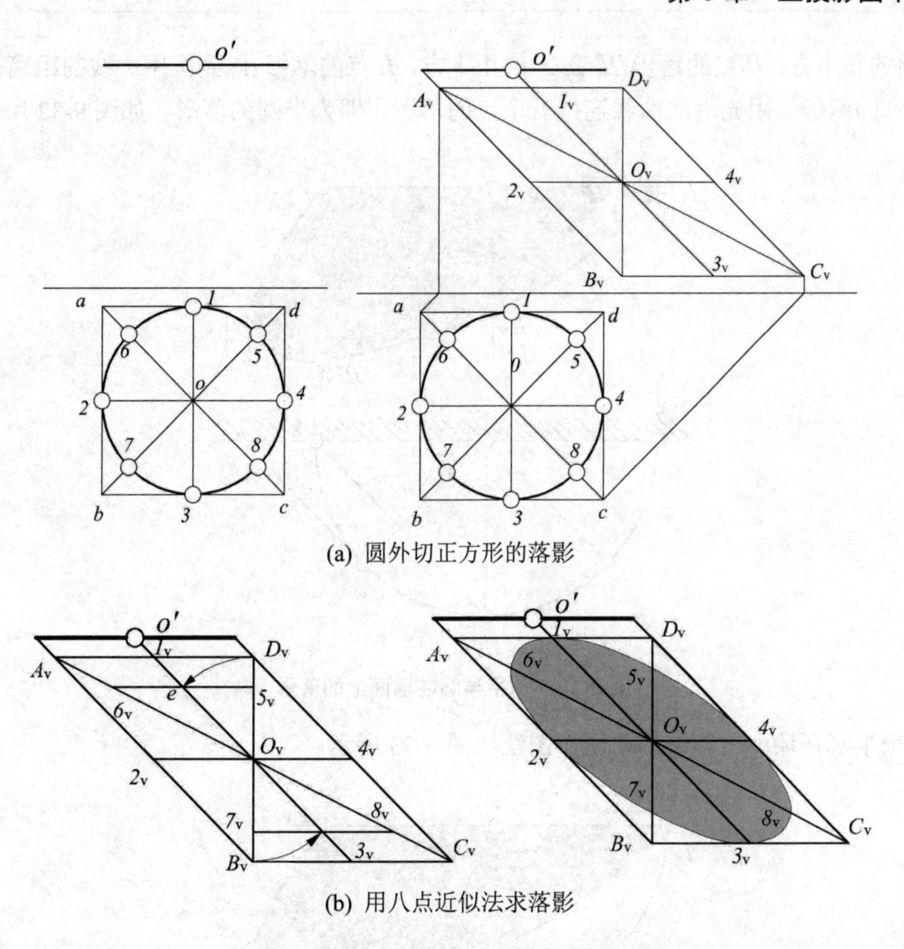

(a) 圆外切正方形的落影

(b) 用八点近似法求落影

图 9-31　利用八点法作水平圆在 V 面的落影

过点 O_v 作 OX 轴的平行线，即为Ⅱ、Ⅳ的落影 2_v4_v(因 24 为侧垂线)，2_v4_v 的长度等于圆的直径；过点 O_v 作 OX 轴的垂直线，即 BD 的落影 B_vD_v (因 BD 的水平投影与光线投影一致的 45° 直线)。

又因为 AB、CD 为正垂线，所以其 V 面落影是与光线投影方向一致的 45° 直线，根据已求出的Ⅱ、Ⅳ、BD 的落影，可以求出外切正方形的落影，以及另外两个切点Ⅰ、Ⅲ的落影。

最后作Ⅴ、Ⅵ、Ⅶ、Ⅷ的落影，以点 O_v 为圆心，以 O_vD_v 为半径，画圆弧交 1_v3_v 于点 e，过点 e 作 OX 轴的平行线，分别与 A_vC_v 与 B_vD_v 相交，即为Ⅴ、Ⅵ两点的落影，同理可求得Ⅶ、Ⅷ两点的落影。

最后用光滑的曲线连接八个点的落影即可，如图 9-31(b)所示。

(5) 水平半圆在墙面的落影。

在建筑工程中，经常会碰到悬挑出墙面的一些半圆柱形构件，如半圆柱形的雨篷板，半圆柱形的阳台等，所以需要画出这些悬挑构件在墙面(正平面)上的落影。

作图方法如其他曲线平面一样，求其几个特征点的落影，把圆周四等分定出圆周上的Ⅰ、Ⅱ、Ⅲ、Ⅳ、Ⅴ点的 H、V 投影，Ⅰ、Ⅴ点的落影 $Ⅰ_v$、$Ⅴ_v$ 与其自身重合，Ⅱ点的落影

II_v在圆的正下方，III点的落影III_v在$5'$的正下方，IV点的落影IV_v到圆中心线的距离是$4'$到圆心距离的两倍，用光滑的曲线连接五个点的落影，即为半圆的落影，如图9-32所示。

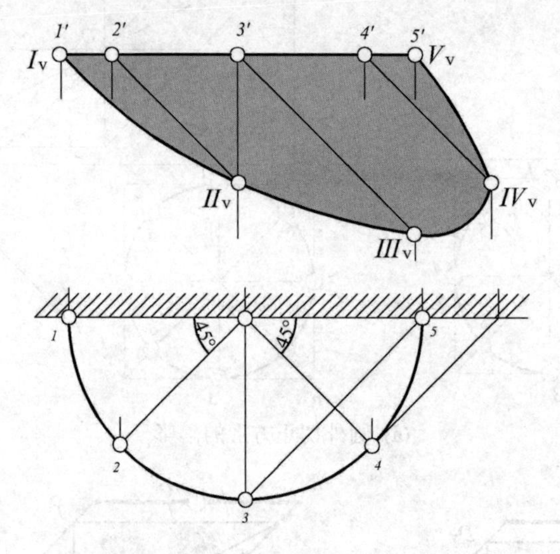

图9-32　水平半圆在墙面上的落影

水平半圆在墙面上落影的单面作图法如图9-33所示。

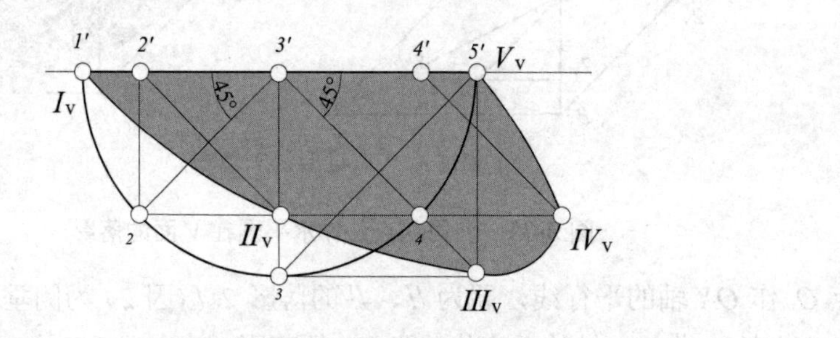

图9-33　半圆落影的单面作图法

以$1'2'3'4'5'$为直径作一半圆，用以求出圆周中1、2、3、4、5各点到墙面的距离，然后根据点的落影规律求各点的落影，即空间点在某投影面平行面上的落影，与其同面投影间的水平距离和垂直距离正好都等于空间点对该承影面的距离。作图步骤如下。

①　过点$2'$作45°直线，与过2点的平行线交于一点，即为II的落影II_v。

②　过点$3'$作45°直线，与过3点的平行线交于一点，即为III的落影III_v。

③　过点$4'$作45°直线，与过4点的平行线交于一点，即为IV的落影IV_v。

(6)　圆周落影于两个相交的承影面上。

如图9-34所示，一水平圆周落影于两个相交的投影面上，在H面的落影为一段圆弧，在V面的落影是大半个椭圆弧。

首先，求出圆心O在V面上的落影O_v和H面上的虚影O_h，以虚影O_h为圆心，画出H面上的落影圆，与投影轴相交于e、f两点，这是圆周落影的折影点；折影点以上的影线圆弧是虚影，可不必画出。

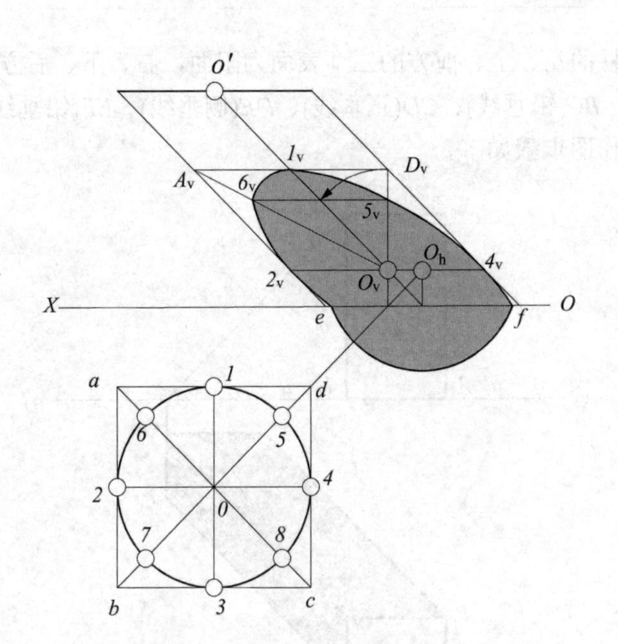

图 9-34　圆落影于两个投影面上

水平圆周在 V 面上的落影，可用前面所述“八点法”来作出，由于已求得的两个折影点，因此仅需作出八点法中的上部五个点的落影即可，用光滑曲线相连成大半个椭圆，即求出水平圆周在 V 面上的部分落影。

9.5　平面立体的阴影

在正投影图中绘制形体的阴影，就是在选定的常用光线的照射下，找出形体的阴面(背光面)和阳面(受光面)、阴线(阴面和阳面的交线)，以及阴线在承影面上形成的落影。一般情况下，其作图步骤如下。

① 首先识读形体的正投影图，分析形体的各个组成部分的形状、大小以及彼此间的相对位置。

② 在选定常用光线的照射下，判断形体的各个棱面，哪些是阴面，哪些是阳面，并进一步确定阴线。需要指出的是，只有阴面和阳面相交成凸角的阴线，才能产生相应的影线；而那些位于凹陷处的阴线，则无法形成相应的影线。

③ 分析各段阴线的承影面，充分利用前述的直线落影规律和作图方法，灵活运用折影点和过渡点，求出各段阴线在承影面上的落影，即影线。影线所围成的图形，就是形体的落影。

④ 最后将形体的阴面和落影涂上颜色，以和阳面区别开来。

1. 棱柱的阴影

如图 9-35 所示，四棱柱的四个侧棱面及上下两个底面均为投影面的平行面，在常用光线的照射下，四棱柱的左、上、前方的三个表面为阳面，右、下、后方的三个表面为阴面。因此，*AB*(侧垂线)、*BC*(铅垂线)、*CD*(正垂线)、*DE*(侧垂线)、*EF*(铅垂线)、*FA*(正垂线)为棱柱的六条阴线，其作图步骤如下。

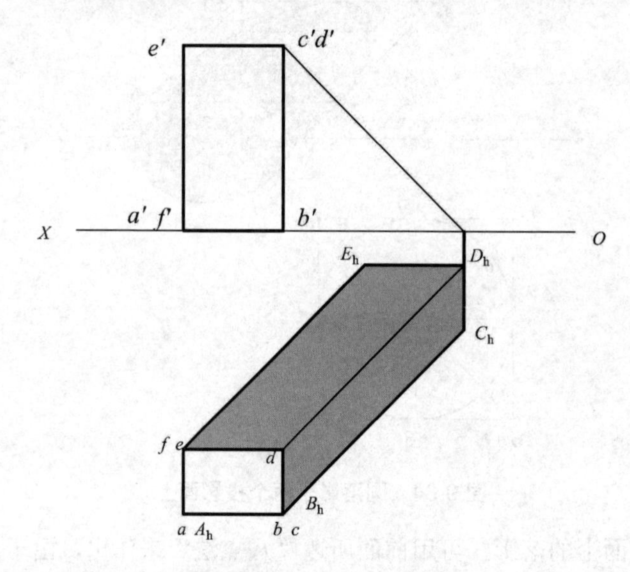

图 9-35　长方体落影于 *H* 面

①　*AB* 在 *H* 面中，其落影就是其本身 *ab*。

②　*BC* 为铅垂线，其在 *H* 面的落影是与光线投影方向一致的 45° 直线，*B* 点的落影为其本身，*C* 点的落影，由点 *c′* 作光线的 *V* 面投影，交 *OX* 轴于一点，过此点作垂线，与过 *c* 点的光线的水平投影交于点 C_h，即为 *C* 点在 *H* 面的落影，连接 B_hC_h 即为 *BC* 在 *H* 面的落影。

③　*CD* 为正垂线，根据投影面垂直线在另外投影面上的落影，与其同面投影平行且等长，过点 C_h 作 $C_hD_h \underline{\parallel} cd$，$C_hD_h$ 为 *CD* 在 *H* 面的落影。

④　同理，*DE* 为侧垂线，过点 D_h 作 $D_hE_h \underline{\parallel} de$，$D_hE_h$ 为 *DE* 在 *H* 面的落影。

⑤　*EF* 的落影，*E* 的落影为 E_h，*F* 的落影为其本身，连接 fE_h 即为 *EF* 在 *H* 面的落影。

⑥　*FA* 在 *H* 面中，其落影就是其本身 *fa*。

把六条阴线的落影依次相连，所围合的区域就是此四棱柱的落影。

如图 9-36 所示，四棱柱没有变，只是相对地面的位置发生变化，其落影也发生变化。阳面、阴面和阴线均没发生变化，只是阴线相对承影面的位置发生了变化，其落影如图 9-36 所示。图中 *I* 点为阴线 *BC* 的折影点，*II* 点为阴线 *EF* 的折影点。

如图 9-37 所示，四棱柱相对投影面的位置继续发生改变，但是阳面、阴面和阴线均未发生变化，其落影全在 *V* 面上。

需要注意的是，四棱柱在 *V* 面上的落影与四棱柱的 *V* 面投影有重合部分，因四棱柱的前表面为阳面，所以落影与阳面重叠部分不应涂黑。

如图 9-38 所示，为一贴附于墙面的六边形水平板，从其 *V* 面投影可以看出，板的上下两个水平面中，上为阳面，下为阴面；从其 *H* 面投影可以看出，在六个侧棱面当中，后面、底面和右侧的侧棱面为阴面，其他四个侧棱面为阳面，从而确定阴线是一条空间折线 *Ⅰ Ⅲ Ⅴ ⅧⅨ Ⅹ ⅪⅡ Ⅰ*。

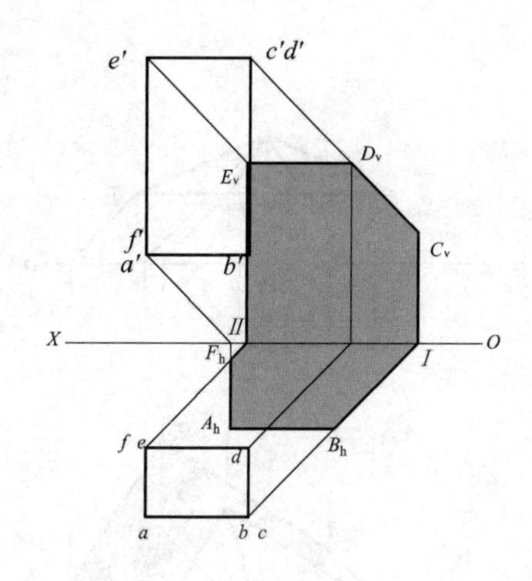

图 9-36　长方体落影于 *H*、*V* 面

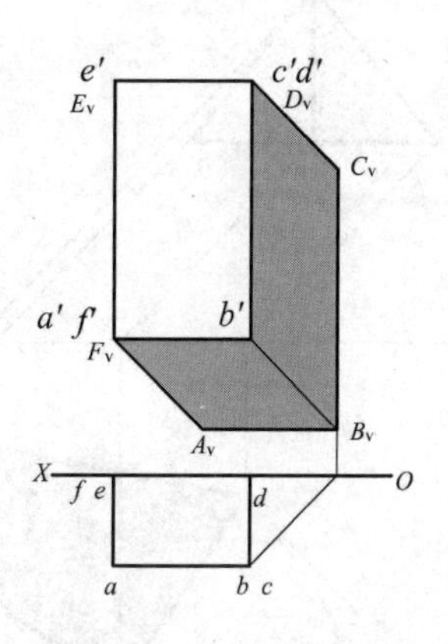

图 9-37　长方体落影于 *V* 面

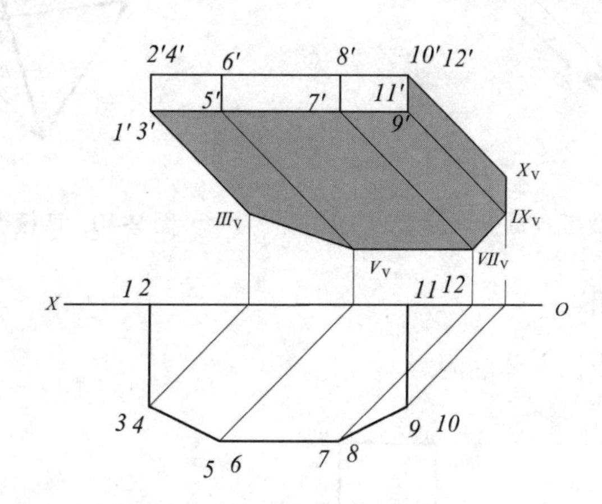

图 9-38　六棱柱在 *V* 面的落影

2. 棱锥体的阴影

棱锥的各个侧棱面通常情况下是一般位置平面，其投影没有积聚性，也无法直观判断出哪些是阳面，哪些是阴面，也就无法确定哪些是阴线。只能将棱锥的底面和顶点落影求出来，然后自顶点的落影向锥底落影多边形作各棱线的落影，则各棱线落影中构成最外轮廓线的就是影线，与它们相对应的棱线就是棱锥的阴线。

如图 9-39 所示，这是一个三棱锥，底面是水平面，也是阴面，而三个侧棱面，因投影没有积聚性，所以无法直接判断是阴面还是阳面。因此，只能先求出锥底的落影 A_h、B_h、C_h 以及锥顶的落影 S_h，由点 S_h 连接各影点 A_h、B_h、C，只有 S_hA_h、S_hB_h 处于最外轮廓线的位置，而成为影线，与其相对应的棱线 *SA*、*SB* 则为阴线。由此判定棱面 *SAB* 为阴面，另外两个棱面为阳面。

在图 9-40 中，由点 S_h 连接 A_h、B_h、C_h、D_h 各影点的连线，均不构成落影的最外轮廓

线，因此棱锥的四条棱线都不是阴线，从而判定四个侧棱面均为阳面，只有底面为阴面，其阴线就是 *ABCDA*，其落影如图 9-40 所示。

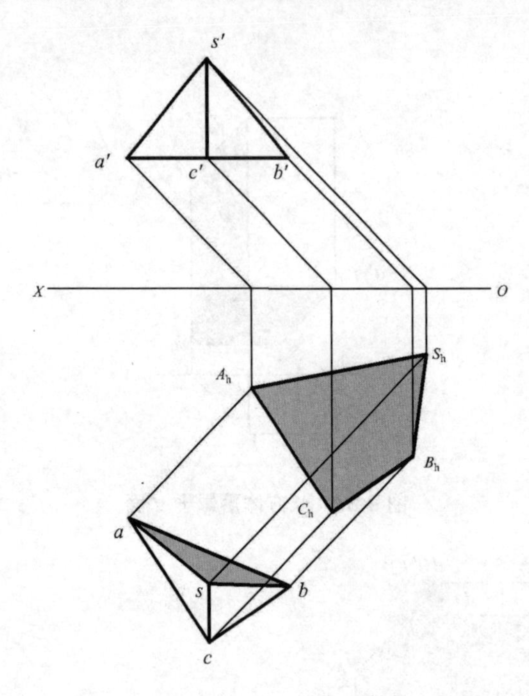

图 9-39　三棱锥在 *H* 面的落影

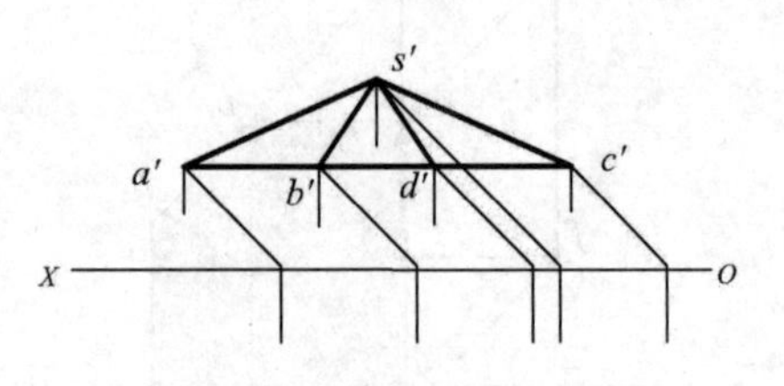

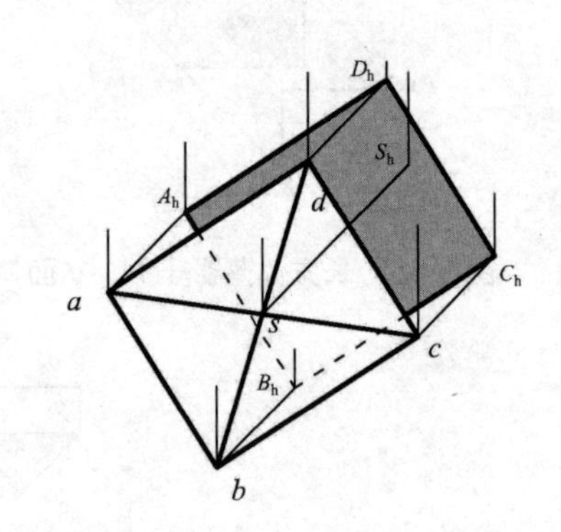

图 9-40　四棱锥在 *H* 面的落影

3. 组合平面体的阴影

图 9-41 所示为两个长方体的阴影。

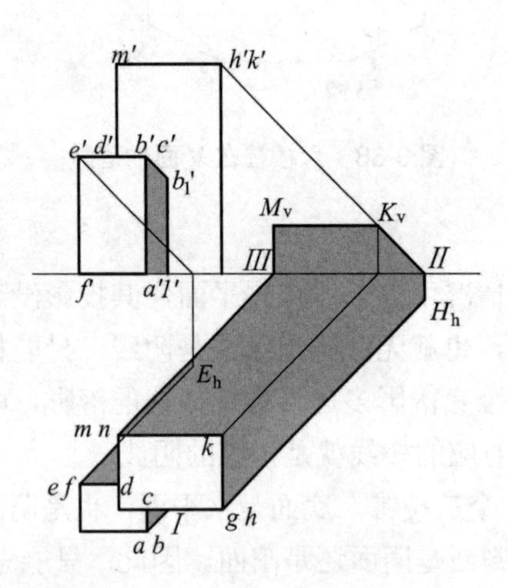

图 9-41　两个长方体组合体的落影

(1) 先求左侧前方长方体的阴影，其左上前方为阳面，右下后方为阴面，其阴线为 *AB*(铅垂线)、*BC*(正垂线)、*DE*(侧垂线)、*EF*(铅垂线)。

① 阴线 *AB* 的落影：在 *H* 面的落影是与光线水平投影方向一致的 45° 直线，过 *a* 点

作 45° 直线与后侧长方体的表面相交于点 Ⅰ，Ⅰ是折影点，AB 的落影由 H 面折影到后侧长方体的前表面，AB 与该承影面是平行关系，其落影与 AB 本身平行，如图 9-41 中的 $b_1'1'$。

② 阴线 BC 的落影：BC 落影于后侧长方体的前表面，又 BC 是正垂线，承影面是投影面平行面，所以 BC 在该承影面上的落影的 V 面投影，为一条与光线 V 面投影一致的 45° 直线，如图 9-41 中的 $c'b_1'$。

③ 阴线 DE 的落影：落影于 H 面，与后侧长方体的落影重叠。

④ 阴线 EF 的落影：落影于 H 面，是与光线水平投影一致的 45° 直线，如图 9-41 中的 fE_h。

(2) 然后求后侧长方体的阴影，其阴线为 GH、HK、KM、MN。

① 阴线 GH 的落影：落影于 H 面，是与光线投影一致的 45° 直线。

② 阴线 HK 的落影：落影于 H 面和 V 面，在 H 面的落影与其本身平行，如图 9-41 中的 H_vⅡ，Ⅱ是折影点，落影折到 V 面上，在 V 面的落影是与光线投影一致的 45° 直线，如图 9-41 中的ⅡK_v。

③ 阴线 KM 的落影：落影于 V 面，与其本身平行且等长，如图 9-41 中的 M_vK_v。

④ 阴线 MN 的落影：如图 9-41 中的 nⅢ、ⅢM_v，Ⅲ是折影点。

需特别注意的是：只有凸出的阴线才会有落影，而凹进去的阴线形不成落影，可以不用考虑，例如图 9-41 中的两个长方体相贯所形成的两条阴线(C 点和 D 点所在的两条铅垂线)。

如图 9-42 所示，AB 阴线一部分落影于地面上，一部分落影于右侧形体的前表面和上表面上，其中点 Ⅰ 点 Ⅱ是折影点。

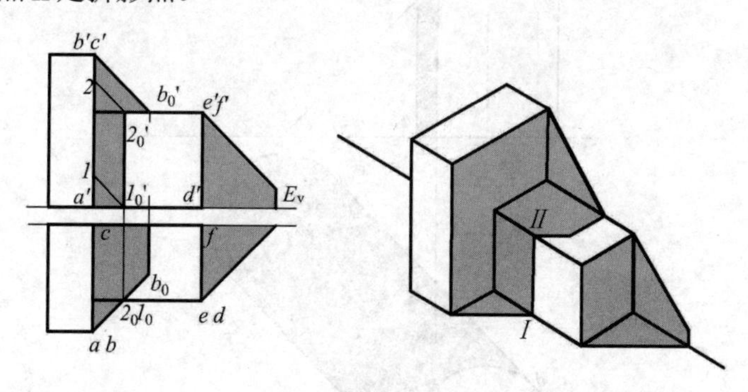

图 9-42　组合体的落影

BC 阴线落影于右侧形体的上表面和墙面上。

9.6　曲面立体的阴影

1. 圆柱的阴影

如图 9-43 所示，一直立圆柱，在常用光线的照射下，圆柱体的左前半圆柱面和上底圆为阳面，右后半圆柱面和下底圆为阴面。圆柱体的阴线由四段组成：与圆柱面相切的光线形成了两个光平面，这两个光平面与圆柱面的交线为圆柱的两条素线 *AB*、*CD*，以及上底圆右半圆周和下底圆的左半圆周。

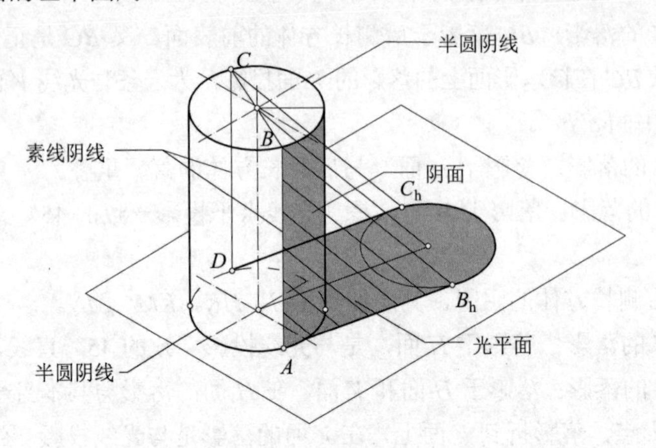

图 9-43　圆柱体阴影的形成

(1) 如图 9-44 所示，这是一个处于铅垂位置的圆柱体。其 *H* 面投影积聚为一圆周，又因常用光线为平行光线，所以与圆柱面相切的光平面必然为铅垂面，与圆柱面相切的光平面的 *H* 面投影积聚成 45° 直线，与水平圆周相切，切点就是光平面与柱面相切的切线(两条素线)的 *H* 面投影。

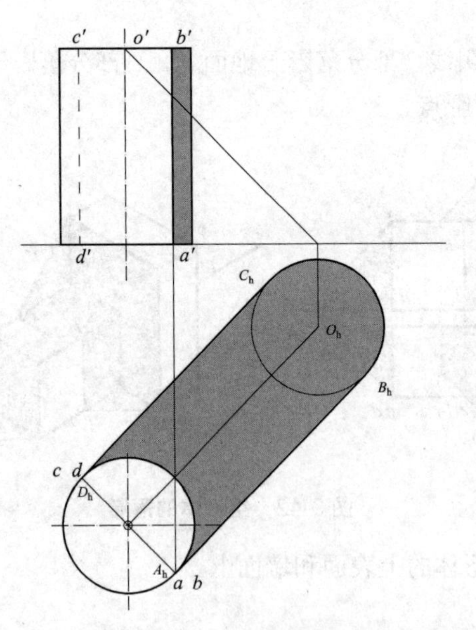

图 9-44　圆柱体阴影的画法

作图步骤如下。

首先在 *H* 面投影中作两条 45° 直线，与圆周相切于 *a*、*d* 两点，即两条阴线的 *H* 面投影，由此可求得两阴线的 *V* 面投影 *a′b′*、*c′d′*，在 *H* 面投影中可以直接看出，柱面的左后方一半为阳面，右前方一半为阴面，在 *V* 面投影中，*a′b′* 右侧的一小部分为可见的阴面，

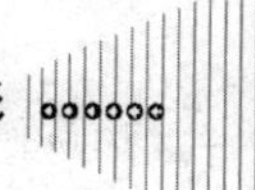

将它涂黑。

圆柱的上底圆的半圆周阴线落影于 H 面上，仍为直径不变的半圆，下底圆的半圆周阴线，因在 H 面上，其在 H 面上的落影与其自身重合。

柱面的两条素线阴线 AB、CD 在 H 面上的落影为 45° 直线，与上下底圆的半圆周落影相切，这样，就得到如图 9-44 所示的圆柱在 H 面上的落影。

(2) 圆柱体阴线的单面作图法。

第一种方法：在圆柱的底圆积聚性投影上作半圆，过圆心作两条不同的 45° 直线，与半圆相交于两点，再过该两点作竖直线，$a'b'$、$c'd'$ 即为所求的两条素线阴线，如图 9-45(a)所示。

第二种方法：自底圆半径的两端，作不同方向的 45° 直线，形成一个等腰直角三角形，其腰长就是 V 面投影中阴线对柱轴的距离，从而求得阴线 $a'b'$、$c'd'$，如图 9-45(b)所示。

如图 9-46 所示，铅垂圆柱体一部分落影在 H 面上，一部分落影在 V 面上，在 H 面上的落影同前，在 V 面的落影可用八点法来作图，也可求几个特殊点，用光滑的曲线相连即可。

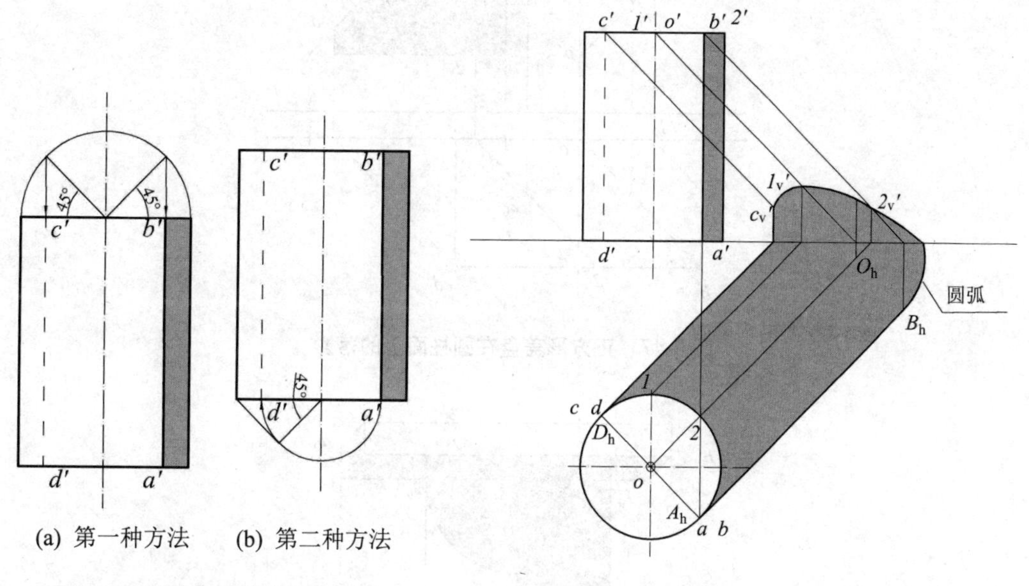

图 9-45　圆柱体阴影的单面作图

图 9-46　圆柱体在 V 面上落影的特征

2. 形体在柱面上的落影

如图 9-47 所示，一凸出墙面的带有长方形盖板的圆柱。柱面垂直于 H 面，用 H 面投影的积聚性求阴线在柱面的落影，根据观察分析，长方形盖板的阴线为 $ABCDE$，一部分落影于墙面上，另一部分落影在柱面上，其作图步骤如下。

① 阴线 AB 为正垂线，其在任何面上的落影的 V 面投影都是与光线投影一致的 45° 直线，A 点的落影是其本身，B 点的影落在圆柱面上，其中 I 点是折影点。

② 阴线 BC 为侧垂线，一段($B\,II$)落影在柱面上，一段($II\,C$)落影在墙面上。根据投影面垂直线的落影规律，$B\,II$段在柱面上的落影的 V 面投影，与承影柱面的 H 面投影呈对称

形状，其半径与圆柱的直径相等，圆弧影线的圆心 o' 与 $b'c'$ 间的距离，正好等于该阴线 BC 到柱轴线间的距离，即 H 面投影中 o 与 bc 之间的距离。因此，在 V 面投影中，自 $b'c'$ 向下，在中心线上量取 o 与 bc 的距离，从而得到 o'。再以 o' 为圆心，以圆柱的半径为半径画圆弧，圆弧上的一段 $b_0'2_0'$，就是 $B\,II$ 的落影的 V 面投影，其中 II 是过渡点。

IIC 在墙面上的落影与其本身平行。

③ 阴线 CD 为铅垂线，阴线 DE 为正垂线，均落影于墙面上。

如图 9-48 所示，长方形盖盘的阴线与图 9-47 中相同，承影面是墙面与内凹的半圆柱面。作图步骤同图 9-47。阴线 BC 在内凹半圆柱面上的 V 面投影同半圆柱面的水平积聚投影呈对称形状，圆心 o' 到 $b'c'$ 的距离等于圆心 o 与 bc 之间的距离。

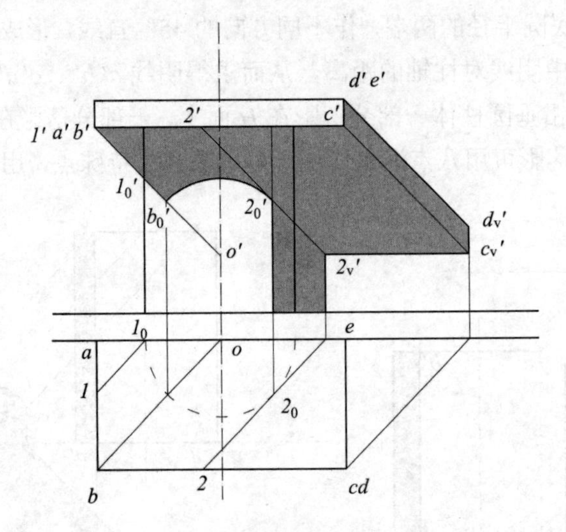

图 9-47　正方形盖盘在圆柱面上的落影

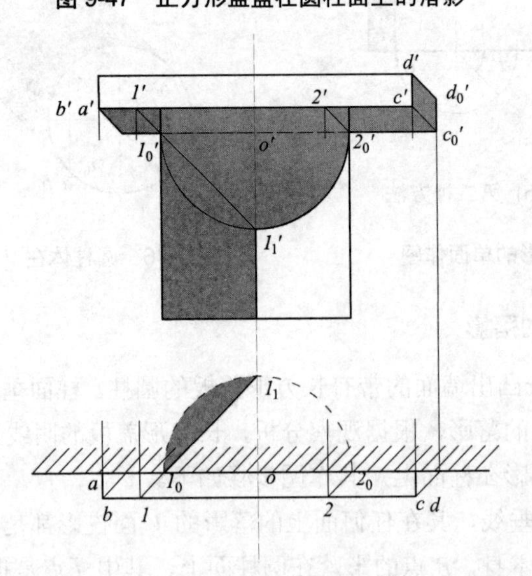

图 9-48　长方形盖盘在内凹半圆柱面上的落影

如图 9-49 所示，一带有盖盘的圆柱，盖盘下底圆弧 $ABCDEF$ 是阴线，盖盘上底圆弧

GNK 是阴线，*FG* 是素线阴线。作图步骤如下。

首先，求作一些特殊点的落影，如图 9-49 所示，通过圆柱轴线作一个常用光线的光平面，若此圆柱是一个完整的圆柱体，则该圆柱体被光平面分成互相对称的两个半圆柱面，并以此光平面为对称面，圆盖盘上的阴线及其落在柱面上的影线，也以该光平面为对称平面，于是盖盘阴线上位于对称光平面内的一点 C 与其落影 C_0 的距离最短。因此，在 V 面投影中，影点 c_0' 与阴点 c' 的垂直距离也最小，c_0' 就被称为影线上的最高点，必须要画出。

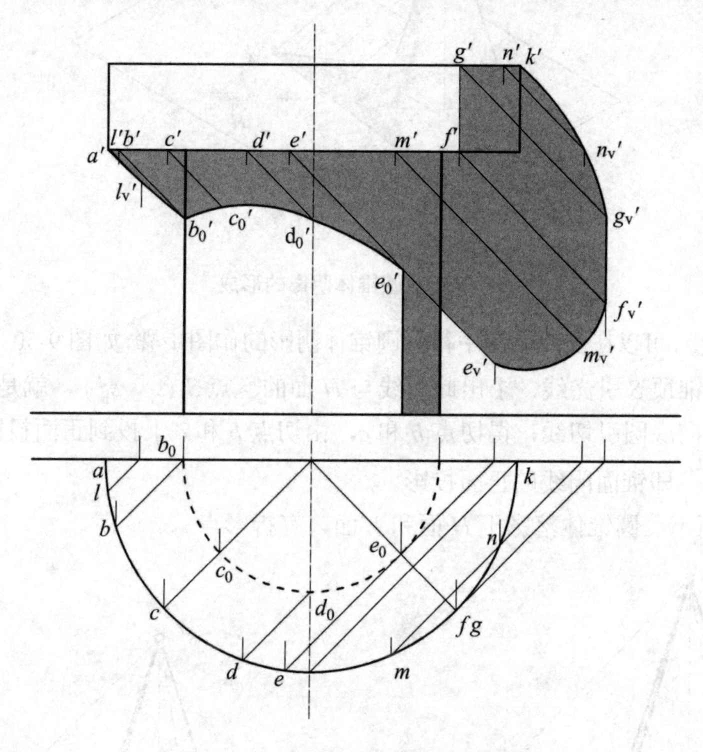

图 9-49　圆盖盘在圆柱面上的落影

还有落于圆柱最左轮廓素线上和最前素线上的影点 B_0 和 D_0，由于它们对称于上述的光平面，因此高度相等，当在 V 面投影中求得 b_0' 后，自 b_0' 作水平线与中心线相交，即得到 d_0'。

此外，位于圆柱阴线上的影点 E_0 也需要画出，在 H 面投影中，作 45° 直线与圆柱相切于点 e_0，而与盖盘圆周相交于点 e，由 e 求得 e'，自 e' 作 45° 直线，与引自点 e_0 的垂线(即圆柱的素线阴线)相交，求得 e_0'。以光滑曲线连接 b_0'、c_0'、d_0'、e_0' 各点，即可得到盖盘阴线下底圆弧 *ABCDEF* 在柱面上落影的 V 面投影。下底圆弧 *EF* 段阴线落影于墙面上，为一椭圆弧 E_vF_v。

最后，圆柱的素线阴线 *FG* 落影于墙面上，与其本身平行；盖盘上底圆弧阴线 *GNK* 落影于墙面上，为一椭圆圆弧。

3. 圆锥体的落影

如图 9-50 所示，用一组互相平行的直线去照射一个竖放的圆锥体，会有光线与圆锥的

回转面相切，相切的光线形成了两个光平面，这两个光平面与回转面有两条交线，即图中所示的 SB、SC 两条素线，回转面以两条素线为界，迎光的一侧是阳面，另一侧是阴面，因此，在图示光线的照射下，圆锥体的阴线为 SB、SC 和部分底圆周。

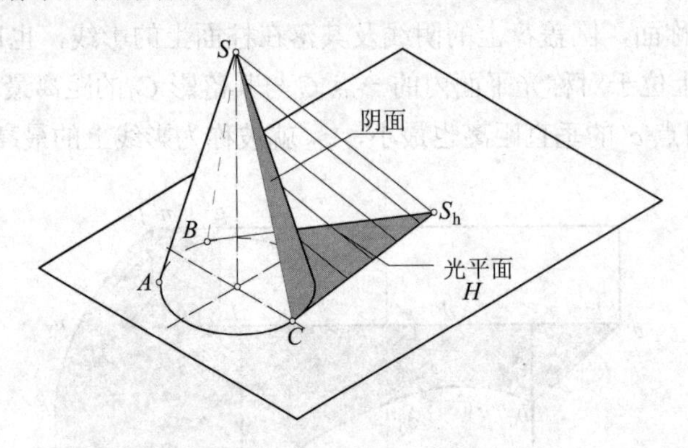

图 9-50　圆锥体阴影的形成

根据上述分析，可以在正投影图中得到圆锥体阴影的作图步骤，如图 9-50 和图 9-51 所示。

首先，通过锥顶 S 引光线，求出此光线与 H 面的交点 S_h(s_h、s_h')，就是顶点 S 在 H 面上的落影。由 s_h 向底圆引切线，得切点 b 和 c，由切点 b 和 c 上投到正面投影中得到 $b'c'$，连线 $s'b'$ 和 $s'c'$，即锥面阴线的正面投影。

如图 9-52 所示，圆锥体落影于 H 面和 V 面，有折影点。

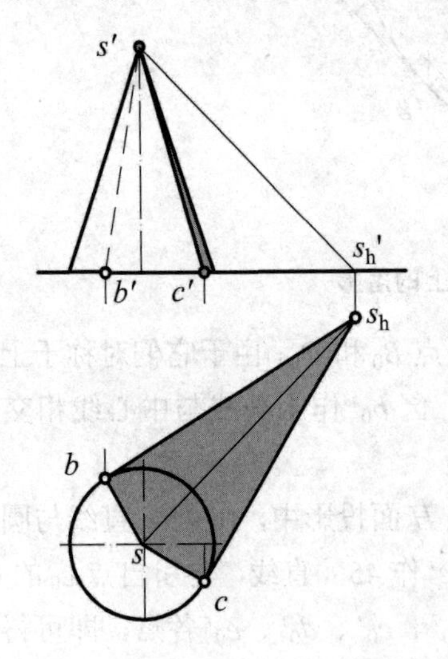

图 9-51　圆锥体在 H 面上的落影画法

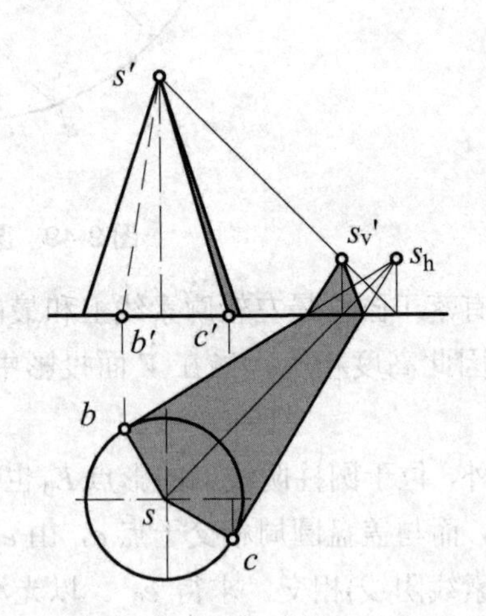

图 9-52　圆锥体在 H、V 面上的落影画法

9.7　建筑形体的阴影

本节涉及的建筑形体主要是由平面组成的建筑形体，其表面通常是投影面的垂直面或平行面，一般位置平面比较少，其阴影的绘制同基本几何体的绘制方法，先对建筑形体的

各个组成部分的形状、大小和相对位置进行分析，判断出阴面和阳面，从而确定阴线以及各段阴线和承影面的相对位置，充分运用前述的落影规律和作图方法，逐段求出这些阴线的落影，从而得到建筑形体的落影。

1. 窗口的阴影

如图 9-53(a)所示，这是一个带遮阳板的窗口的平面图和立面图。遮阳板挑出墙面的长度为 *m*，窗扇凹进墙的深度为 *n*。

作图分析，如图 9-53(b)所示。

① 在常用光线的照射下，遮阳板的左、前、上表面为阳面，右、下表面为阴面，*AB*、*BC*、*CD*、*DE* 为阴线；窗边墙角线侧边 *GH* 也为一条阴线。

② *AB* 落影于墙面和窗扇面上，*AB* 为正垂线，根据直线落影规律，其落影在 *V* 面投影是与光线投影一致的 45° 直线。

③ *BC* 落影于窗扇面、窗口内侧墙面、外墙面上。其中 *BI* 段落影于窗扇面上，因 *BC* 为侧垂线，同时平行于承影面窗扇面，根据直线落影规律，*BC* 在窗扇面的落影与其本身平行，并且间距等于 *BC* 离承影面的距离 *m*+*n*；*IF* 落影于窗口内侧墙面，因该承影面为侧平面，*V* 面投影积聚成一条直线，其落影的投影与承影面的 *V* 面投影重合，如图中所示的 $i_0'f_0'$；*FC* 段落影于外墙面上，其落影与其本身平行，其间距等于 *BC* 离外墙面的距离 *m*。

④ *CD* 落影于外墙面，其落影与其本身平行，其间距等于 *BC* 离外墙面的距离 *m*。*DE* 落影于外墙面，其落影的 *V* 面投影是与光线投影一致的 45° 直线。

⑤ 墙角阴线 *GH*，落影于窗台面和窗扇面上，k_0 为折影点。

根据以上分析作图结果，可以得出结论：已知遮阳板的外挑尺寸和窗户的内凹的尺寸，就可以直接根据直线投影规律在立面图上绘制阴影，如图 9-53(c)所示。

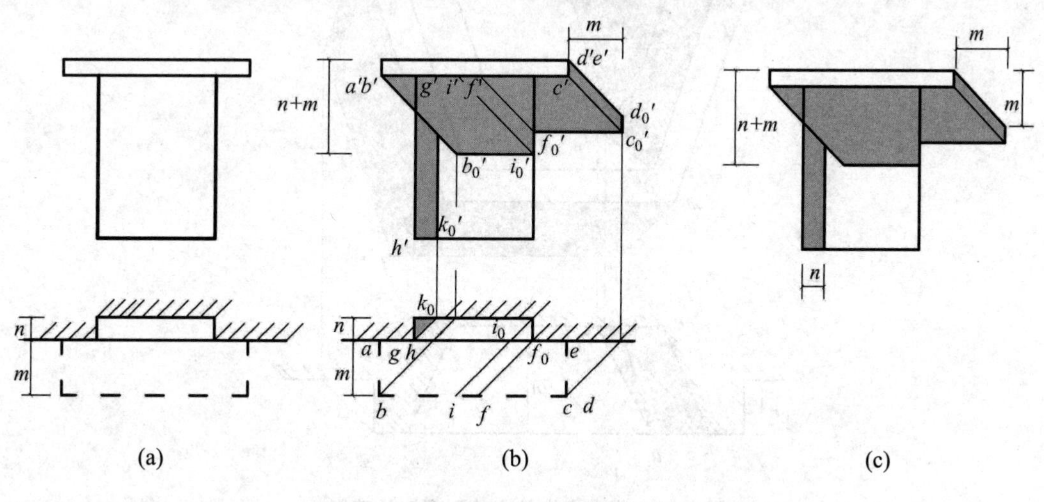

图 9-53　窗口的落影

要想能够在立面图上快捷准确地绘制阴影，就必须对建筑形体的各部分组成有准确的把握，以及对直线落影规律的熟练掌握，如图 9-54 所示。

如图 9-55 所示，带有窗套的六边形窗口，窗套的 *EFGH* 阴线平行于承影面(外墙面)，所以其落影平行于其本身并等长，间距等于阴线离承影面的距离 n。

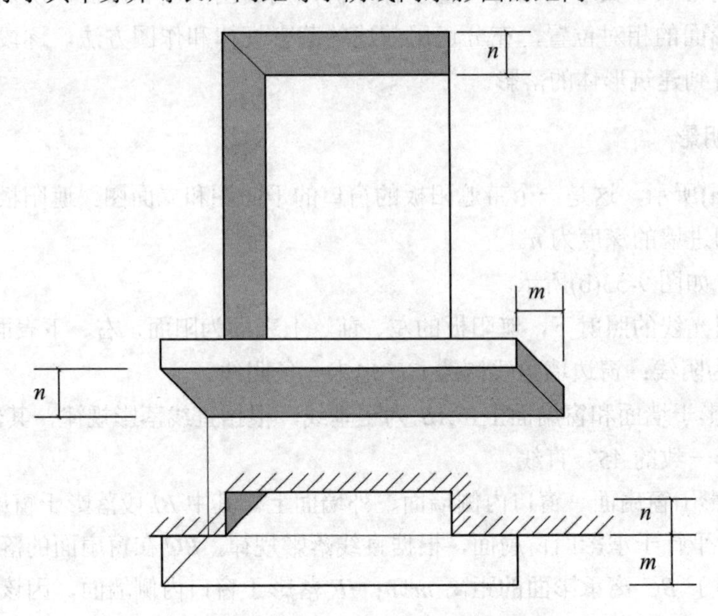

图 9-54　窗口落影的单面作图法

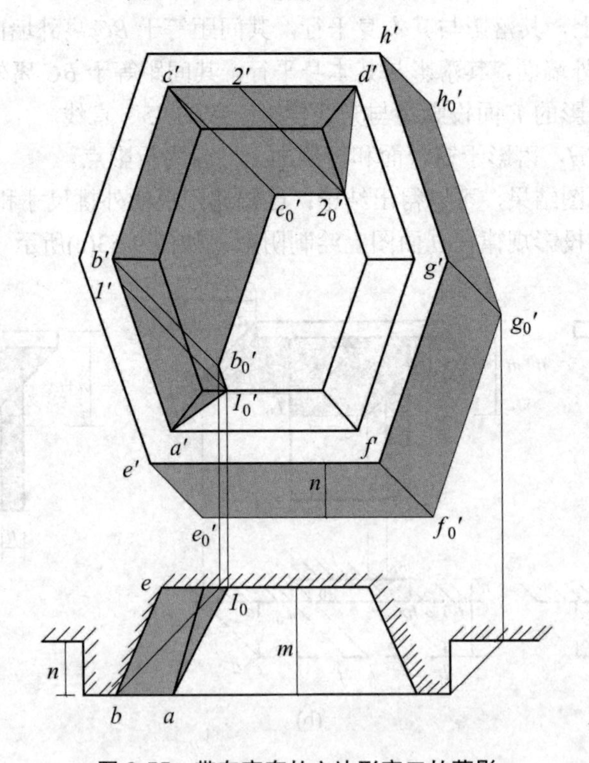

图 9-55　带有窗套的六边形窗口的落影

窗套的阴线 $ABBCCD$ 落影一窗台面和窗扇面上。AB 落影于窗台面和窗扇面上，在窗扇面上的落影与其本身平行，可以先求出 B 点在窗扇面上的落影 b_0'，过 b_0' 作 $a'b'$ 的平行线，交窗台面于 I_0'（I 是折影点），A 点在窗台面，落影是其本身；BC 的落影 $b_0'c_0' \parallel b'c'$，但

其间距不等于 BC 离承影面的距离 m，因 BC 为一般位置直线；CD 落影于窗扇面和窗套内侧墙面上，II是折影点。

2. 门洞口的阴影

如图 9-56 所示，门洞上方有一悬挑雨篷，悬挑尺寸为 m，门扇内凹尺寸为 n，其落影的作图过程与窗洞口的阴影相同。

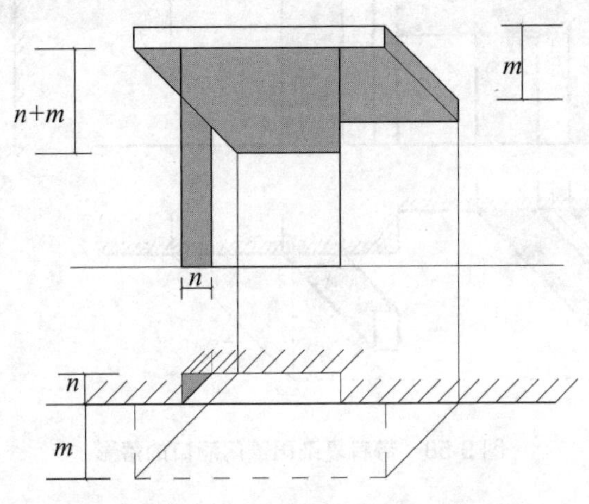

图 9-56　门洞口落影的单面作图法

如图 9-57 所示，阴线 BC 为侧垂线，其落影的 V 面投影，与门洞的 H 面投影呈对称形状，在求落影时可直接利用投影面垂直线的投影规律(某投影面垂直线落于任何物体表面的影，在另外两个投影面的投影，总是呈对称形状)来作图。

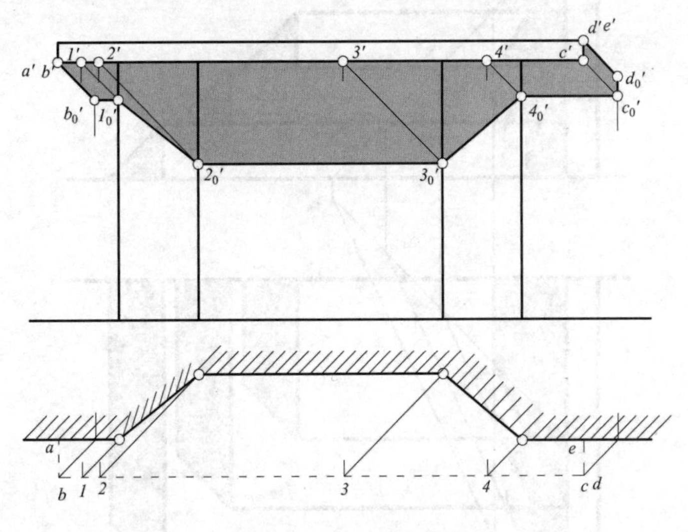

图 9-57　门洞口的落影

如图 9-58 所示，稍复杂的雨篷的落影，在此雨篷中，阴线 AB 是一条斜直线，落影于外墙面上和门扇面上，I是过渡点，I在外墙面上的落影 I_0 为实影，在门扇面上的落影 I_1 为虚影。

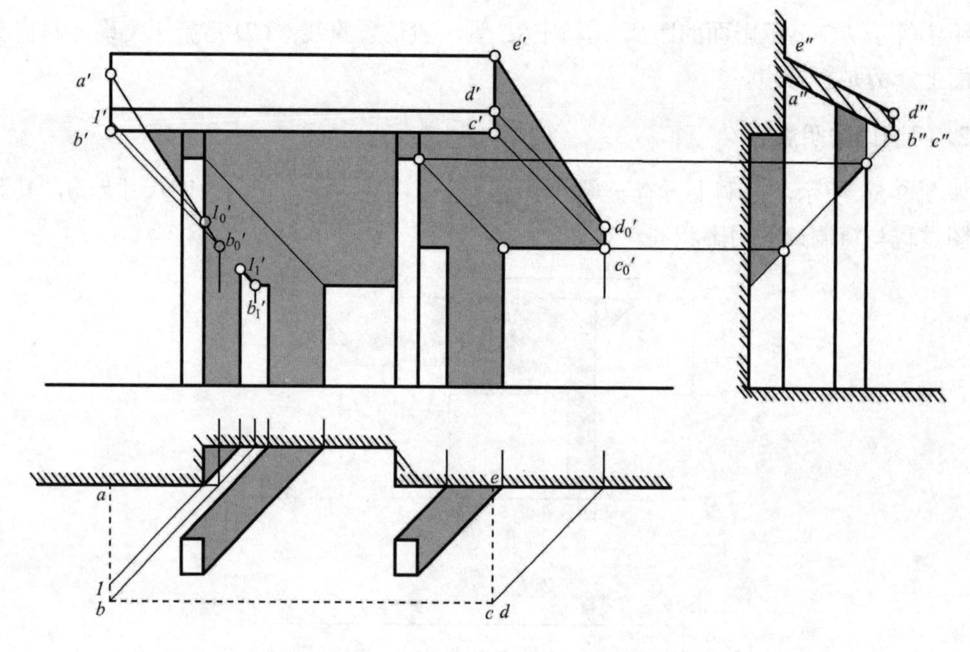

图 9-58　带有复杂雨篷门洞口的落影

3. 台阶的落影

如图 9-59 所示，这是一个左侧有挡墙的台阶，求其落影。

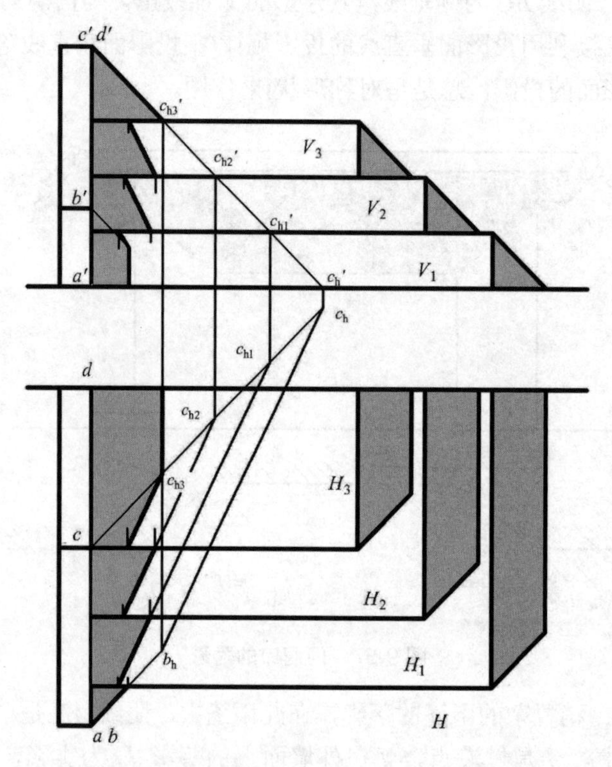

图 9-59　台阶的落影

作图步骤如下。

① 阴线 AB(铅垂线)段落影于地面和第一级踏步的踢面，落影不再赘述。

② 阴线 CD(正垂线)落影于第三级踏步的踏面和墙面，落影不再赘述。

③ 三个踏步转角处的阴线落影于踏面和墙面上，落影不再赘述。

④ 阴线 BC 落影于三个踏步的踏面和踢面上，作图时，先求 B、C 两点在地面上的落影 b_h、c_h，b_hc_h 为阴线 BC 在地面 H 上的落影，然后再将 C 点的投影分别落到第一、二、三踏面上，得到影点 c_{h1}、c_{h2}、c_{h3}，过影点 c_{h1}、c_{h2}、c_{h3} 分别作直线平行于 b_hc_h (一直线在相互平行的各承影面上的落影相互平行)，取有效部分为阴线 BC 在各个踏步面的落影的水平投影，再由水平投影求得 V 面投影。

4. 烟囱、天窗及坡屋面的落影

如图 9-60(a)所示，烟囱的阴线是 AB、BC、CD，这些阴线均为投影面垂直线，作图时，可以充分利用投影面垂直线的落影规律。作图步骤如下。

① 阴线 AB、DE：在斜屋面上落影的 H 投影为与光线一致的 45° 直线，V 面投影为坡度线(某投影面垂直线落于任何物体表面上的影，在另外两个投影面上的投影，总是呈对称形状)，即该影线的 V 投影与水平方向的夹角反映屋面的坡度α。

② 阴线 BC 为正垂线，在斜屋面上落影的 V 投影为与光线一致的 45° 直线，H 投影为坡度线，也就是影线的 H 投影与铅垂方向的夹角反映屋面的坡度α。

③ 阴线 CD 为侧垂线，与承影面(斜屋面)平行，它的落影投影与其同名投影平行且相等。

如图 9-60(b)所示，这是一个带有盖盘的烟囱，烟囱壁的阴线为 HG 和 TS，其在斜屋面上落影的 H 投影为与光线一致的 45° 直线，V 面投影为坡度线(某投影面垂直线落于任何物体表面上的影，在另外两个投影面上的投影，总是呈对称形状)，即该影线的 V 投影与水平方向的夹角反映屋面的坡度α；盖盘的阴线为 AB、BC、CD、DE、EF、FA，其中 AB、BC、CD 均落影于斜屋面上，AB、DE 的落影同 HG 和 GS；BC 是正垂线，在斜屋面上落影的 V 投影为与光线一致的 45° 直线；CD 与承影面斜屋面平行，其落影和其自身平行；EF 为正垂线，其在斜屋面上的落影的正面投影是与光线一致的 45° 直线；FA 与承影面斜屋面和烟囱壁平行，其落影和其自身平行。

综上所述，已知斜屋面的坡度α，烟囱在斜屋面上的落影的 V 面投影可单面作图。

图 9-61 所示为单坡屋面天窗的落影。天窗檐口线 AB 在天窗正面上的 V 面投影与 $a'b'$ 平行，其距离也反映檐口挑出的深度，G 是阴线 AB 的过渡点，过 g_1' 作檐口线上 GB 段的落影 $g_1'b_1'$，$g_1'b_1' \parallel g'b'$。自点 b_1' 作檐角线 BC 的落影 $b_1'c_1'$，$b_1'c_1'$ 的斜度也反映屋面的坡度α，连接 c_1' 与 d'，即 CD 的落影；阴线 EF 在屋面上的落影的 V 面投影 $e'f_1'$ 反映了屋面的坡度α，水平投影是与光线一致的 45° 直线。

图 9-62 所示为双坡屋面的落影。要注意屋面的悬山斜线 CD 的落影。首先求出点 C 在封檐板扩大面上的虚影 $C_2(c_2，c_2')$，连线 $c_2'd'$ 与封檐板下边线交于点 e_2'，则 $DE_2(d'e_2')$ 为阴线落于封檐板上的一段影线；再求点 C 在墙面上的落影 $C_1(c_1，c_1')$，过 c_1' 作 $d'c_2'$ 的平行线，与封檐板下边线在墙面上的落影交于点 e_1'，$c_1'e_1'$ 为 CD 在墙面上的落影的 V 面

投影，E 点是过渡点，其他作图不再赘述。

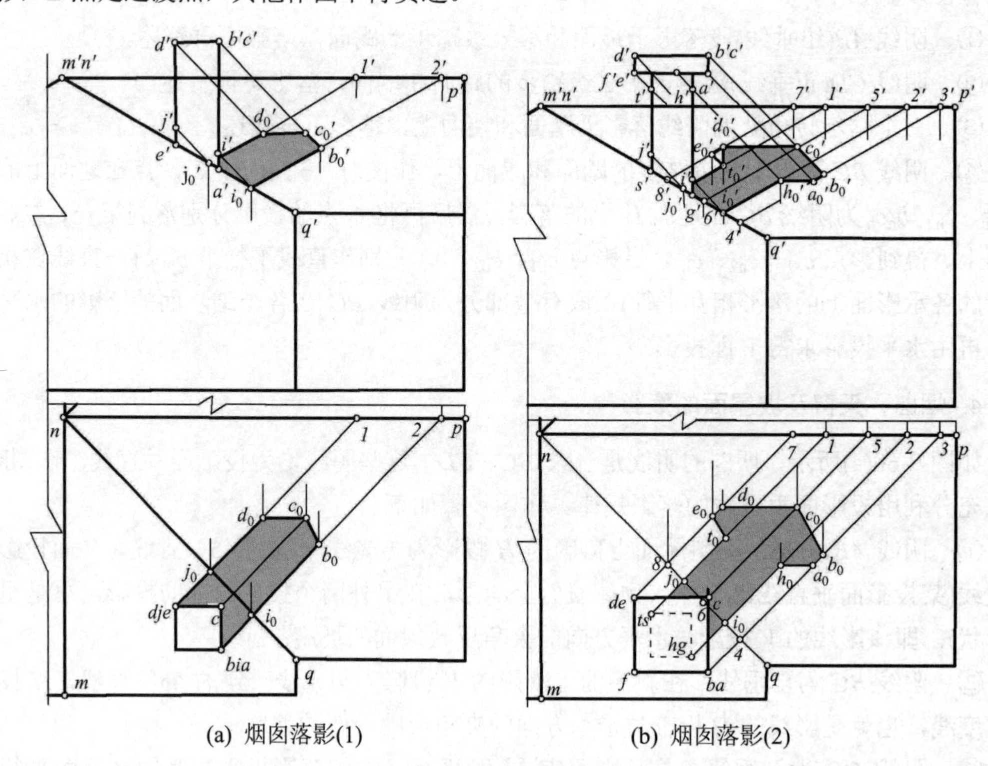

(a) 烟囱落影(1)　　(b) 烟囱落影(2)

图 9-60　烟囱的落影

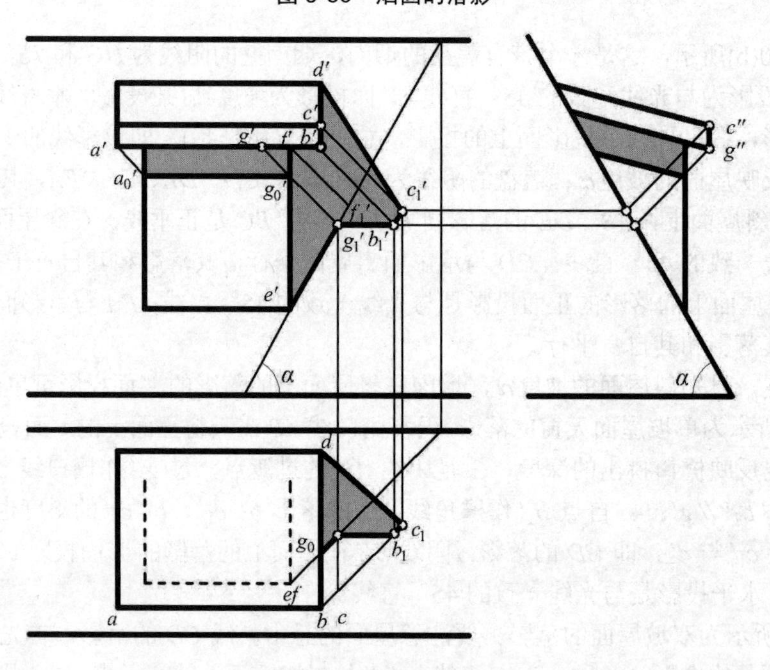

图 9-61　屋面天窗的落影

如图 9-63 所示，首先求 B 点在山墙面上的落影 $B_0(b_0, b_0')$，过点 b_0' 作 $a'b'$、$b'c'$ 的

平行线，即斜线 AB、BC 在山墙上的落影的 V 面投影；再作点 C 在墙面上的落影 $C_1(c_1, c_1')$，过 c_1' 作 $b'c'$ 的平行线，影线 $b_0'f_0'$ 与 $f_1'c_1'$ 是 BC 落影于前后两平行墙面上的影线的正面投影，点 f_0' 是 BC 阴线落影的过渡点的正面投影。

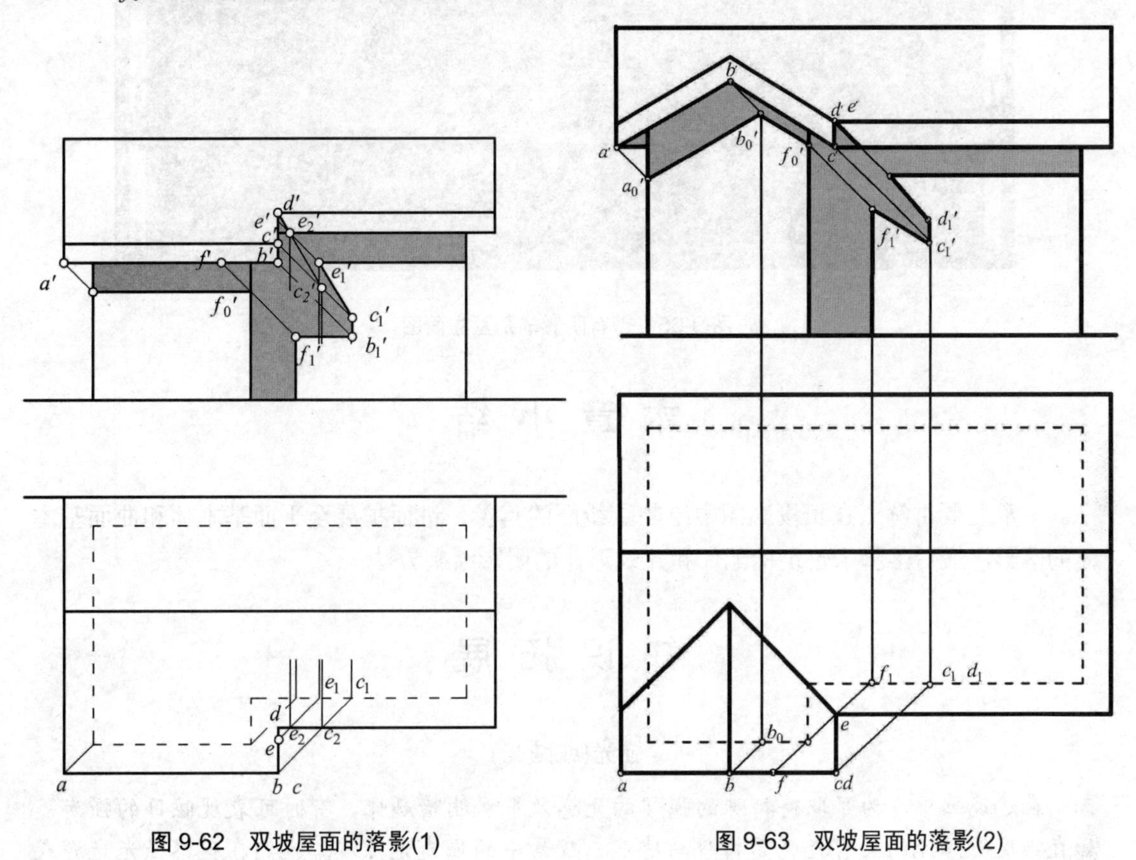

图 9-62　双坡屋面的落影(1)　　　　图 9-63　双坡屋面的落影(2)

5. 房屋整体立面阴影举例

图 9-64 为别墅的立面图，图 9-65 为带有阴影的别墅立面图，绘制房屋立面图中的阴影，需要熟练掌握阴影的基础知识，并将其综合运用和分析，才能绘制出来。

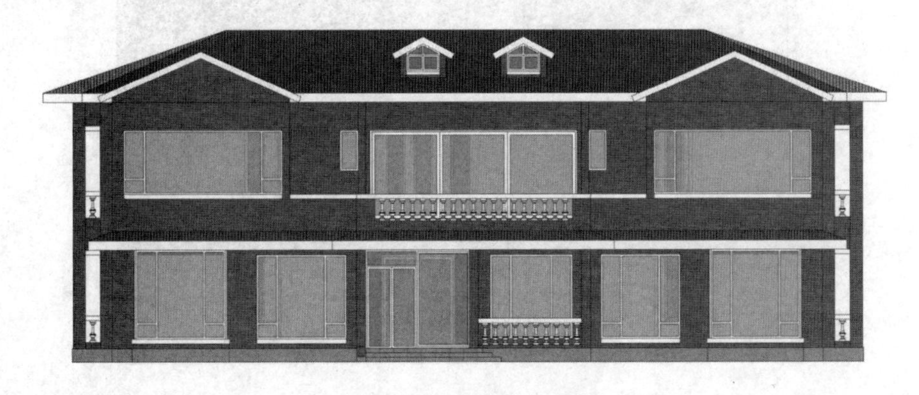

图 9-64　别墅的立面图

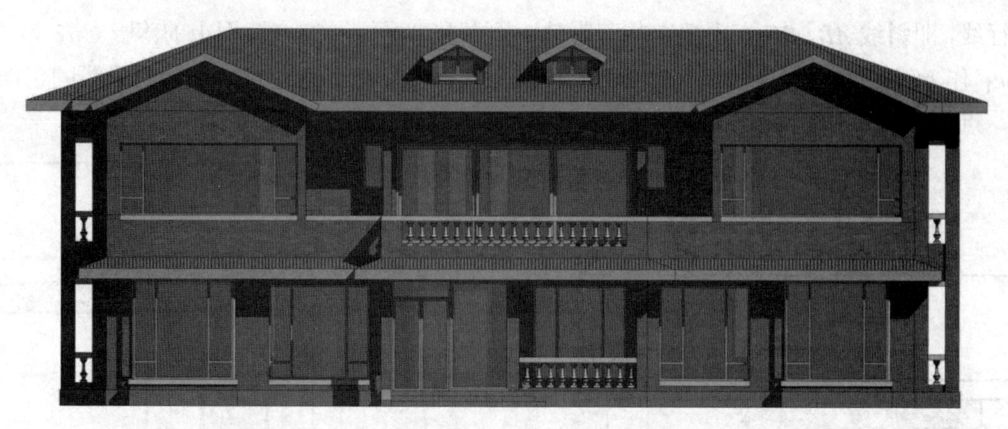

图 9-65　带有阴影的别墅立面图

本 章 小 结

本章主要讲解了在正投影图中绘制点线面的落影，进而扩展至平面基本体和曲面基本体的落影，最后落脚于建筑构配件和建筑形体的阴影绘制方法。

知 识 拓 展

强光(或眩光)

在建筑画中，为了取得特殊的强烈的光感效果和明暗趣味，有时可表现眩目的强光，如直接反射阳光的具有光亮面材料的建筑、夜景中的强光光源灯。我们在观察强光光源或强光光源附近的物体时，因其眩目总是看不清其真实形象。例如作为强光源的太阳，我们就始终无法见其真面目。接近光源的物体，在一定距离上才会渐现其形，如图 9-66 所示。

图 9-66　眩光

思考与练习

1. 求下列平面立体的阴影。

(1)

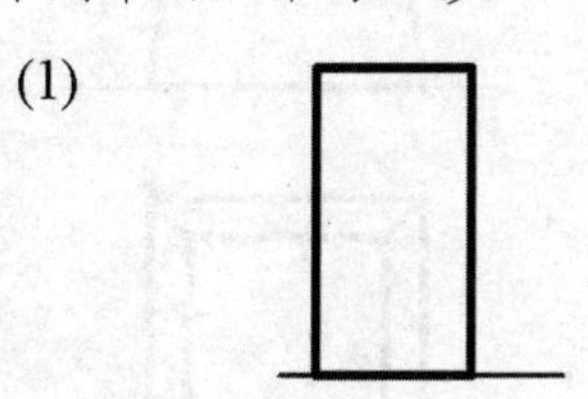

(2)

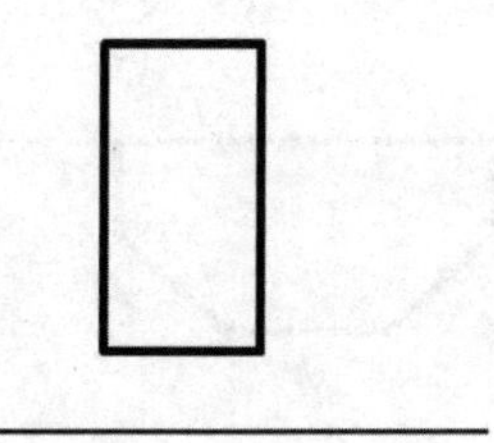

(3)

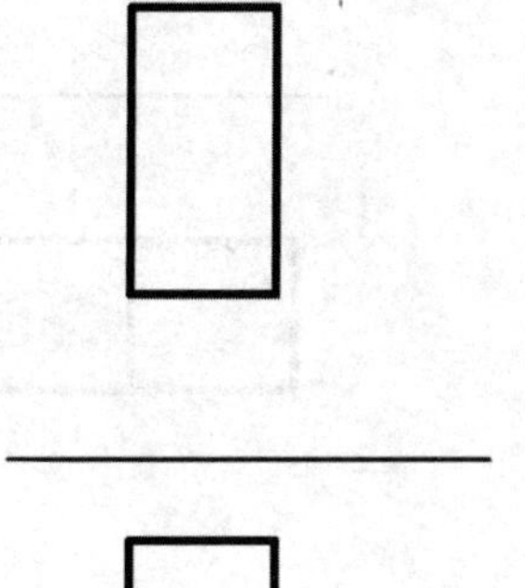

(4)

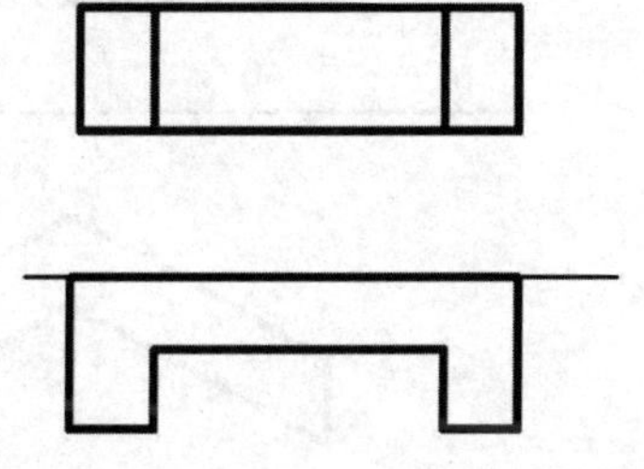

(5)

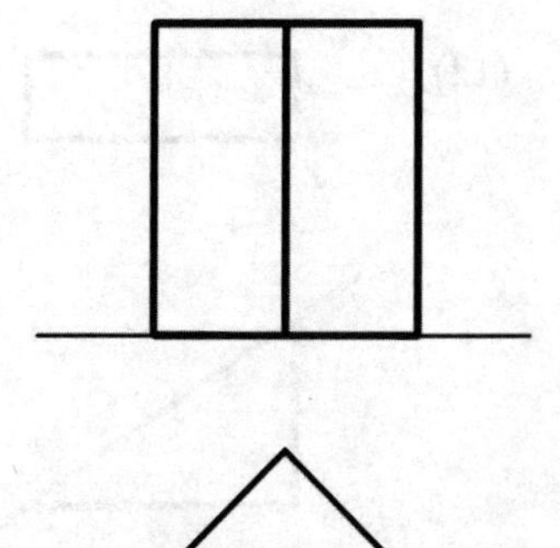

(6)

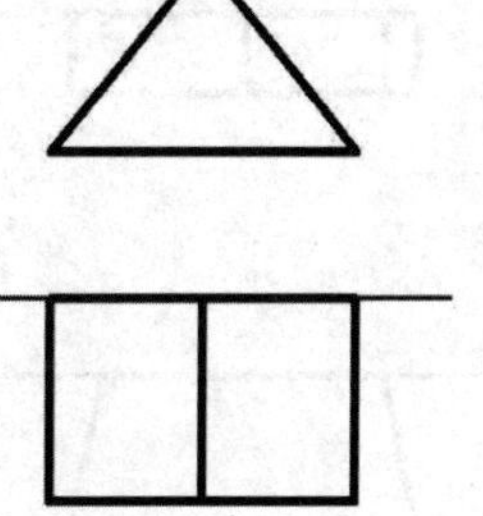

(7)

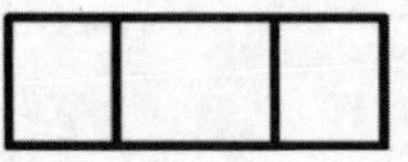

(8)

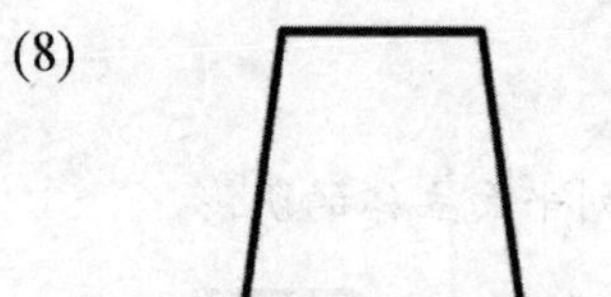

(9)

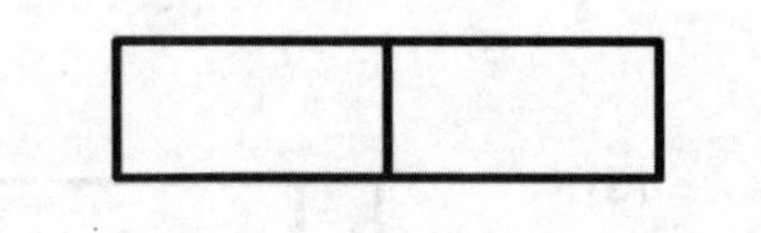

(10)

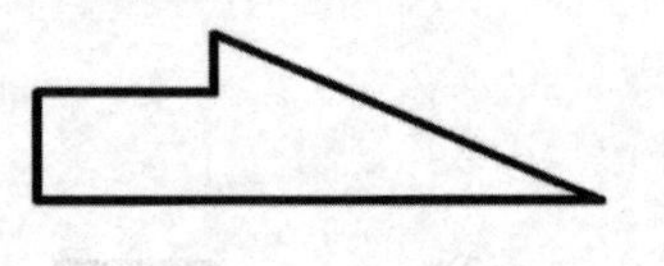

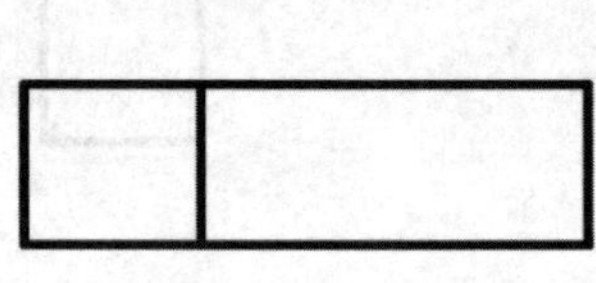

(11)

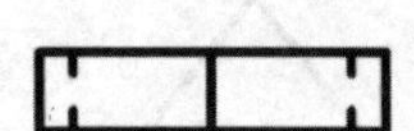

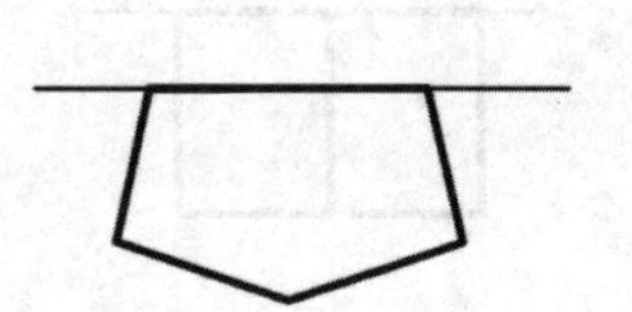

(12)

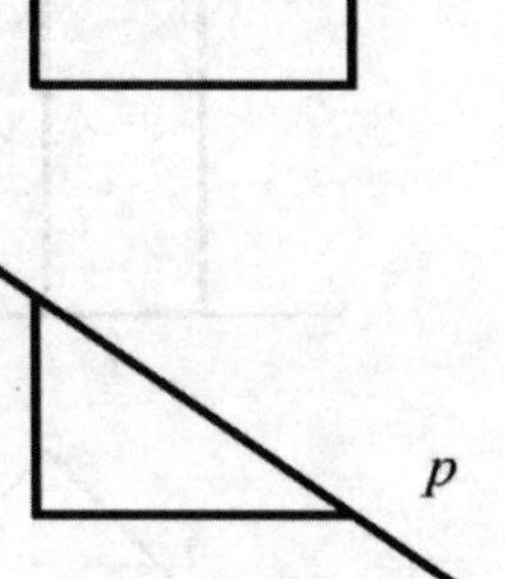

2. 求下列组合体的阴影。

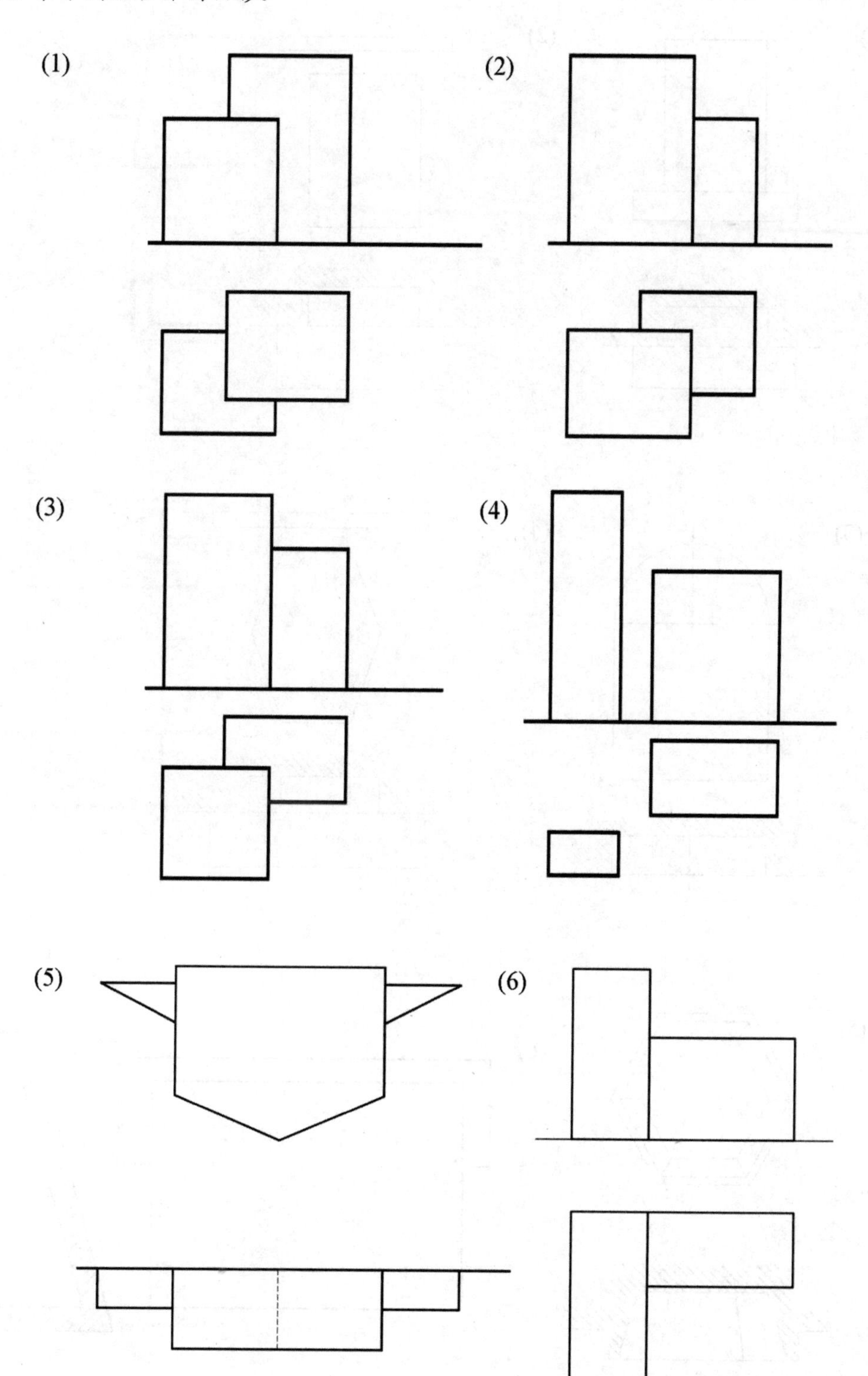

3. 求窗洞口的阴影。

(1)

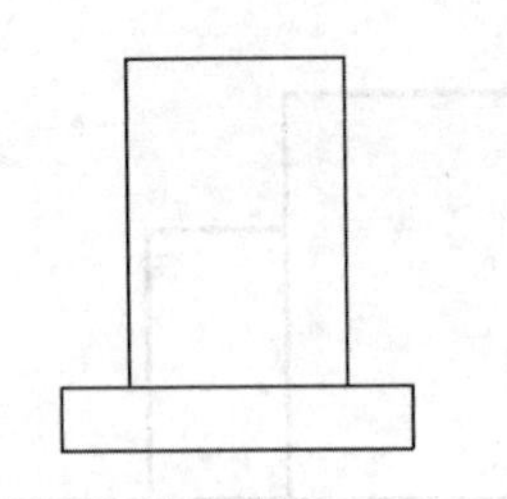

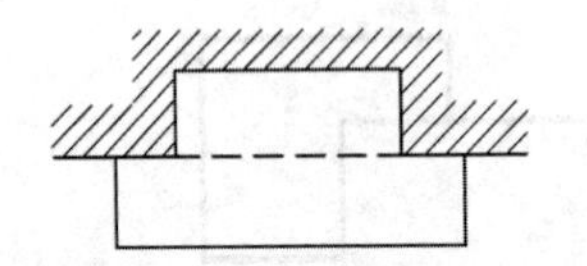

(2)

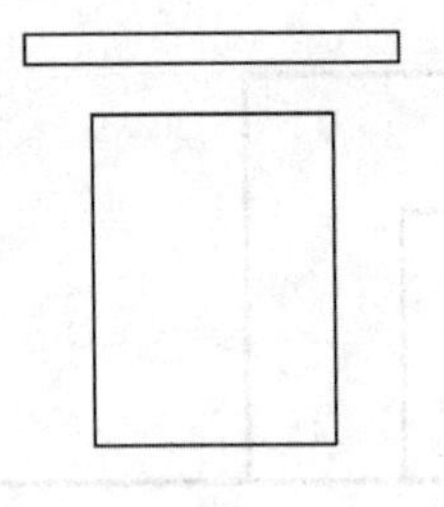

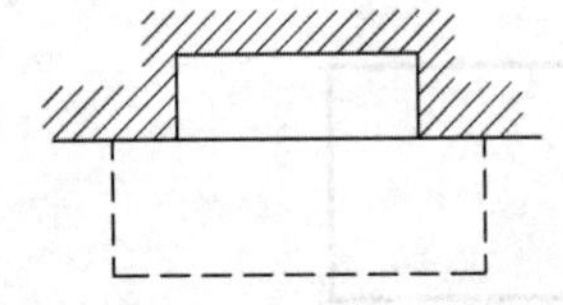

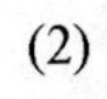

(3)

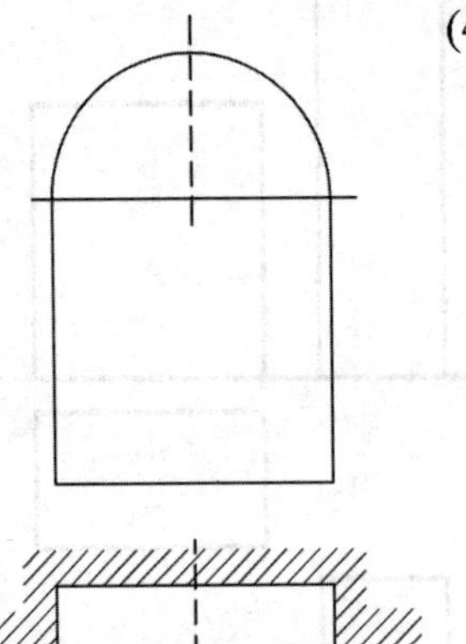

(4)

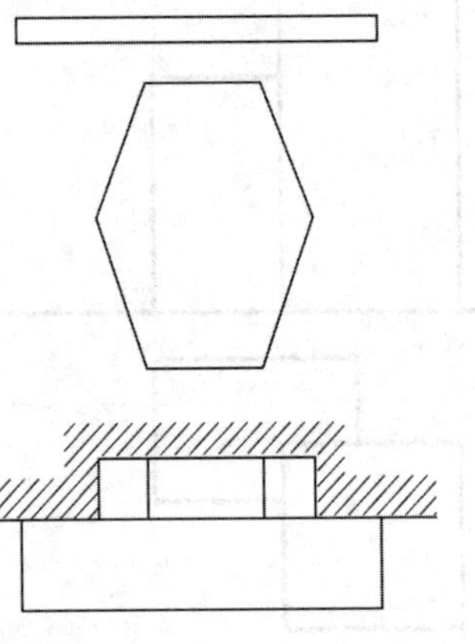

(5)

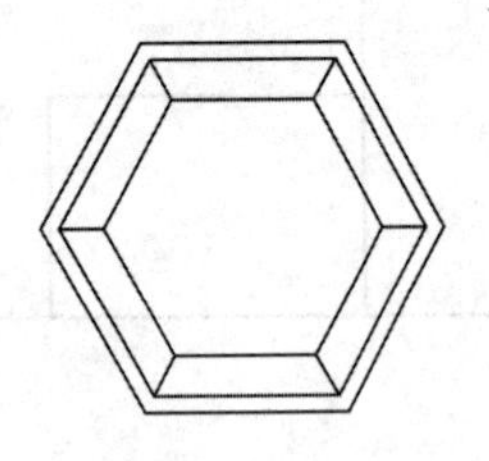

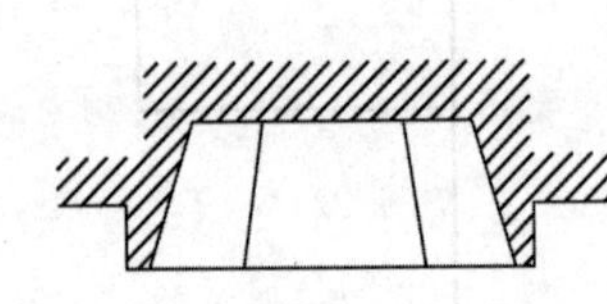

(6)

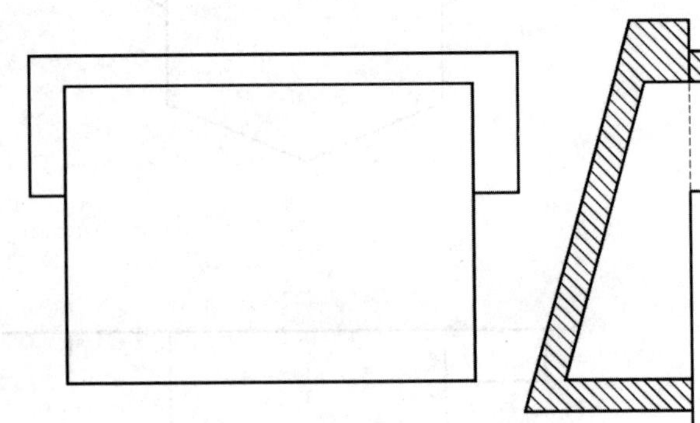

4. 求下列台阶的阴影。

(1)

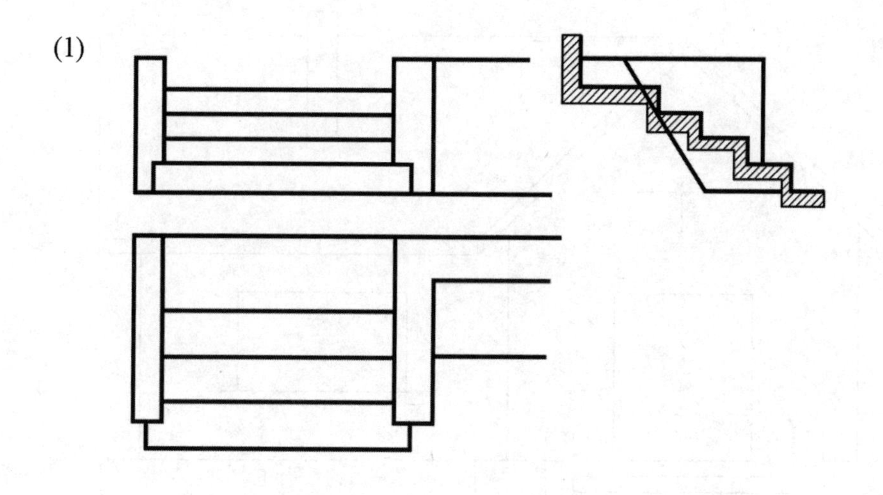

(2)

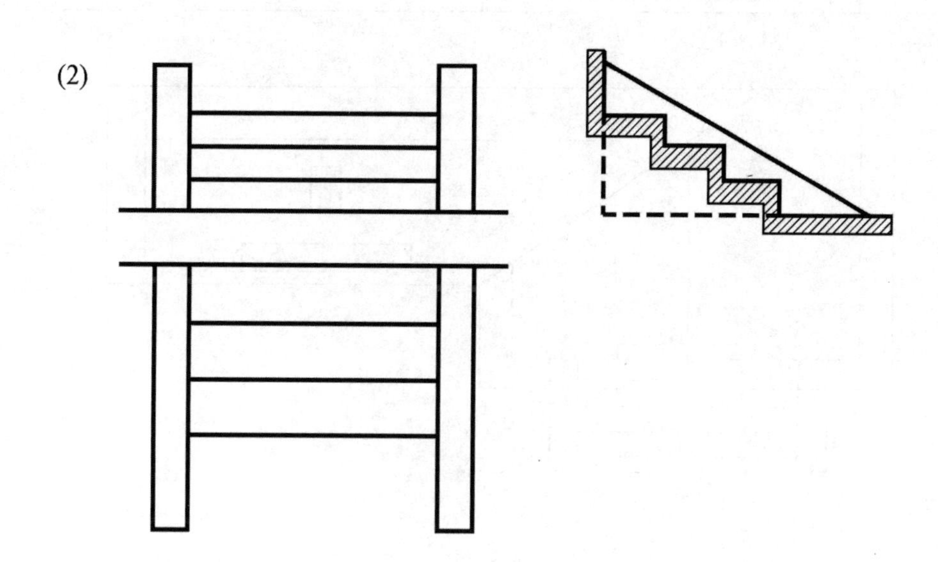

5. 求房屋立面的阴影。

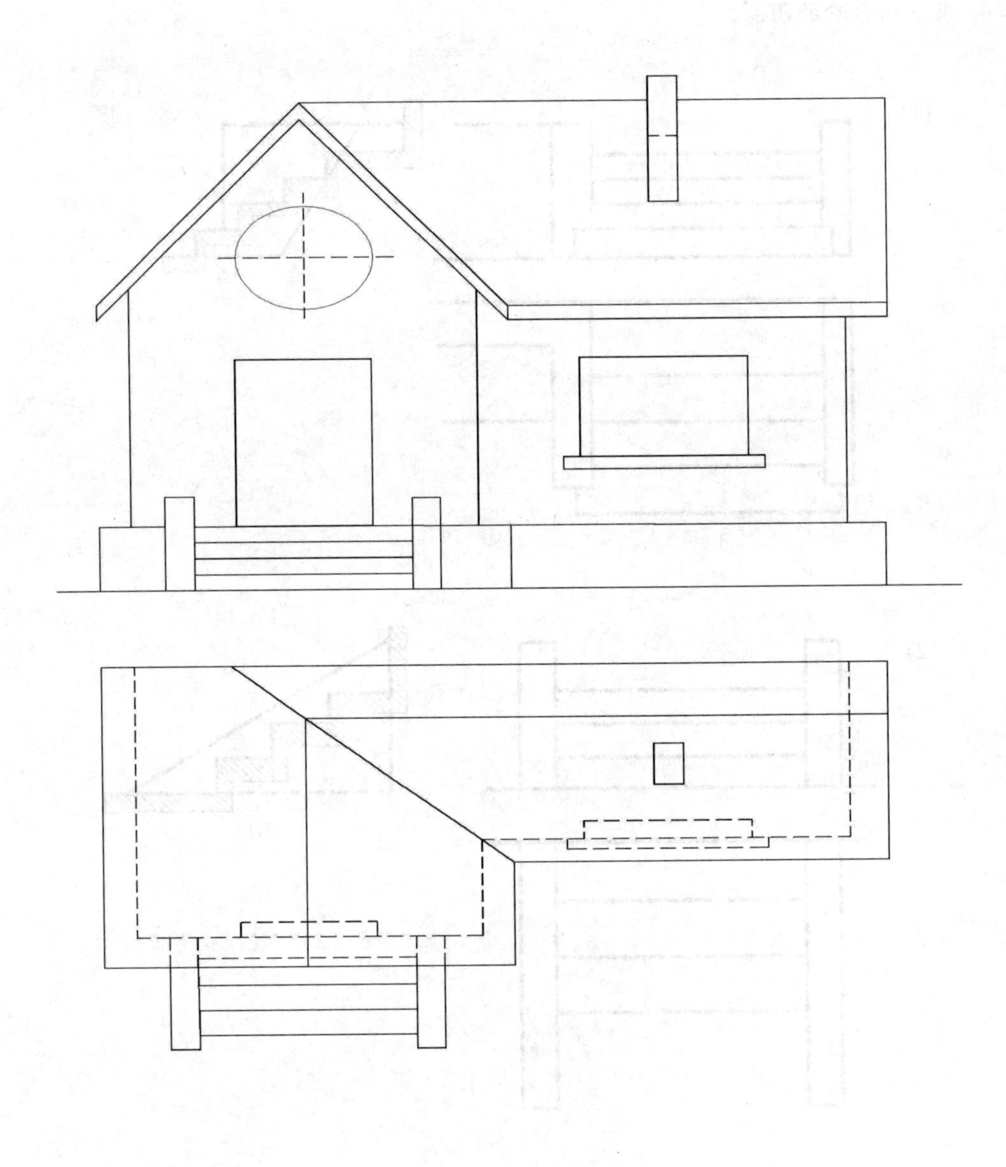

第 10 章

透视图和轴测图中的阴影

学习要点及目标

掌握在轴测图和透视效果图中阴影的绘制方法。

透视图中加绘阴影是指在已画好的建筑透视图中，按选定的光线直接作阴影的透视，这样做是为了获得良好的光影效果，使透视效果图更具真实感，从而能够更加逼真地表达建筑设计意图。

在透视图中加绘阴影时，可采用的光线有两种，即平行光线和辐射光线，为了简化作图流程，通常选用平行光线，而平行光线又分为两种：一种是平行于画面的平行光线，称为画面平行光线；另一种是与画面相交的平行光线，称为画面相交光线。

10.1 画面平行光线下的阴影

画面平行光线，是指一组与画面平行的平行光线，它从观察者的正左或正右上方照射，如图 10-1 所示。这种光线在透视图中没有灭点，光线的透视与其本身平行，光线的基透视与视平线平行，光线的透视与基线的夹角反映空间光线与基面的真实倾角，倾角的大小可以根据需要选定，通常选用 45°，也可选择 30°、60°等其他角度。

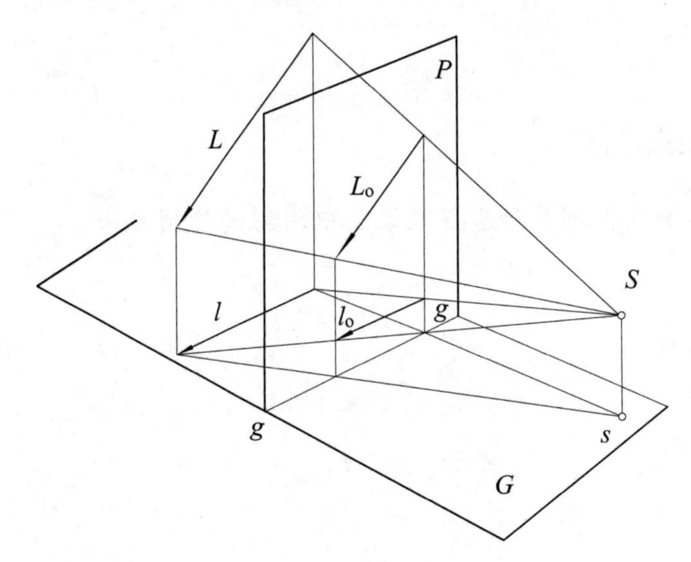

图 10-1 与画面平行的光线

用这种光线在透视图中绘制阴影比较便捷，两点透视图常用这种光线作阴影，但是一点透视图中不宜采用，这是因为一点透视图中的一组主向轮廓线与视平线平行，与铅垂线的投影相重合，透视效果较差，一点透视图中的阴影绘制一般选用画面相交光线。

1. 点的落影

一点在承影面上的落影仍为一点，该落影就是通过此点的光线与承影面的交点。

点在基面上的落影如图 10-2 所示，空间一点 A 的透视为 A_0，基透视为 a_0，根据前面章节的内容可知，视平线以下的部分就是基面 G 的透视，要求空间点 A 在基面上的落影，就是求过空间点 A 的光线与基面的交点，作图步骤如下。

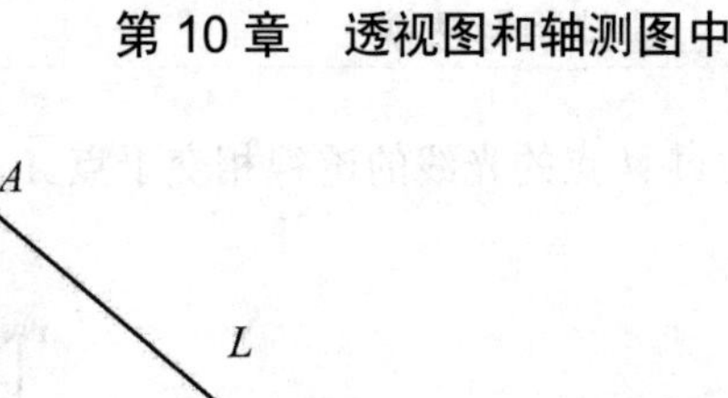

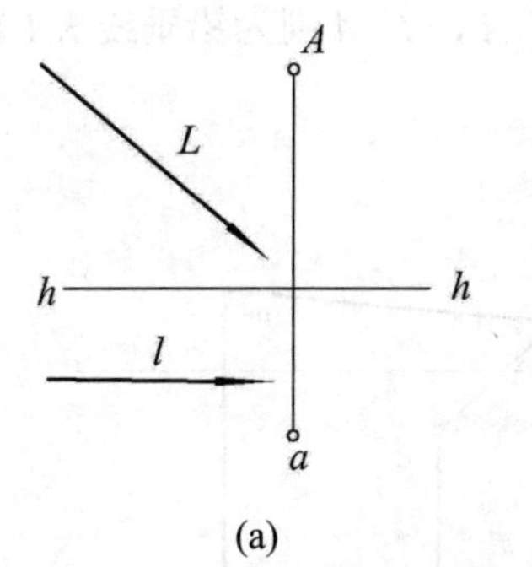

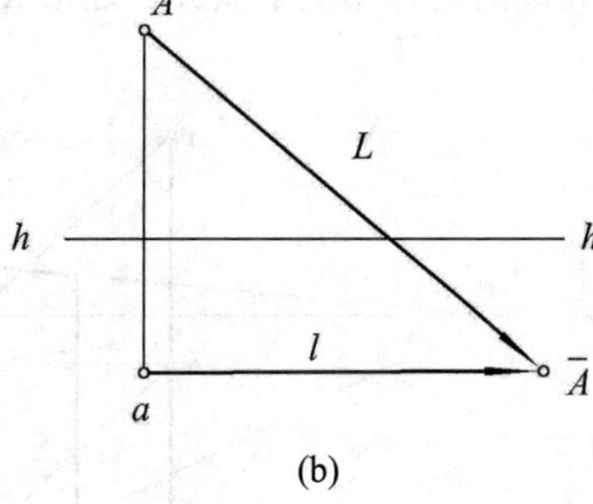

图 10-2　点在基面上的落影

首先，在透视图中，过点 A 作光线的透视 $L(45°)$，然后过点的基透视 a 作视平线的平行线 l，l 则为光线的基透视，光线的透视 L 与光线的基透视 l 的交点则为光线 L 与基面的交点，即空间点 A 在基面上的落影 $\overline{A}$ (在本章中，点和线的落影用顶部加“—”的相同字母标记)。

注：为了叙述简明起见，对“形体的透视”和“阴影的透视”等用词，在不致引起误解的情况下，就略去“透视”二字，同时，对点和直线的透视直接以字母标记，略去右下角的“。”。

2. 直线的落影

直线在承影面上的落影，就是通过直线的光平面与承影面的交线。

1)　铅垂线的落影

如图 10-3 所示，有一铅垂线 AB，其端点 B 是基面上的一点，其落影就是其本身；另一端点 A，利用求点在基面上的落影的方法，求出落影为 $\overline{A}$，连接 $\overline{A}\,\overline{B}$，即为铅垂线在基面上的落影，从图中可以看出，$\overline{A}\,\overline{B}$ 是与视平线、基线相互平行的，这是因为过铅垂线的光平面是与画面平行的，光平面与基面的交线(即所求的落影)，当然是与基线相互平行。

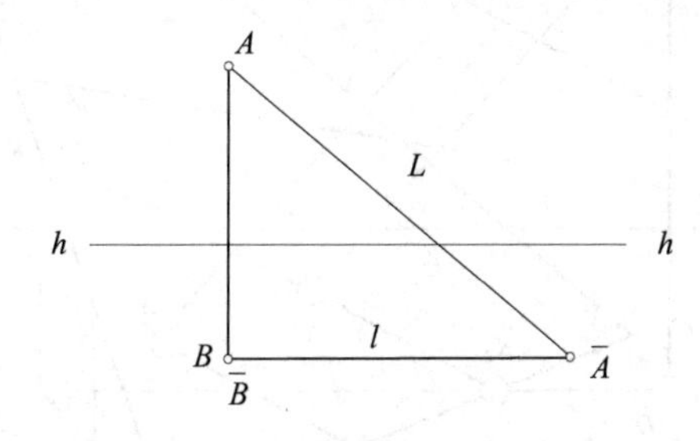

图 10-3　铅垂线在地面上的落影

如图 10-4 所示，一铅垂线 AB，在基面与铅垂面均有落影，铅垂线 AB 在基面上的落影为一水平线，过 $B(\overline{B})$作视平线的平行线，与铅垂面交于一点 $\overline{K}$，$\overline{B}\,\overline{K}$ 为铅垂线 AB 在基面上的落影，$\overline{K}$ 为折影点，铅垂线 AB 中的 KA 段将落影于铅垂面 P 上，过 AB 的光平面与 P 的交线，即为铅垂线 AB 在 P 面上的落影，因过 AB 的光平面与画面平行，与基面垂直，所以光平面与铅垂面的交线必定为一铅垂线，与 AB 本身是平行关系，因此，从 $\overline{K}$ 点向上作垂

线，与过 A 点的光线的透视相交于点 $\overline{A}$，连接 $\overline{K}\ \overline{A}$，$\overline{K}\ \overline{A}$ 则为铅垂线 KA 段在铅垂面上的落影。

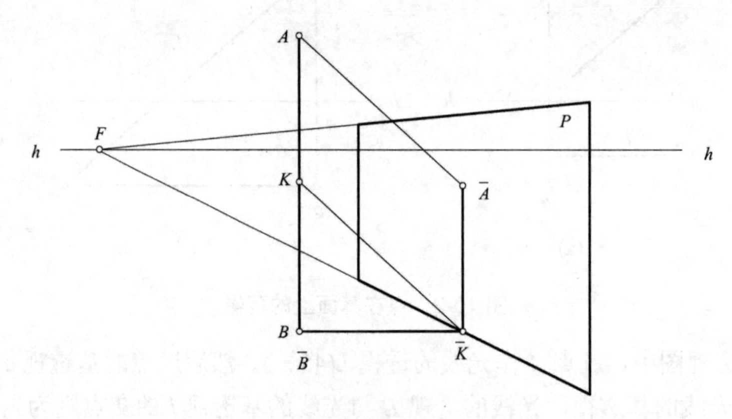

图 10-4　铅垂线在铅垂面上的落影

如图 10-5 所示，铅垂线 AB 和 CD，在基面和一般位置平面(一般斜面)P 上均有落影，AB、CD 在基面上的落影均为视平线的平行线，与一般斜面 P 分别交于 $\overline{K}_1$、$\overline{K}_2$ 点，$\overline{K}_1$、$\overline{K}_2$ 为折影点。AB、CD 在一般斜面 P 上的落影，即是过两铅垂线的光平面与 P 面的交线，过 AB 的光平面与 P 的交线为 $\overline{K}_1E$，过 CD 的光平面与 P 面的交线为 $\overline{K}_2F$，过点 A、C 作光线的透视，分别与交线相交于点 $\overline{A}$(A 在斜面 P 上的落影)、点 $\overline{C}$(C 在斜面 P 上的落影)，$\overline{K}_1A$ 为 AB 在 P 上的落影，$\overline{K}_2C$ 为 CD 在 P 上的落影。

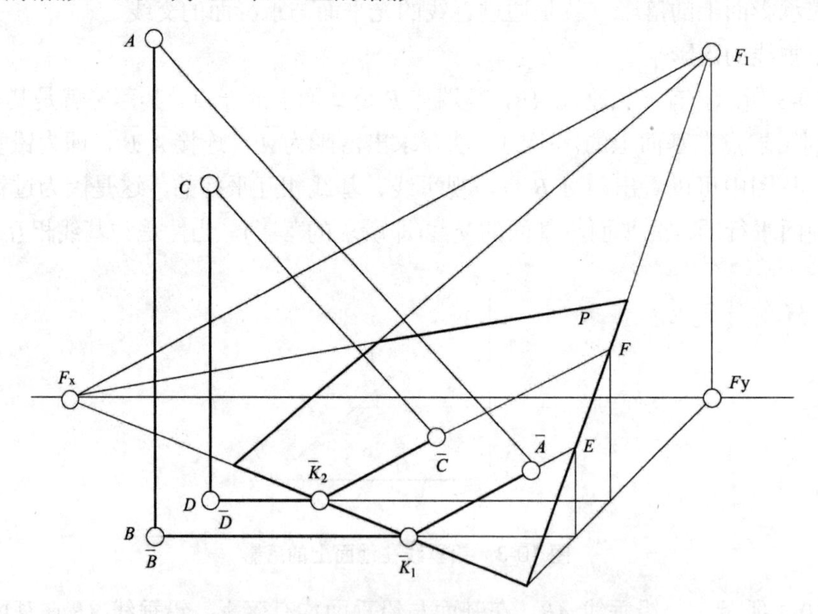

图 10-5　铅垂线在一般位置平面上的落影

由图 10-5 可以看出 ，两铅垂线在基面上的落影是相互平行的，在斜面上的落影也是相互平行的，而且在斜面上的落影与斜面的灭线 F_1F_X 相互平行。这是因为过铅垂线的光平面与画面平行，其与任何承影面的交线都是画面平行线，没有灭点，只能与承影面的灭线相互平行。

2)　平行于画面的斜线的落影

在图 10-6 中，有一条斜线 *AB*，因其基透视 $ab // hh$，所以这是一条平行于画面的斜线，求 *AB* 在基面、铅垂面和一般斜面上的落影。

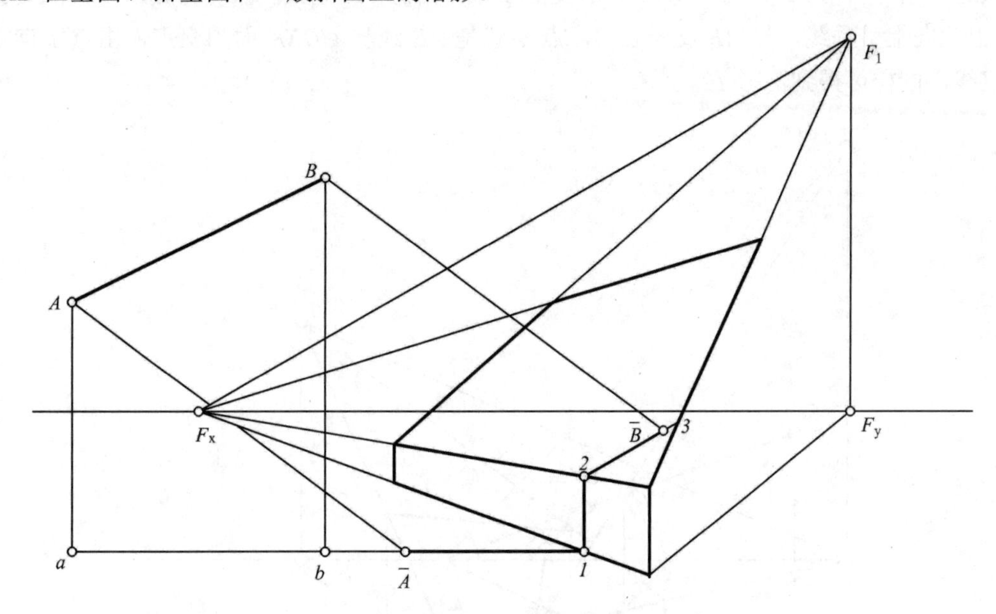

图 10-6　画面平行线在各种平面上的落影

首先，*AB* 在基面上的落影，必定是一条视平线的平行线，因过 *AB* 的光平面为画面平行面，其与基面的交线，必定平行于基线或视平线，如图中的 $\overline{A}1$ 段，*1* 是折影点。

然后，*AB* 落影由 *1* 点折影到铅垂面，其落影必定是一铅垂线，因过 *AB* 的光平面为画面平行面，与铅垂面的交线必定为一铅垂线，如图中的 *12* 段，*2* 是折影点。

最后，*AB* 落影由 *2* 点折影到一般斜面，因过 *AB* 的光平面为画面平行面，其和一般斜面的交线必定也是一条画面平行线，与一般斜面的灭线 F_1F_X 相平行，因此过 *2* 点作 $23 // F_1F_X$，*23* 就是交线，过点 *B* 作光线的透视，交 *23* 于点 $\overline{B}$，$2\overline{B}$ 就是 *AB* 在一般斜面上的落影。

由铅垂线和平行于画面的斜线的落影可以看出，画面平行线的落影与承影面的灭线一定是互相平行的，作图时利用此规律，可以大大简化作图过程。

3)　与画面相交的水平线的落影

如图 10-7 所示，空间直线 *AB* 的透视、基透视的灭点均为心点，因此，空间直线 *AB* 应是一条与画面垂直的水平线，求此直线在基面、铅垂面和一般斜面上的落影。

首先，求 *AB* 在基面上的落影，因 *AB* 为水平线，过 *AB* 的光平面与基面的交线(即 *AB* 在基面的落影)必定与 *AB* 线本身平行，其灭点也应为心点 S_0，自点 *A* 在基面上的落影 $\overline{A}$ 向心点 S_0 引直线，与铅垂面相交于点 *1*，*1* 是折影点。

然后，自 *1* 点开始，*AB* 落影折影到铅垂面上，其落影就是过 *AB* 的光平面与铅垂面的交线，承影面铅垂面的灭线是过 F_X 的铅垂线，过 AB 的光平面的灭线是过 AB 线的灭点 S_0 引出的 45° 直线，这两条灭线的交点 V_1，就是 AB 线在铅垂面上的落影的灭点，连接 1 点与 V_1 点，交 EK 边于 2 点，线段 12 就是 AB 在铅垂面上的一段落影，2 是折影点。作图时，如 V_1 点太远，也可利用 AB 线与 $CDEK$ 面的交点 4 来作落影 12，基透视 ab 与底边 CD 相交于点 3，由此向上引垂线，与 AB 交于点 4，点 4 就是 AB 线与 $CDEK$ 面的交点，由点 1 向点 4 引直线，同样可得到落影 12。

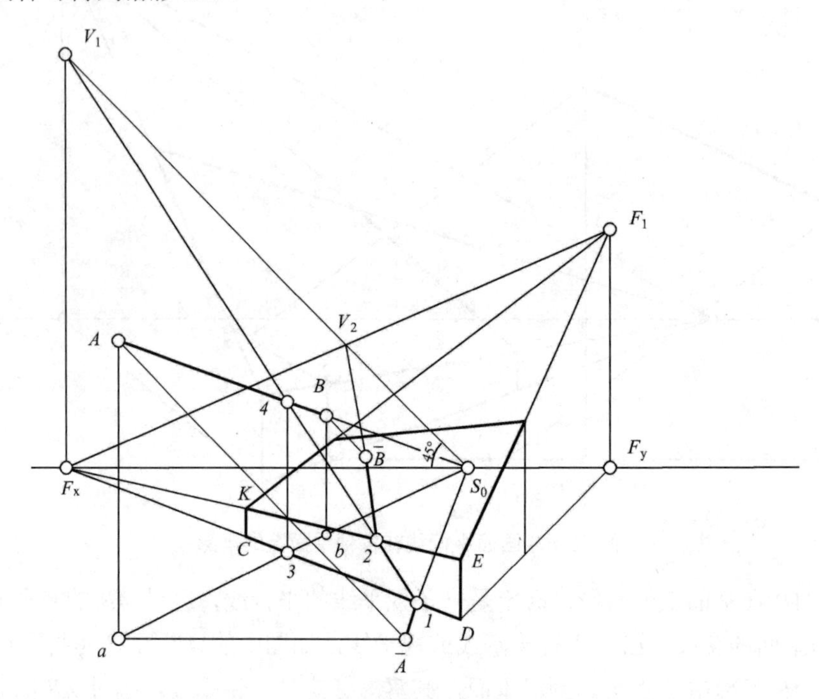

图 10-7　水平线在各种平面上的落影

自 2 点开始，AB 落影折影到一般斜面 $MNEK$ 上，一般斜面 $MNEK$ 的灭线是 F_1F_X，与过 AB 的光平面的灭线交于点 V_2，就是 AB 在一般斜面上的落影的灭点，连接 $2V_2$，与过点 B 光线的透视相交于点 $\overline{B}$，$2\overline{B}$ 就是 AB 在 $MNEK$ 斜面上的落影。

3. 建筑形体阴影作图示例

在图 10-8 中，阴线为 AB、AC、CD 以及 B 所在的屋檐线和 D 所在的屋檐线；墙角线 MN，AB、AC 为倾斜直线，可先求出 A、B、C 三点在地面的落影 $\overline{ABC}$，相连即可得到 AB、AC 的落影；CD 为铅垂线，在地面的落影为水平线 $\overline{CD}$，B 所在的屋檐线与地面平行，并落影于地面，所以其落影与其有共同的灭点 F_y，连接 $\overline{B}F_y$，即是 B 所在屋檐线的落影；D 所在屋檐线的落影，一段在地面上，一段在墙面上，两段落影的灭点均为 F_y，连接 $\overline{D}F_y$ 与 MN 在地面的落影(为一水平线)交于点 M，自 $\overline{M}$ 反向作光线交墙角线于点 M，连接 MF_y，即为屋檐线在墙面上的落影。

图 10-9 和图 10-10 中的建筑物相较于图 10-8 中的建筑物，其落影因光线的照射角度不同，房屋的朝向不同，落影有了变化，其落影的制作方法如图 10-8 所示。

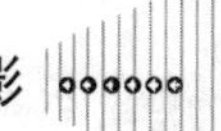

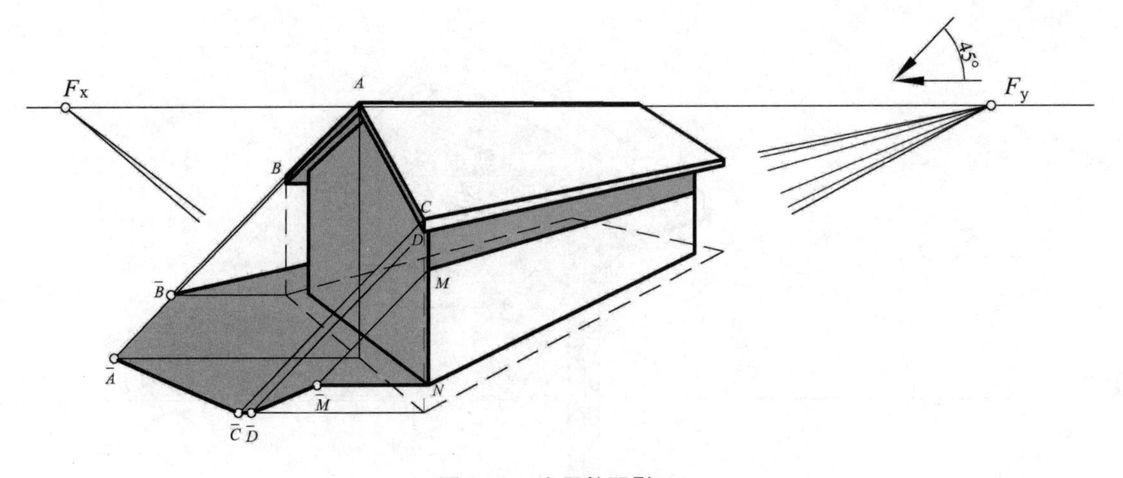

图 10-8　小屋的阴影(1)

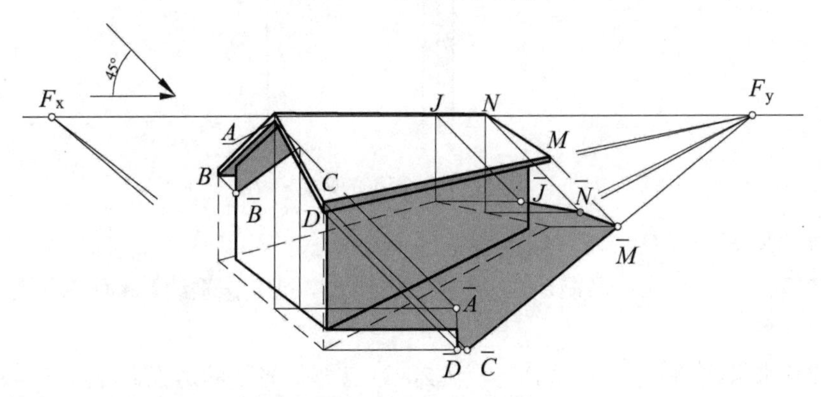

图 10-9　小屋的阴影(2)

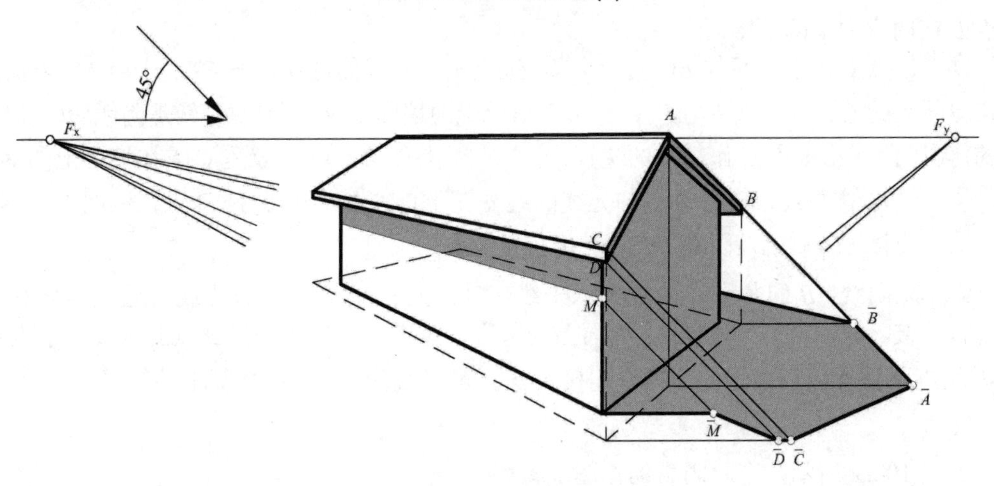

图 10-10　小屋的阴影(3)

如图 10-11 所示，由于没有画出门洞孔的下半部，所以无法利用光线在基面上的基透视。但是可以作出光线在雨篷底面上和门洞顶面上的基透视，仍然是一条水平线。

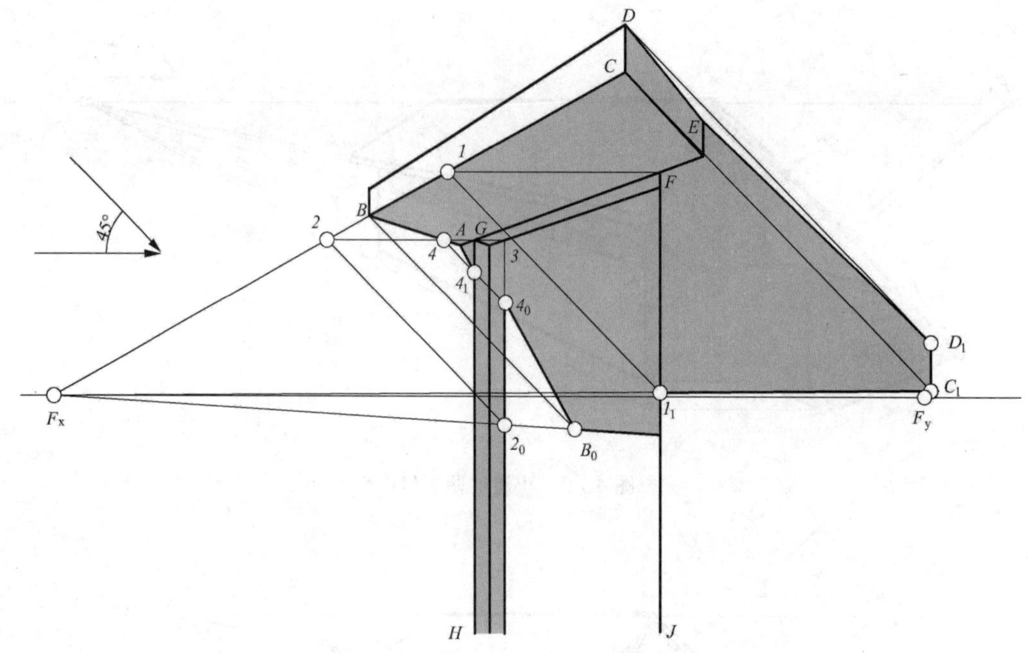

图 10-11　雨篷的阴影

阴线为 AB、BC、CD、DE，门框 GH 也为阴线。

① 过 G 点作水平线与门洞顶面的边缘线交于 3，过 3 作垂线，此垂线就是 GH 阴线在门扇面上的落影。

② 延长水平线 $G3$，交阴线 BC 于点 2，过点 2 作光线的透视，与过 3 点的垂线交于点 2_0，2_0 是点 2 在门扇面上的落影，过点 B 作光线的透视，与 2_0F_X 相交于点 B_0，点 B_0 即是点 B 在门扇面上的落影。

③ 过点 F 作水平线与 BC 交于点 1，过点 1 作光线的透视，与 FJ 交于点 l_1，l_1 就是 1 点在墙面上的落影，连接 l_1 与 F_X，因 BC 与承影面墙面平行，所以 F_X 就是阴线 BC 在墙面上的落影的灭点，过点 C 作光线的透视，交 l_1F_X 于点 C_1 点，C_1 点就是 C 点在墙面上的落影。

④ 过 C_1 作垂线，与过 D 点的光线的透视交于点 D_1，D_1 点就是 D 点在墙面上的落影。

⑤ 连接 ED_1，就是阴线 DE 在墙面上的落影。

⑥ 求阴线 AB 的落影，过 G 的水平线交 AB 于点 4，过点 4 作光线的透视，交 GH 于点 4_1，连接 $A4_1$，就是线段 $4A$ 在墙面上的落影，过点 4 的光线与过 3 点的垂线交于点 4_0，点 4_0 就是点 4 在门扇面上的落影，连接 4_0B_0，就是线段 $B4$ 在门扇面上的落影，点 4 是影的过渡点。

如图 10-12 所示，台阶阴影的作图步骤如下。

① 阴线 FE 落影在地面上，过 E 作光线的基透视，即过点 E 的水平线，过点 F 作光线的透视，交水平线于 F_0 点，即点 F 在地面上的落影；阴线 FR 落影在地面上和墙面上，因 FR//地面，其在地面上的落影和其本身平行，有共同的灭点，连接 F_0和F_y，就是 FR 在地面上的落影，F_0F_y 与墙面相交，交点 12 为折影点，把 R 与折影点 12 相连，即 FR 在墙

面上的落影。阴线 *GH*、*HS* 和阴线 *PQ*、*PT* 的落影的作图方法与 *EF* 和 *FR* 相同。

(a) 各种台阶的阴影

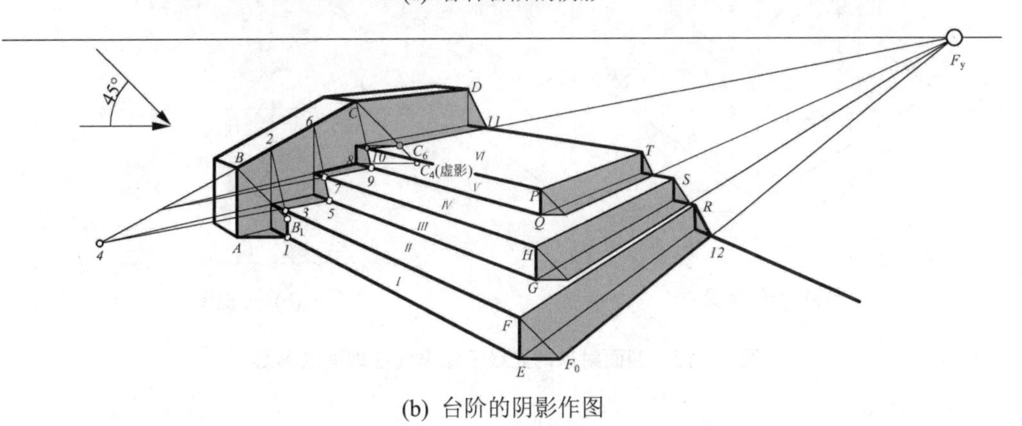

(b) 台阶的阴影作图

图 10-12　台阶阴影的作图步骤

② 左侧挡板的阴影。

先求 *AB* 落影，*AB* 落影于地面和第一个踢面 *I*，过 *A* 点作水平线，交 *I* 面于点 *1*，点 *1* 是折影点，过 *1* 作垂线，与过 *B* 点的光线交于点 B_{I}，即点 *B* 在 *I* 面上的落影。

然后求 *BC* 的落影，*BC* 与 *I* 面扩大面交于点 *2*，连接 $B_{\mathrm{I}}2$，与 *I* 面相交于点 *3*，点 *3* 是折影点，*BC* 的落影由 *I* 面折影到 *II* 面(第一个踏面)，*BC* 与 *II* 面相交于点 *4*，连接 *34* 并延长交 *III* 面(第二个踢面)于点 *5*，点 *5* 是折影点，*BC* 落影折影到 *III* 面，*BC* 与 *III* 面扩大面相交于点 *6*，连接 *56*，与 *IV* 面相交于点 *7*，点 *7* 是折影点，*BC* 落影折影到 *IV* 面，过点 *8* 作水平线，与过 *C* 点的光线交于点 C_{IV}(为 *C* 点的虚影)，连接 $7C_{\mathrm{IV}}$，交 *V* 面于点 *9*，点 *9* 是折影点，*BC* 落影折影到 *V* 面，*BC* 与 *V* 面的交点是 *C*，连接 *9C*，交 *V* 面于点 *10*，点 *10* 是折影点，*BC* 落影折影到 *VI* 面，点 *C* 在 *VI* 面上的落影 C_6，连接 $10C_6$，就是 *BC* 在 *VI* 面上的落影。

最后求 *CD* 的落影，阴线 *CD* 与 *VI* 面平行，其落影与 *CD* 平行，有共同的灭点，连接 C_6 与 F_y，就是 *CD* 在 *VI* 面上的落影，C_6F_y 与墙面相交于点 *11*，点 *11* 是折影点，*CD* 落影折影到墙面，*D11* 就是 *CD* 在墙面上的落影。

通过作图实例来看，灵活地运用平面灭线、建筑形体的基透视、过渡点、折影点、扩大承影面与阴线(或阴线延长线)相交等方法，可以大大提高作图效率。

10.2 画面相交光线下的阴影

光线与画面相交，光线的透视必指向光线的灭点 F_L，其基透视则指向基灭点 F_l (在视平线 h—h 上)。显然，F_L与F_l 的连线必垂直于视平线，如图 10-13 和图 10-14 所示。

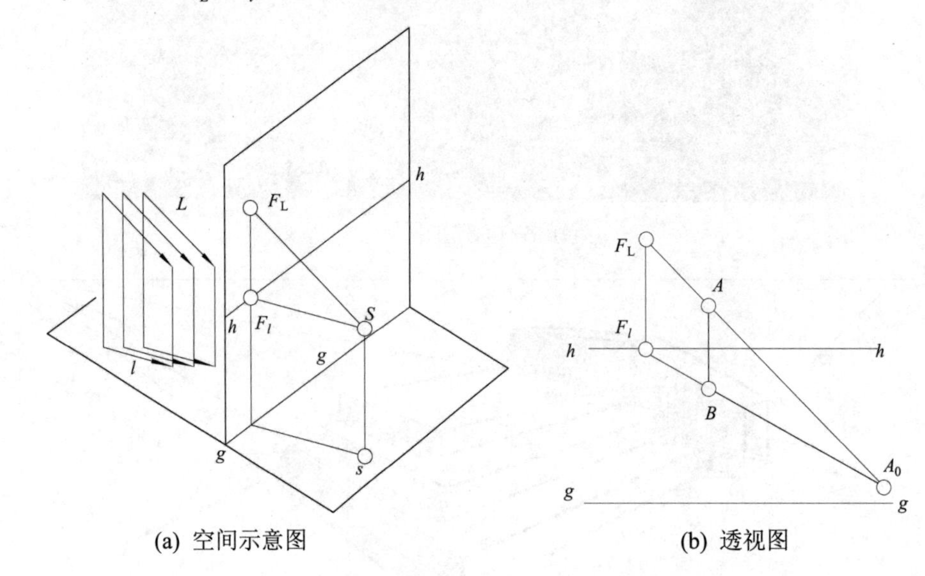

(a) 空间示意图 (b) 透视图

图 10-13 迎面射来的光线下铅垂线在地面的落影

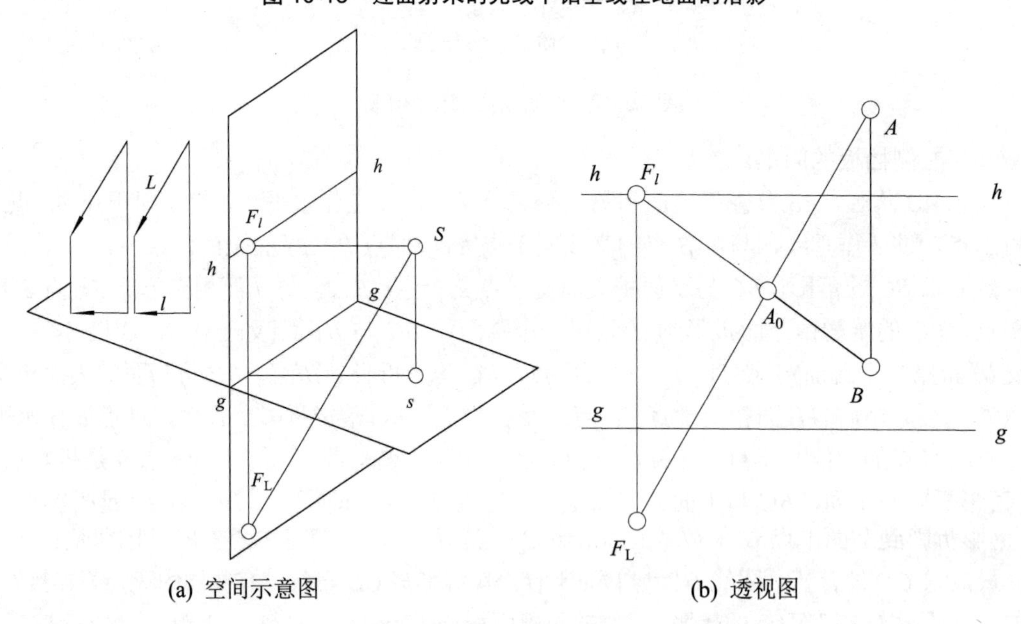

(a) 空间示意图 (b) 透视图

图 10-14 射向画面的光线下铅垂线在地面上的落影

画面相交光线的投射方向，有顺光和逆光之分：当光线自画面后向观察者射来，为逆光，光线的灭点 F_l 在视平线的上方；当光线在观察者身后射向画面时，为顺光，光线的灭

点 F_l 在视平线的下方。

在两种不同方向的与画面相交的平行光线的照射下，立体表面的阴面和阳面会产生相应的变化，如图 10-15 所示。

在图 10-15(a)中，光线从画面前左上方射向观者(顺光)，光线灭点在两主向灭点 F_x、F_y 的外侧，则两个可见的主向立面，一个为阳面，一个为阴面。

在图 10-15(b)中，光线从画面前右上方射向观者(顺光)，光线灭点在两主向灭点 F_x、F_y 之间，则两个可见的主向立面，均为阳面。

在图 10-15(c)中，光线从画面后左上方射向观者(逆光)，光线灭点在两主向灭点 F_x、F_y 的外侧，则两个可见的主向立面，一个为阳面，一个为阴面。

在图 10-15(d)中，光线从画面后右上方射向观者(逆光)，光线灭点在两主向灭点 F_x、F_y 之间，则两个可见的主向立面均为阴面。

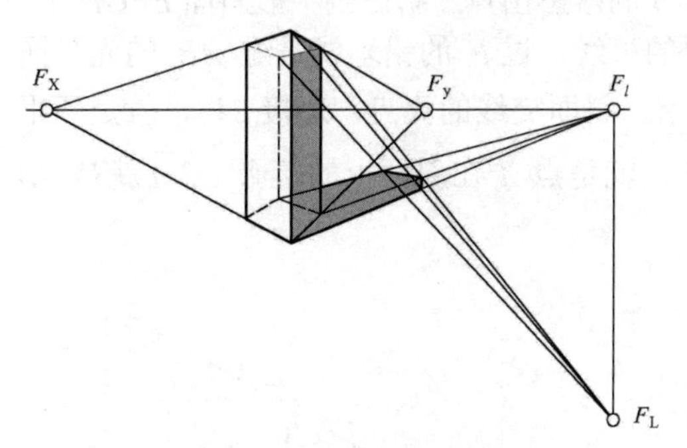

(a) 光线从画面前左上方射向观者

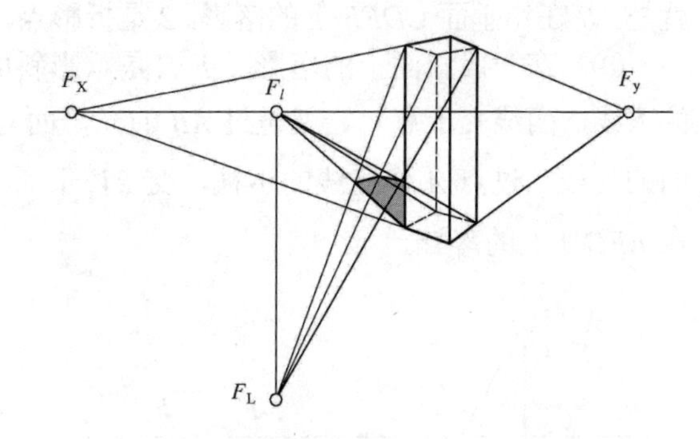

(b) 光线从画面前右上方射向观者

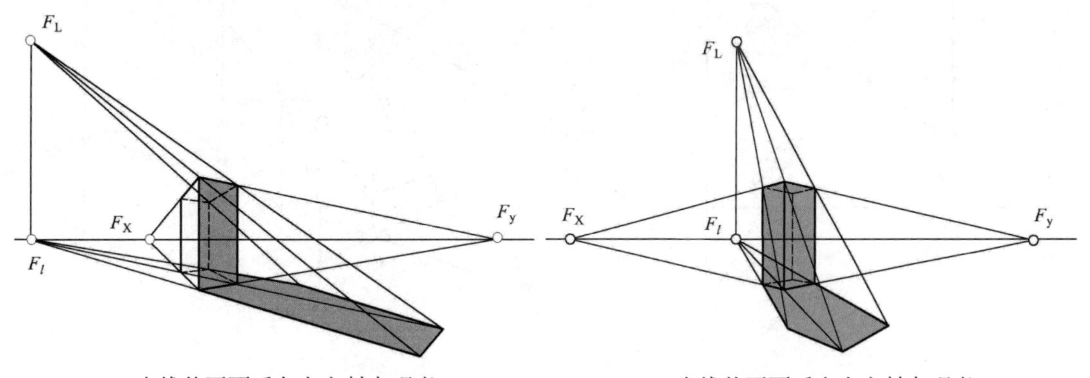

(c) 光线从画面后左上方射向观者　　(d) 光线从画面后右上方射向观者

图 10-15　不同光线下阴面和阳面的变化

在透视阴影的作图实践中，为了追求透视画面的美感，通常会取顺光光线的灭点在立体两主向轮廓线灭点的外侧，以获得一阴一阳的可见立面和向后拓展的落影。

1. 落地铅垂线在基面上的落影

如图 10-16 所示，求落地铅垂线在基面上的落影，重点是求点 A 在基面上的落影，因为 B 点在基面上的落影就是其本身。连接点 A 与 F_L，就是过点 A 的光线的透视，连接点 B

与 F_l，就是过 *A* 点光线的基透视，两直线的交点就是 *A* 点在基面的落影 $\overline{A}$，$B\overline{A}$ 就是落地铅垂线在基面的落影。

2. 铅垂线在各种平面上的落影

如图 10-17 所示，给出了光线的灭点 F_L 及基灭点 F_l，求落地铅垂线 *AB* 在基面、铅垂面和一般斜面上的落影。

① 在基面的落影，*B* 点在基面上，其落影就是其本身，连接 BF_l(过点 *A* 的光线的基透视)，连接 AF_L(过点 *A* 的光线的透视)，BF_l 与 AF_L 的交点就是点 *A* 在基面上的虚影，BF_l 与 *CD* 交于点 *1*，点 *1* 是折影点，*AB* 的落影由点 *1* 折影到铅垂面 *CDEF* 上。

② 在铅垂面 *CDEF* 上的落影，因 *AB* 是铅垂线，过 *AB* 的光平面就是一个铅垂的光平面，与铅垂承影面相交的交线必定是一条铅垂线，所以过 *1* 点作铅垂线，交 *EF* 于点 *2*，*12* 就是 *AB* 在铅垂面 *CDEF* 上的落影，*2* 是折影点，*AB* 的落影由点 *2* 折影到一般斜面 *EFGH* 上。

③ 在一般斜面上的落影。F_xF_1 是承影斜面的灭线，过 F_L 的铅垂线是过 *AB* 的光平面的灭线，两线交于点 V_1，就是过 *AB* 的光平面与承影斜面交线的灭点，连接 $2V_1$，就是两平面的交线，过点 *A* 作光线的透视，交 $2V_1$ 于点 $\overline{A}$，就是点 *A* 在斜面上的落影，$2\overline{A}$ 就是 *AB* 在 *EFGH* 上的落影。

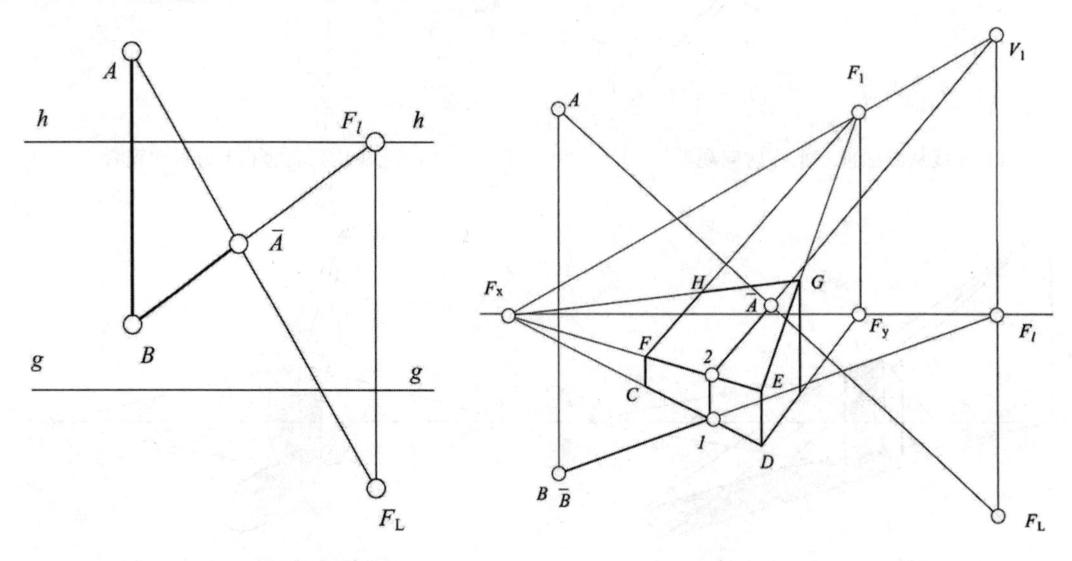

图 10-16 铅垂线在基面上的落影

图 10-17 铅垂线在各种平面上的落影

3. 光线与画面相交时建筑形体的透视

如图 10-18 所示，在从观察者左后上方与画面相交光线的照射下，阴线为 *ABCD* 和 *EFMN*。

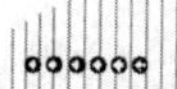

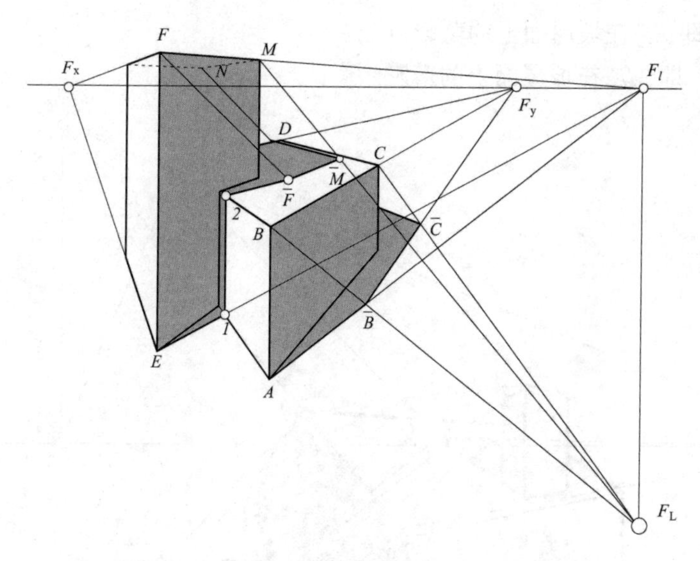

图 10-18　画面相交线下建筑形体的透视阴影

① 先求铅垂线 AB 在地面上的落影，它指向光线的基灭点 F_l。

② 水平线 BC 在地面上的落影与它本身平行，$\overline{B}\,\overline{C}$ 指向 BC 的灭点 F_y。

③ 水平线 CD 在地面上的落影与它本身平行，$\overline{C}\,\overline{D}$ 指向 CD 的灭点 F_x。

④ 求铅垂线 EF 的落影，它的落影先后落到地面、前端建筑的左墙面和屋面。EF 在地面上的落影指向 F_l，1 是折影点；EF 的落影折影到前面建筑的左墙面上，因墙面为铅垂面，EF 在此面上的落影也必为铅垂线，过点 1 作铅垂线，2 是折影点；EF 的落影折影到低屋面上，屋面为水平面，EF 在屋面上的落影指向 F_l。

⑤ 求 FM 的落影，FM 落影于低屋面，其落影与其本身平行，指向灭点 F_y。

⑥ 求 MN 的落影，MN 落影于低屋面，其落影与其本身平行，指向 MN 的灭点 F_x。

如图 10-19 所示，求双坡屋顶房屋透视图的阴影。

在如图所示的光线的照射下，房屋的阴线为 AB、BC、CD 以及 D 所在的屋檐线；烟囱的阴线为 EF、FM、MK。

① 先求铅垂线 AB 在地面上的落影，AB 在地面上的落影指向 F_l，连接 BF_L 与 AF_l 相交于点 $\overline{B}$，即 B 点在地面的落影；利用同样的方法，可求得 C 点及 D 点在地面的落影 $\overline{C}$、$\overline{D}$，连接 $\overline{B}\,\overline{C}$、$\overline{C}\,\overline{D}$，即 BC、CD 在地面的落影；D 所在的屋檐线在地面上的落影与其本身平行，有共同的灭点 F_x，所以连接 $\overline{D}\,F_x$，就可求得屋檐线在地面上的落影。

② 然后求烟囱的阴线落影。

阴线为 EF、FM、MK。

F_1F_x 承影面坡屋面的灭线，F_LF_y 为含 FM 线的光平面的灭线，两线交于点 V_1，即过 FM 点的光平面与承影面的交线的灭点；延长 FM 和 EN，交于点 1，点 1 就是 FM 与坡屋面的交点，连接点 1 与 V_1，就是 FM 在坡屋面上落影所在的直线，连接 FF_L、MF_L，与 $1V_1$ 的延长线交于点 $\overline{F}$、$\overline{M}$，$\overline{FM}$ 即为 FM 在坡屋面上的落影。

连接$E\overline{F}$，即EF在坡屋面上的落影。

连接$\overline{M}\ F_x$，即MK在坡屋面上的落影。

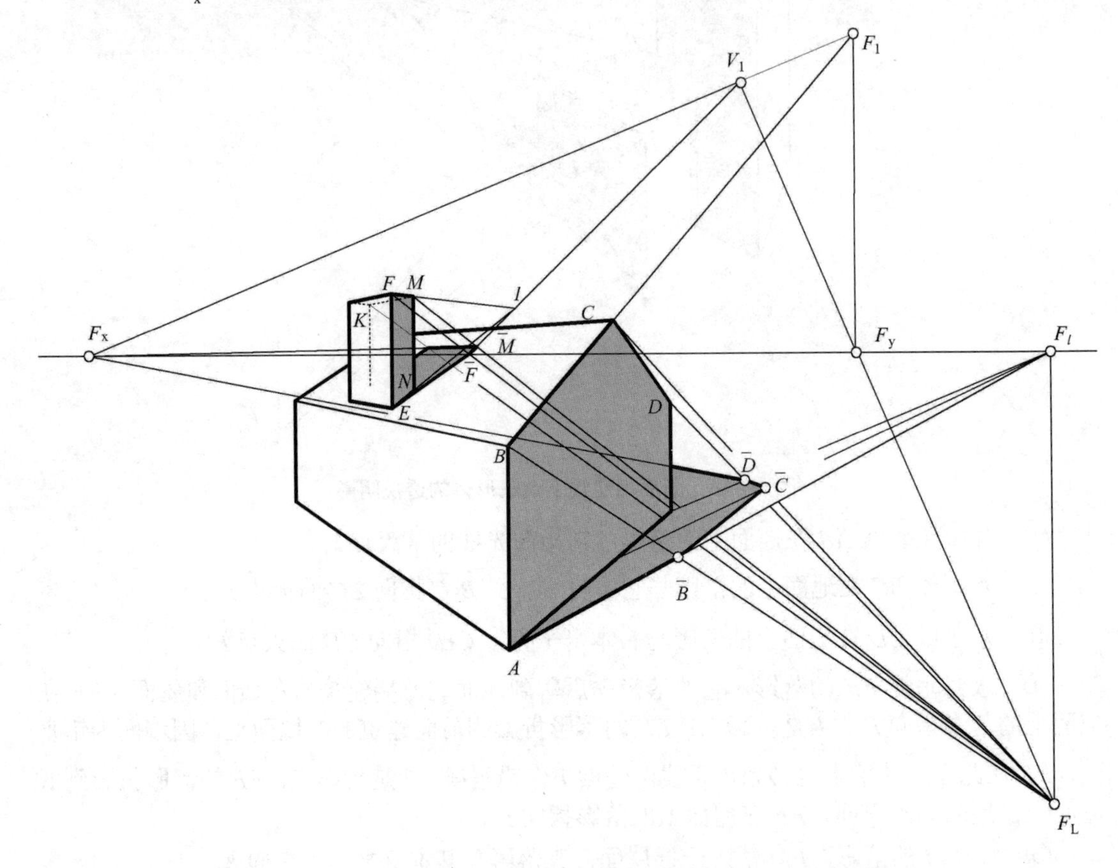

图 10-19　双坡屋顶的透视阴影

10.3　轴测图中的阴影

轴测图中的阴和影，同透视图中的阴和影一样，是在完成的建筑轴测图上，根据光线的照射方向，加绘出阴影的轴测图。

轴测图是在单一投影面上形成的平行投影，在建筑制图中，常用的有正等轴测图(投影面为正立投影面或正平面)、斜二测轴测图(投影面为正立投影面或正平面)、水平斜等测轴测图(投影面为水平投影面)。

注：为了叙述简明起见，对“形体的轴测投影”和“阴影的轴测投影”等用词，在不致引起误解的情况下，就略去“轴测投影”四字，同时，对点和直线的轴测投影直接以字母标记，点和线的落影则用字母加角标(表示承影面的字母)来标记，如A_p表示A点在P面上的落影。

为了绘图方便，在轴测图中绘制阴影时，我们选用的光线仍然是平行光线，光线的轴测投影与水平面的倾斜角度为 45°，光线的水平投影线在轴测投影面上的投影可选为水平方向的角度，或与水平方向成一定斜角。

1. 点的落影

一点在承影面上的落影为一点，该落影实际就是通过此点的光线与承影面的交点。

点在地面(水平投影面)上的落影。

图 10-20 所示为空间一点的轴测投影 A 和点在地面上的水平投影点的轴测投影 a，在轴测图中过点 A 作光线的轴测投影 S，过点 a 作光线的水平投影的轴测投影 s，S 和 s 相交，交点 A_h 就是点 A 在地面上的落影。

在正等测轴测图中绘制阴影时，光线的轴测投影与水平面的倾斜角度为 45°，光线的水平投影线在轴测投影面上的投影选为水平方向的角度，如图 10-20 所示。

在正面斜二测图中绘制阴影时，因形体的正面平行于轴测投影面，其正面的轴测投影反映实形，水平方向的轮廓线的轴测投影也为水平方向，其光线的轴测投影与水平方向成 45°角，而光线的水平投影线的轴测投影则选择与水平方向成一定角度(可选用 15°)，如图 10-21 所示。

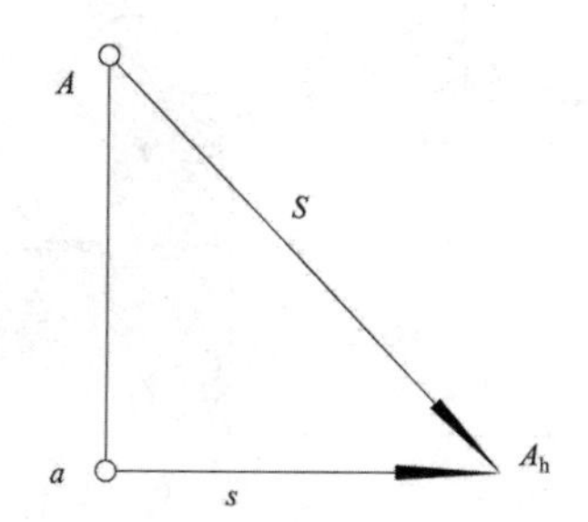

图 10-20　正等轴测图中点的落影

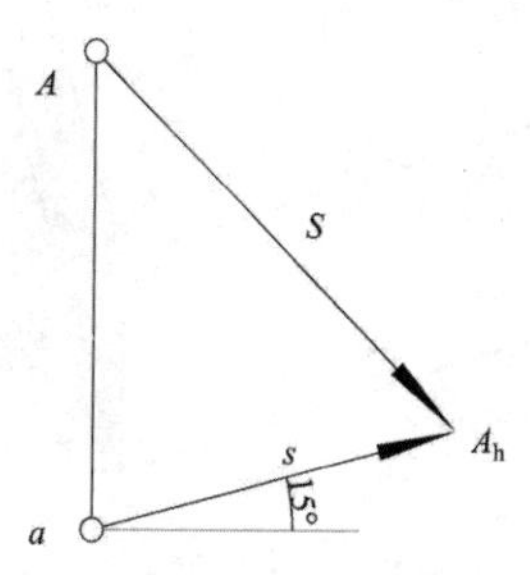

图 10-21　正面斜二测轴测图中点的落影

2. 基本几何体的落影

图 10-22 所示为一个棱柱体的正轴测投影，图 10-23 所示为一个棱柱体的斜二测轴测投影，分别求它们在地面上的落影。

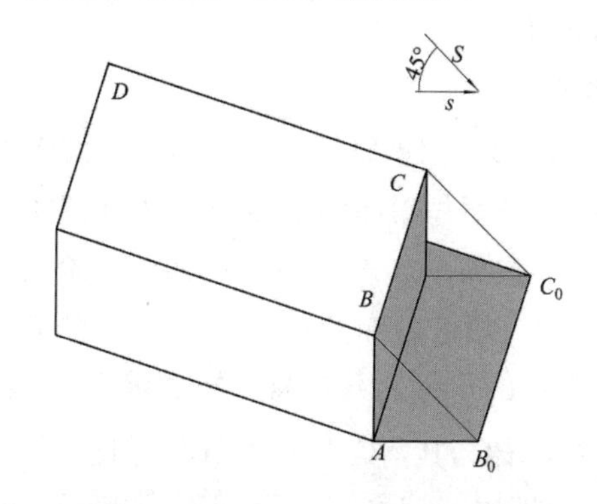

图 10-22　棱柱体的正等测轴测阴影

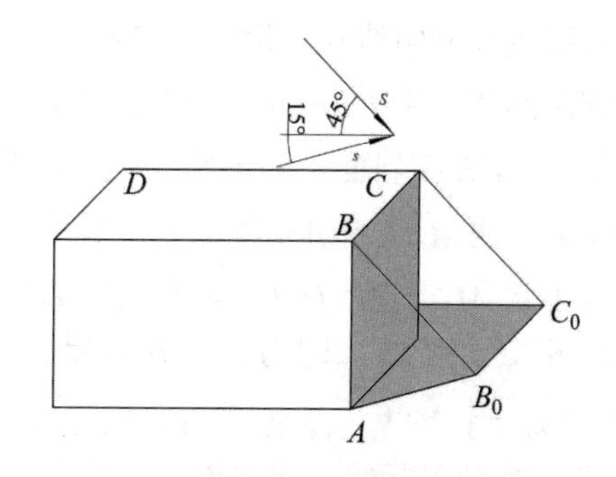

图 10-23　棱柱体的斜二测轴测阴影

如图 10-22 所示，在光线的照射下，AB、BC、CD 为可见的阴线，三条阴线均落影于地面上，铅垂线 AB 的落影为与光线水平投影一致的水平线，BC 和 CD 均和承影面地面平

行，根据直线落影的平行规律，其落影和其本身平行。

图 10-23 所示为四棱柱的斜二测投影，因有水平方向的形体轮廓线，所以选择光线的水平投影线的轴测投影为与水平线成 15° 的直线，其他均同 10-22 中的落影。

3. 几何组合体的落影

如图 10-24 所示，正等测轴测图阴影的绘制，光线的水平投影线在轴测投影面上的投影选为水平方向的角度，光线的轴测投影与水平线成 45° 角。

如图 10-25 所示，斜二测轴测图阴影的绘制，光线的水平投影线在轴测投影面上的投影选为与水平线成 15° 的直线，光线的轴测投影与水平线成 45° 角。

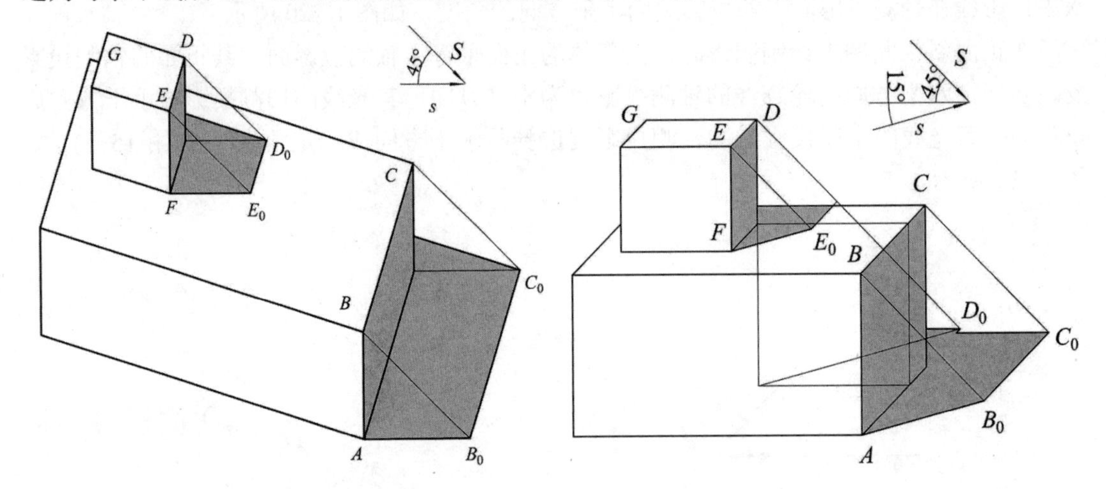

图 10-24 组合体的正等测轴测阴影　　图 10-25 组合体的斜二测轴测阴影

如图 10-26 所示，水平斜等测轴测图阴影的绘制，光线的水平投影线在轴测投影面上的投影选为水平方向的角度，光线的轴测投影与水平线成 45° 角。

4. 建筑形体的落影

图 10-27 所示为双坡屋面的阴影，其作图步骤如下。

双坡屋面的阴线在地面上的落影同前，此处省略。

烟囱的阴线为 *DEFGH*，首先求 *DE* 在坡屋面的落影，因承影面是一般斜面，落影不能直接求出，*DE* 在斜面上的落影，必定落在过 *DE* 的光平面与斜面的交线上，过 *D* 点作水平面 $D\,\mathrm{I}\,\mathrm{II}$，再自 *D* 点引光线的水平投影与 $\mathrm{I}\,\mathrm{II}$ 相交于点 *m*，从点 *m* 向上作垂线，交 *AB* 的延长线于点 *M*，连接 *DM*，即为包含 *DE* 作的光平面与承影斜面的交线，过点 *E* 的光线 *L* 与 *DM* 相交于点 E_0，即为 *E* 点在坡屋面的落影，*D* 点的落影为其本身；然后求 *EF* 在斜面上的落影，因 *EF* 与承影面平行，根据直线落影平行规律，其落影与其本身平行且等长，过点 E_0 作 *EF* 的平行线，取 $E_0F_0 = EF$，E_0F_0 为 *EF* 在坡屋面的落影；*GF* 的落影同 *EF* 的落影，$G_0F_0 \underline{/\!/} GF$；*H* 的落影为其本身，连接 HG_0，即为 *HG* 在坡屋面的落影。

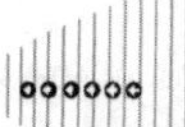

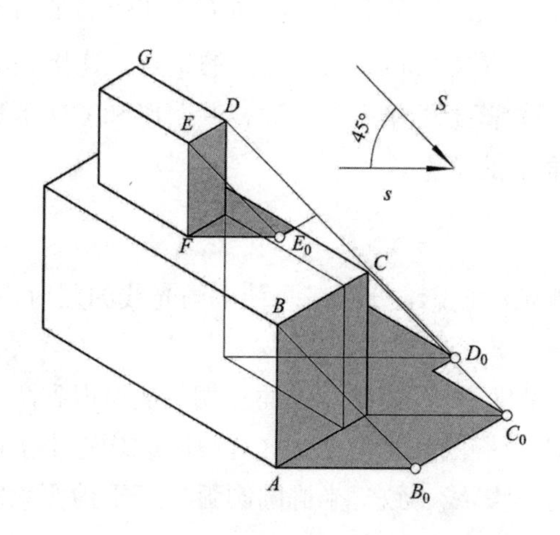

图 10-26　组合体的水平斜等测轴测阴影

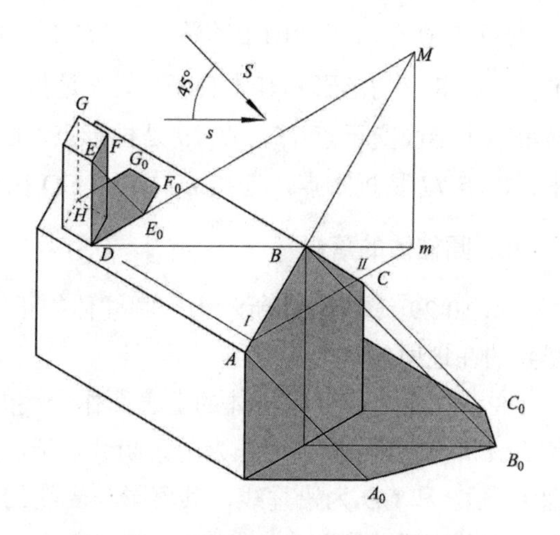

图 10-27　双坡屋面的正等测轴测阴影

5. 台阶的落影

图 10-28 所示为一台阶和挡墙的正轴测投影，求其在地面和墙面上的落影。

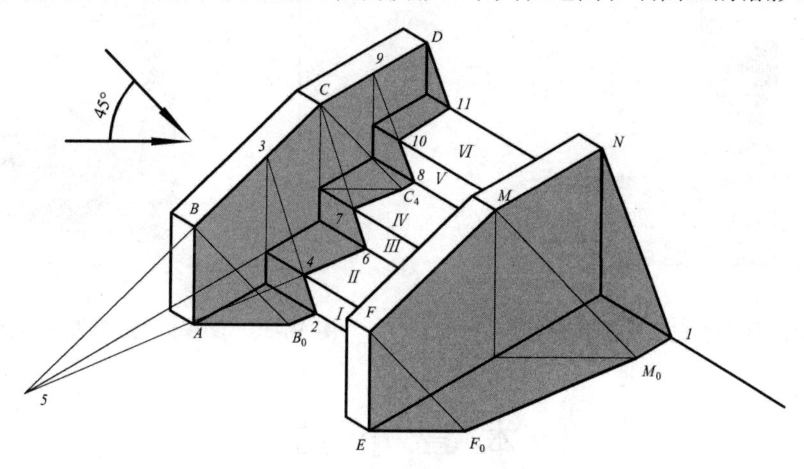

图 10-28　台阶正等测轴测阴影

在如图 10-28 所示光线的照射下，阴线为 *AB*、*BC*、*CD* 以及 *EF*、*FM*、*MN*，*EF* 落影于地面上，为一段水平线，*FM* 也落影于地面上，可以求点 *M* 的落影，连接 F_0M_0，即为 *FM* 的落影，*MN* 落影于地面和墙面，*MN* 和承影面地面平行，其落影和其本身平行，*1* 为折影点，连接 *N1* 即为 *MN* 在墙面的落影。

AB 落影于地面上，为一段水平线；*BC* 落影于地面和台阶第一、二个踏步的踢面和踏面，首先落影于地面，因 *BC* 和 *FM* 平行，所以其落影也互相平行，过 B_0 作直线平行于 $F_0\ M_0$，与第一个踢面交于点 *2*，*2* 为折影点，*3* 为 *BC* 与第一个踢面的交点，连接 *23*，与第一个踏面相交于点 *4*，点 *4* 为折影点，点 *5* 为 *BC* 与第一个踏面的交点，连接 *45*，与第二个踢面交于点 *6*，点 *6* 为折影点，*C* 为 *BC* 与第二个踢面的交点，连接 *6C*，与第二个踏面交于点 *7*，点 *7* 为折影点，*BC* 开始落影于第二个踏面，在第二个踏面上的落影与在地面上的落影平行，

C_4为点 *C* 在第二个踏面上的落影；*CD* 有一段落影于第二个踏面上，因 *CD* 和第二个踏面平行，在其上的落影和其本身平行，*8* 是折影点，*9* 是 *CD* 和第三个踢面的交点，连接 *89*，与第三个踏面交于点 *10*，点 *10* 是折影点，*CD* 开始落影于第三个踏面，其落影和 *CD* 本身平行，点 *11* 是折影点，连接 *D11*，即 *CD* 在墙面上的落影。

6. 圆柱体的落影

图 10-29、图 10-30 所示为一圆柱体的正等测轴测投影，分别在两种不同光线的照射下，得到的在地面的落影。

首先，用光线在圆柱体的上表面作光线的水平投影 *s*，使其与顶面相切，从而得到两个切点 *A* 和 *C*，则 *AB* 和 *CD* 为两条阴线，顶面的右半椭圆弧为阴线，这几段阴线均落影于地面上，*AB* 和 *CD* 为铅垂线，其落影与光线的水平投影线一致，半椭圆圆弧平行于地面承影面，其落影反映实形。

与图 10-29 相比，图 10-30 更接近实际。

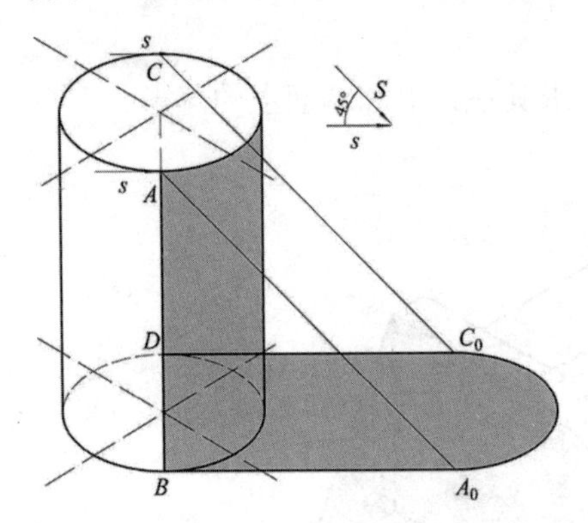

图 10-29　圆柱体的正等测轴测阴影(1)

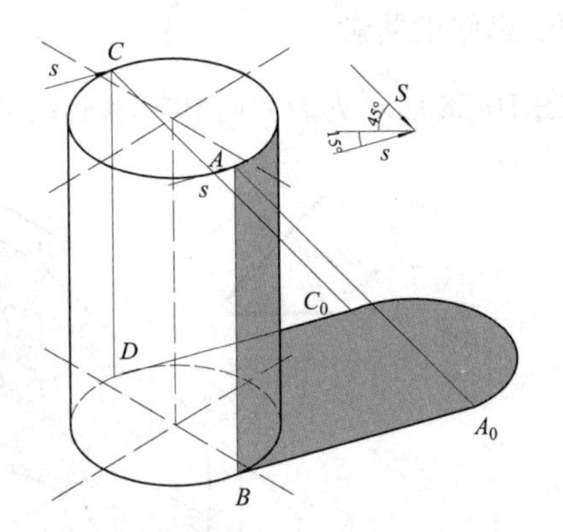

图 10-30　圆柱体的正等测轴测阴影(2)

本 章 小 结

本章主要通过案例讲解了如何在轴测图和透视效果图中直接加绘阴影。

知 识 拓 展

受光面和暗面的退晕问题

通过生活中的观察，我们可以发现受光面和阴影并不是明暗均匀的，它们受各种环境条件的影响会产生明暗上的退晕。画建筑效果图时，合理地运用退晕效果，会取得更好的空间感、高度感和距离感，使建筑与环境和谐统一，具体如图 10-31 所示。

1. 反光产生的退晕

光线反射后所经距离不同，产生的亮度不同，反射光的亮度与距离成反比。

2. 透视所产生的退晕

连续的有规则的凹凸面在透视上所显露的阴影面和亮面的变化，可以产生退晕效果。

图 10-31　退晕效果

3. 距离所产生的退晕

因大气中存在水汽与尘埃，所以物体的暗部的深度与清晰度和距离成反比。

思考与练习

1. 求指示牌在平行画面的平行光线照射下的阴影。

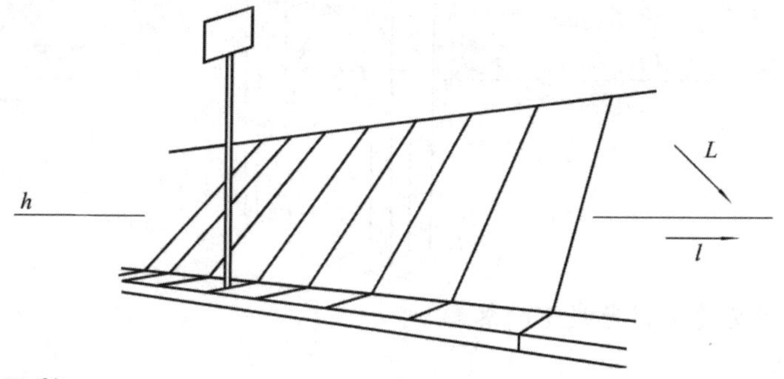

2. 求台阶的阴影。

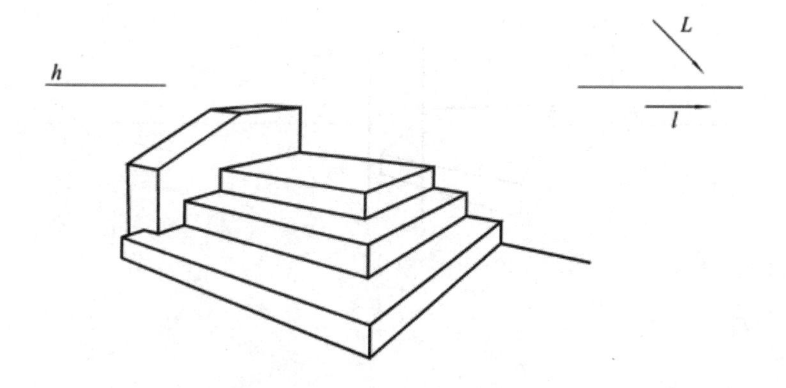

3. 求房屋的阴影。

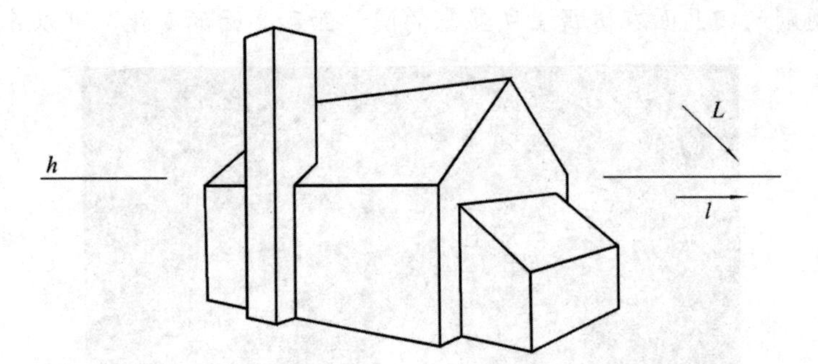

4. 求房屋的阴影。

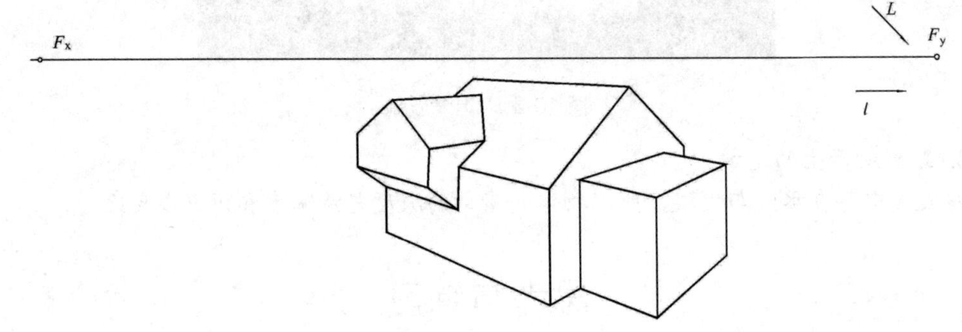

5. 求拱门的阴影。

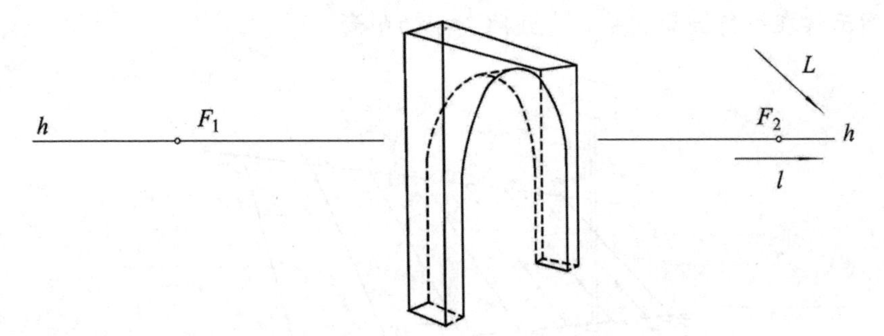

6. 求与画面斜交的平行光线下的落影。

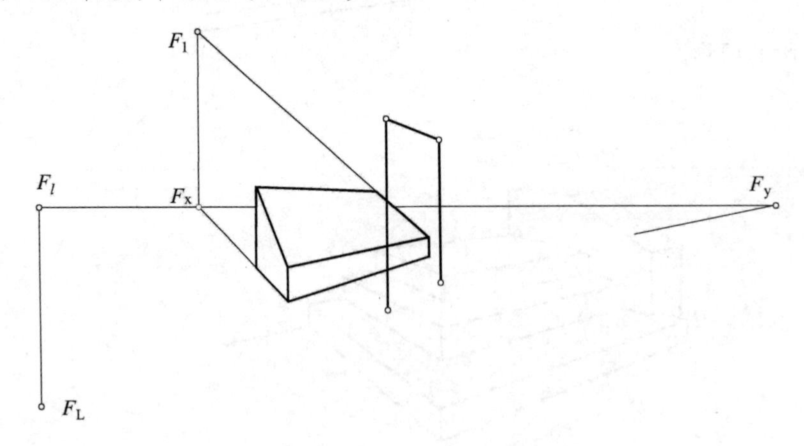

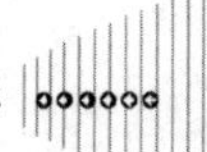

7. 求与画面斜交的平行光线下的落影。

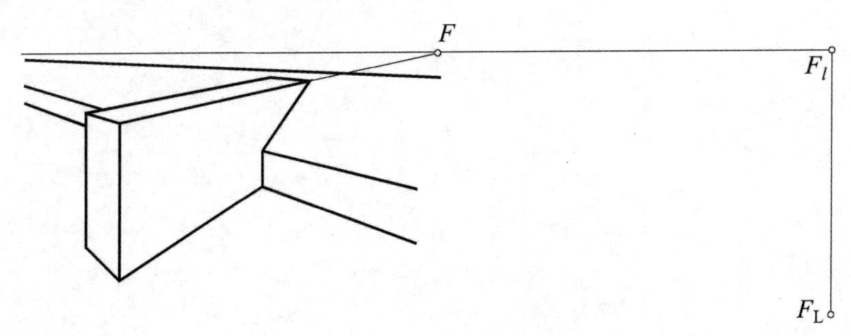

8. 求房屋的阴影。

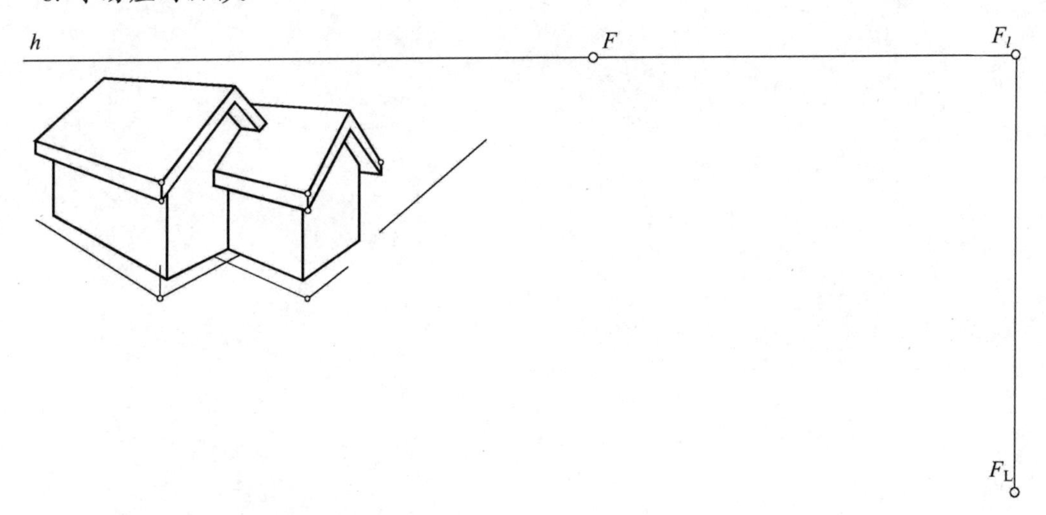

9. 求房屋一角的阴影。

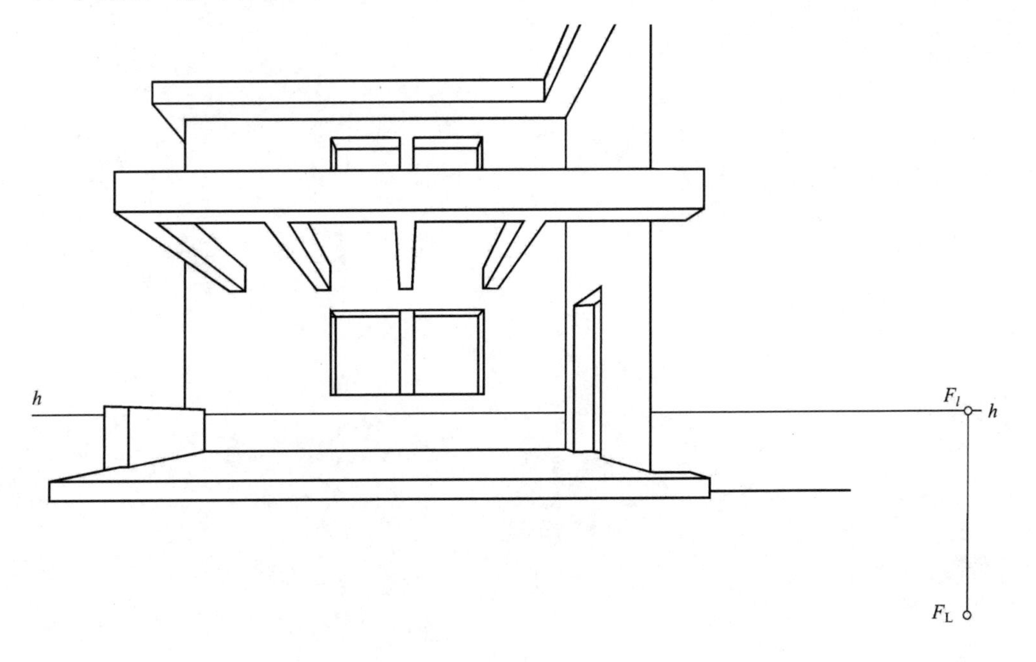

附录　阴影透视实例

A.1　某办公楼设计阴影透视实例

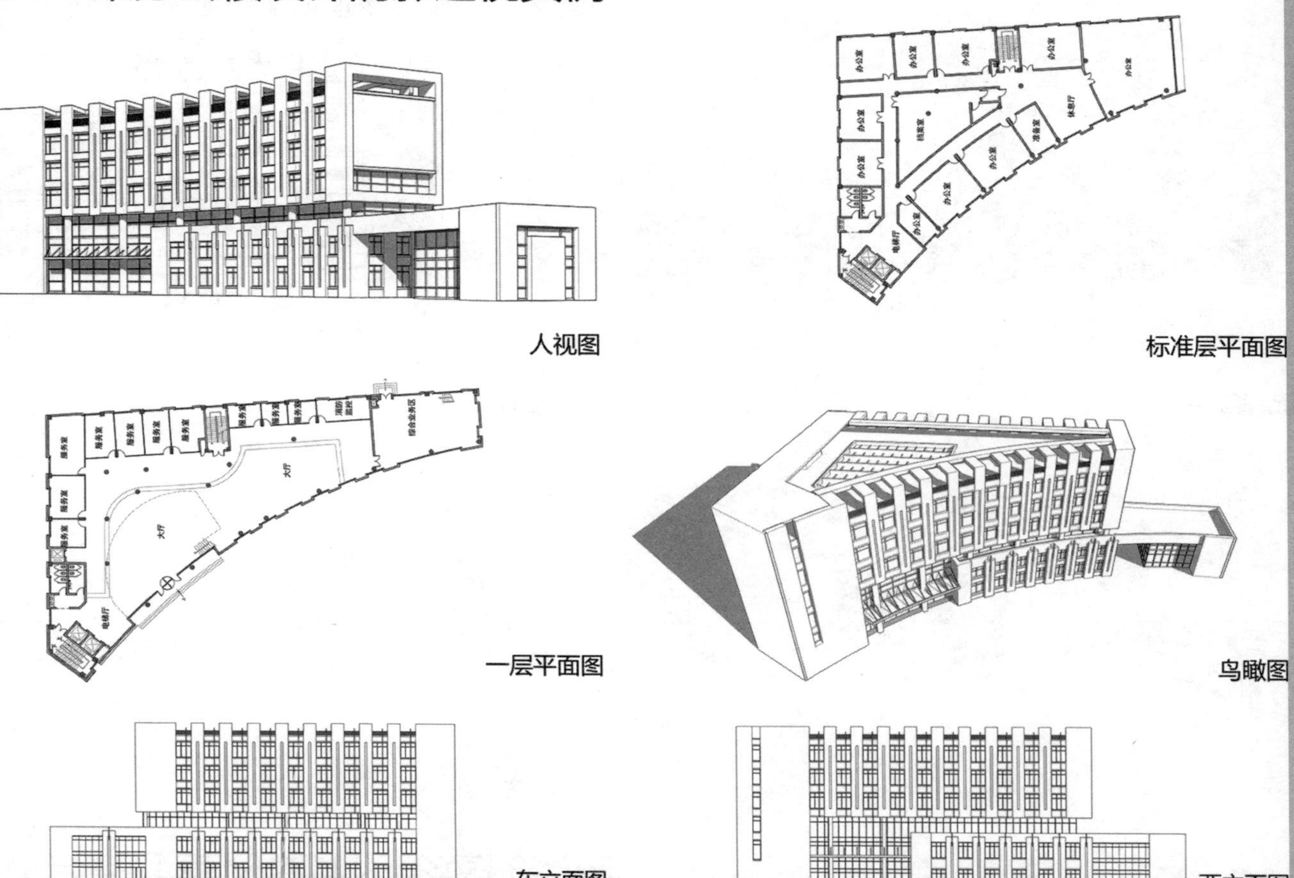

人视图

标准层平面图

一层平面图

鸟瞰图

东立面图

西立面图

A.2 某餐厅室内设计阴影透视实例

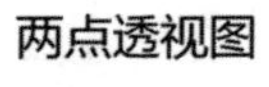

两点透视图

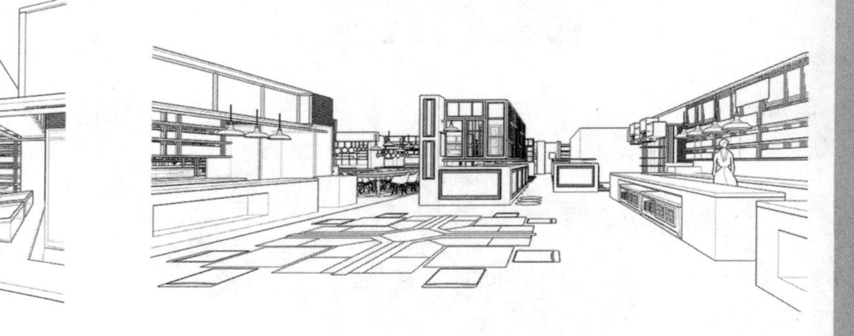

一点透视图

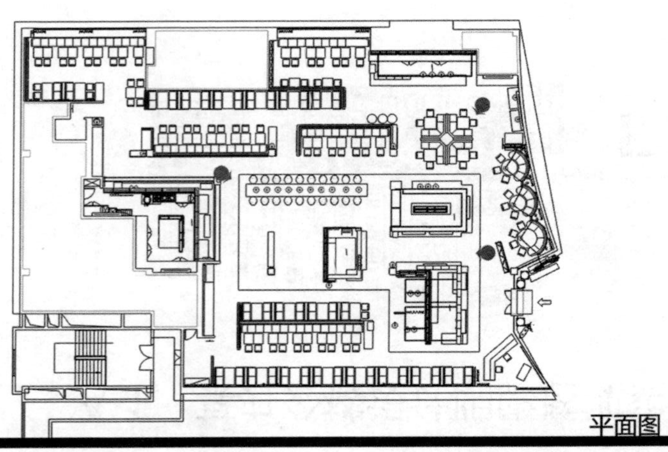

平面图

两点透视图

A.3 某室内设计阴影透视实例

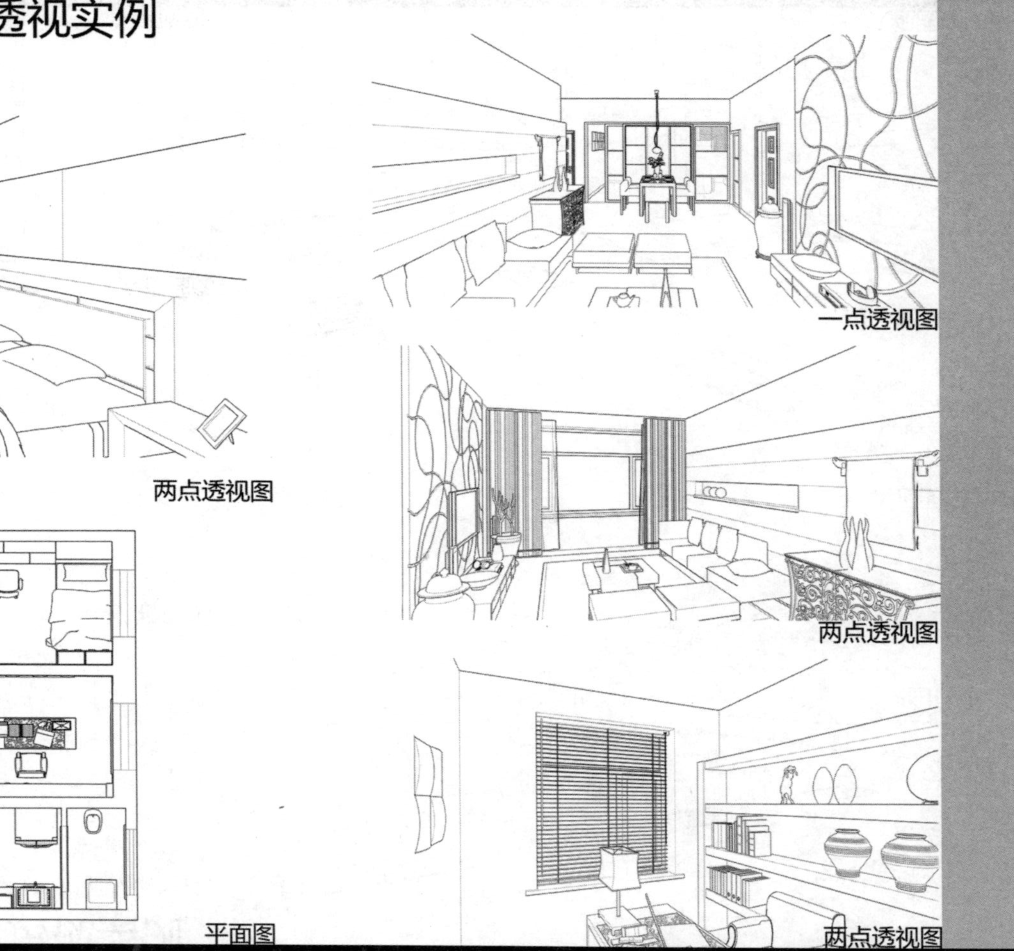

两点透视图

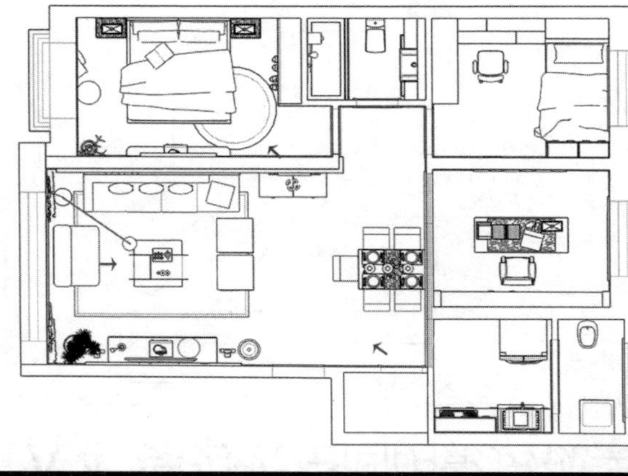

平面图

一点透视图

两点透视图

两点透视图

A.4 某办公空间阴影透视实例

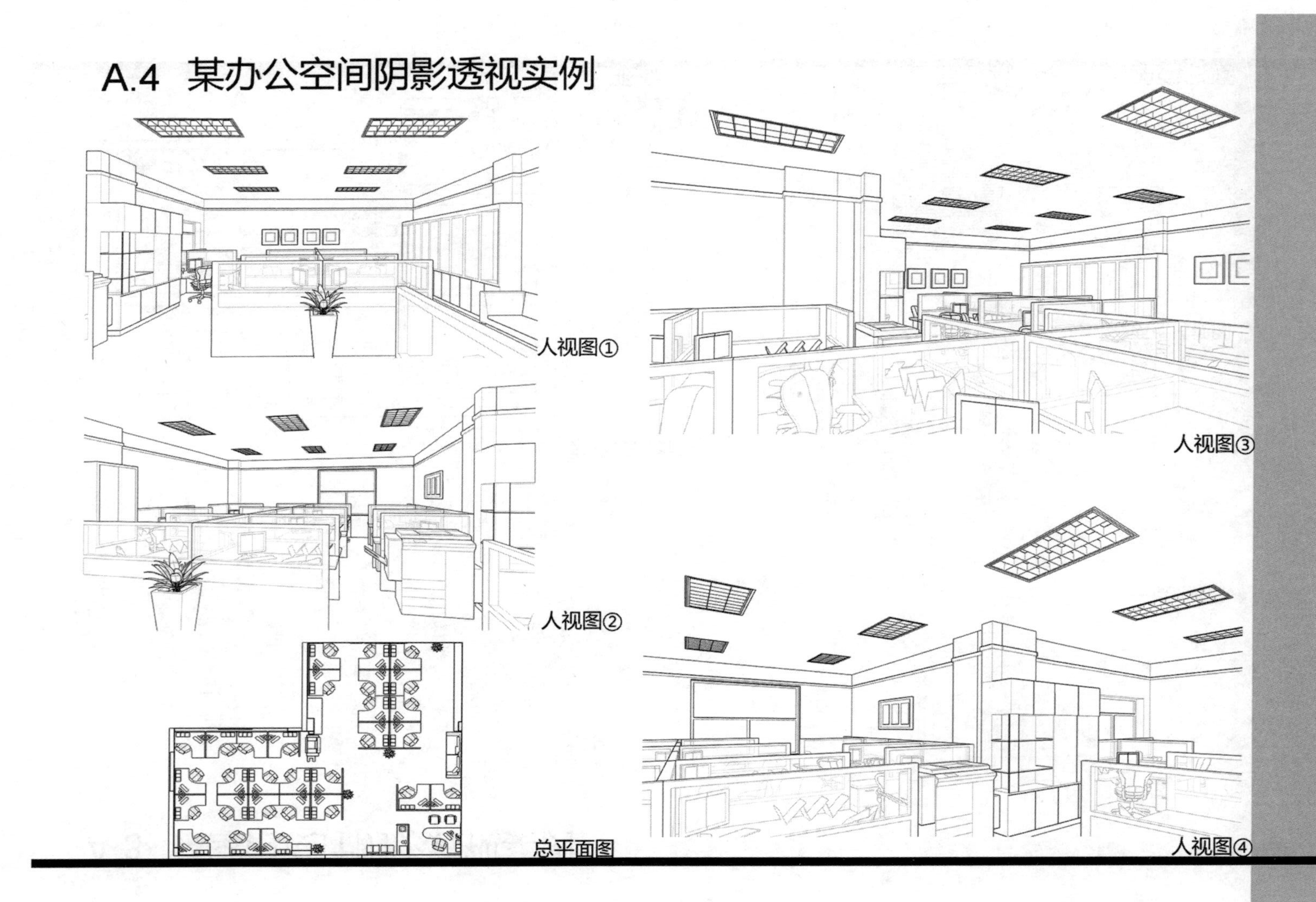

A.5　某别墅设计阴影透视实例

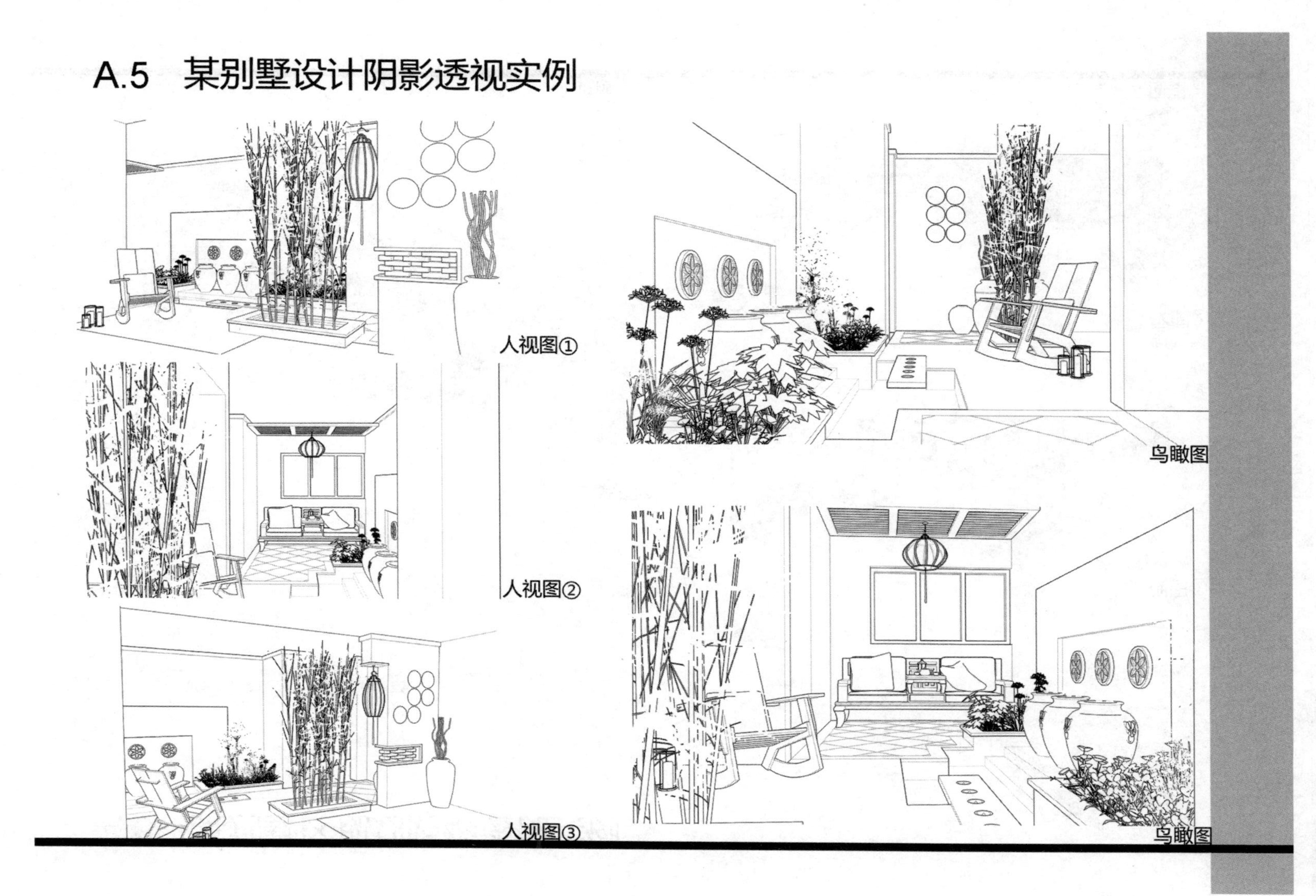

人视图①

人视图②

人视图③

鸟瞰图

鸟瞰图

A.6 某别墅区规划阴影透视实例

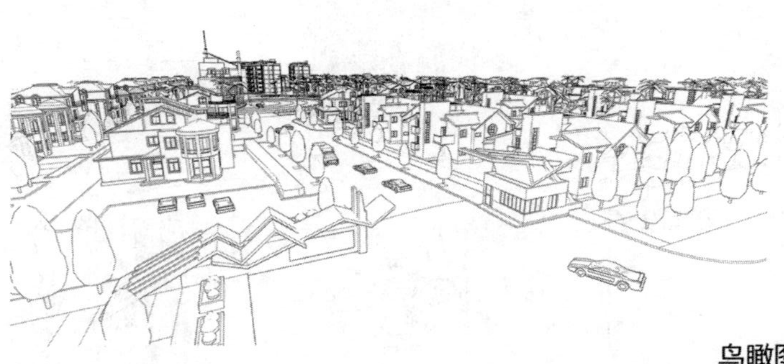

鸟瞰图①

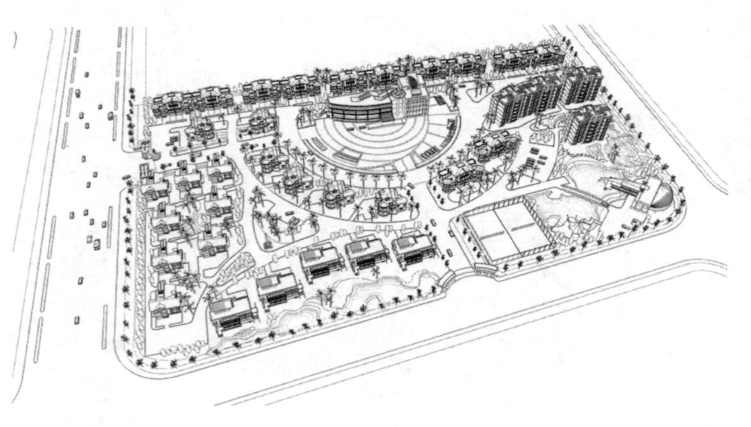

鸟瞰图②

人视图①

人视图②

人视图③

A.7 某餐厅设计阴影透视实例

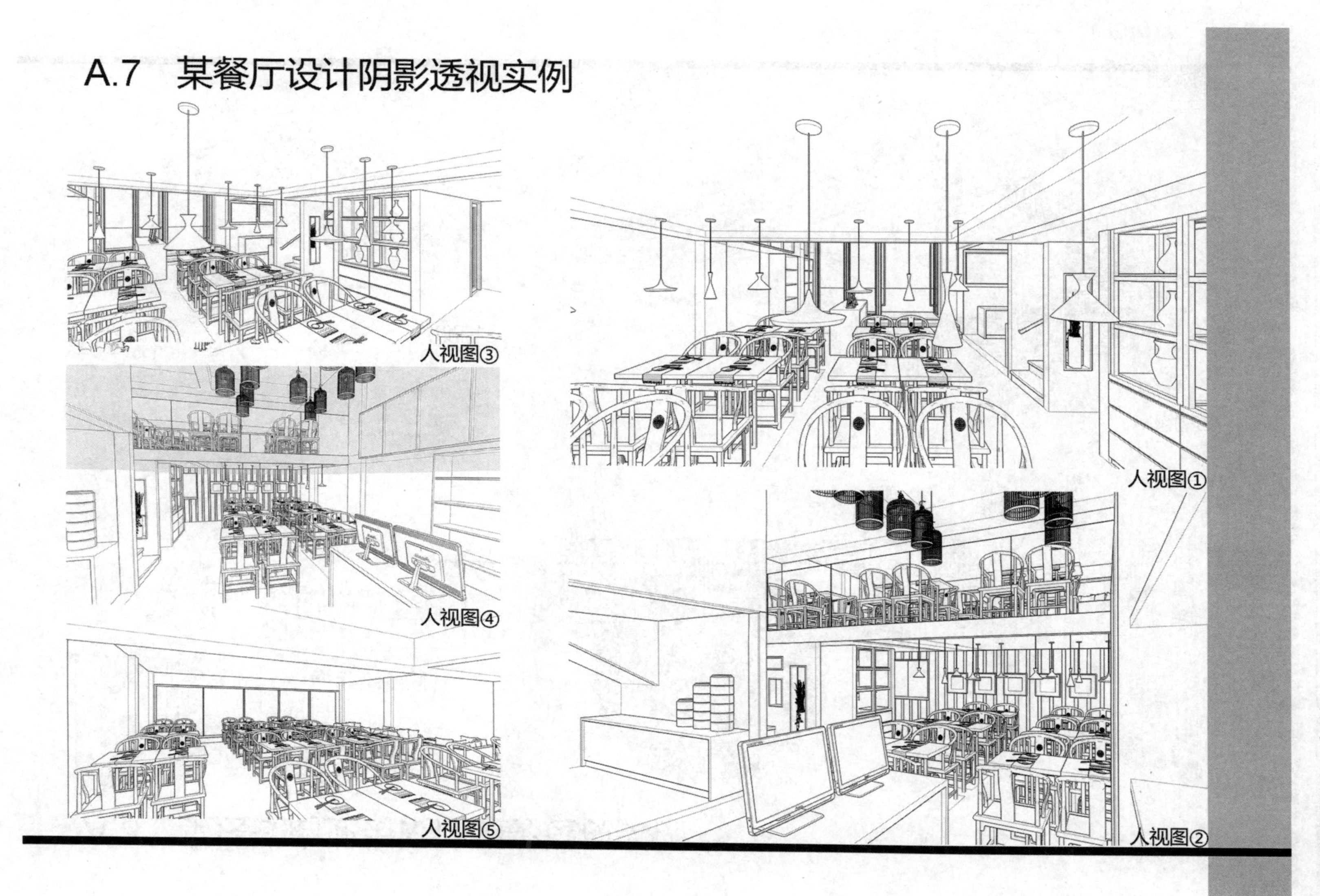

人视图①

人视图②

人视图③

人视图④

人视图⑤

A.8 某法式商业街设计阴影透视实例

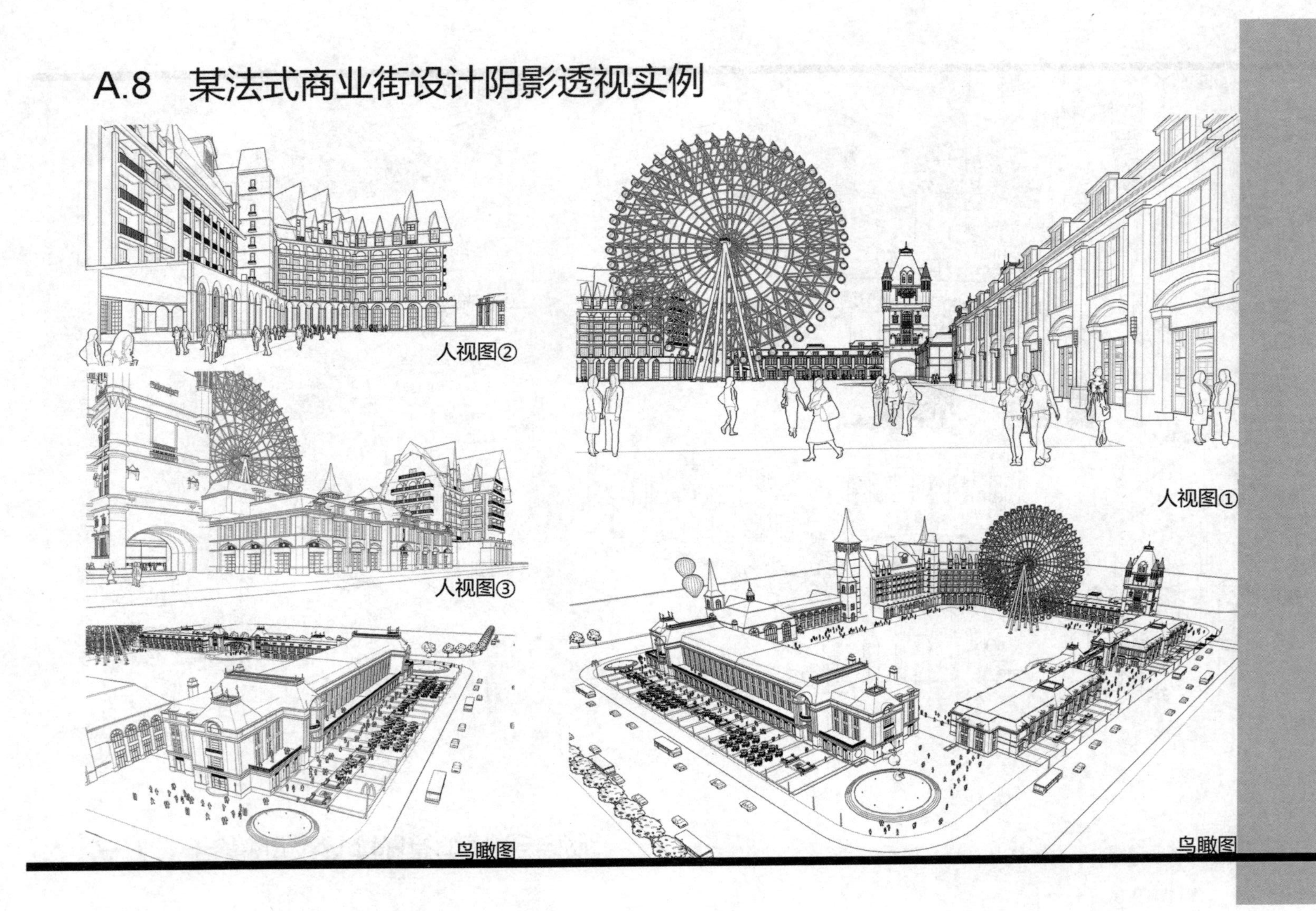

A.9 某小区规划阴影透视实例

总平面图

人视图①

人视图②

乌瞰图

人视图③

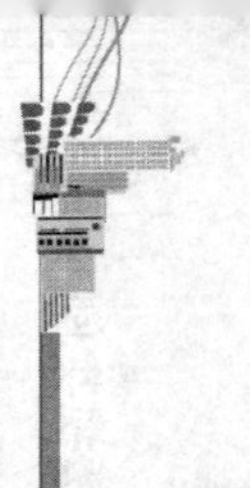

A.10 某工厂设计阴影透视实例

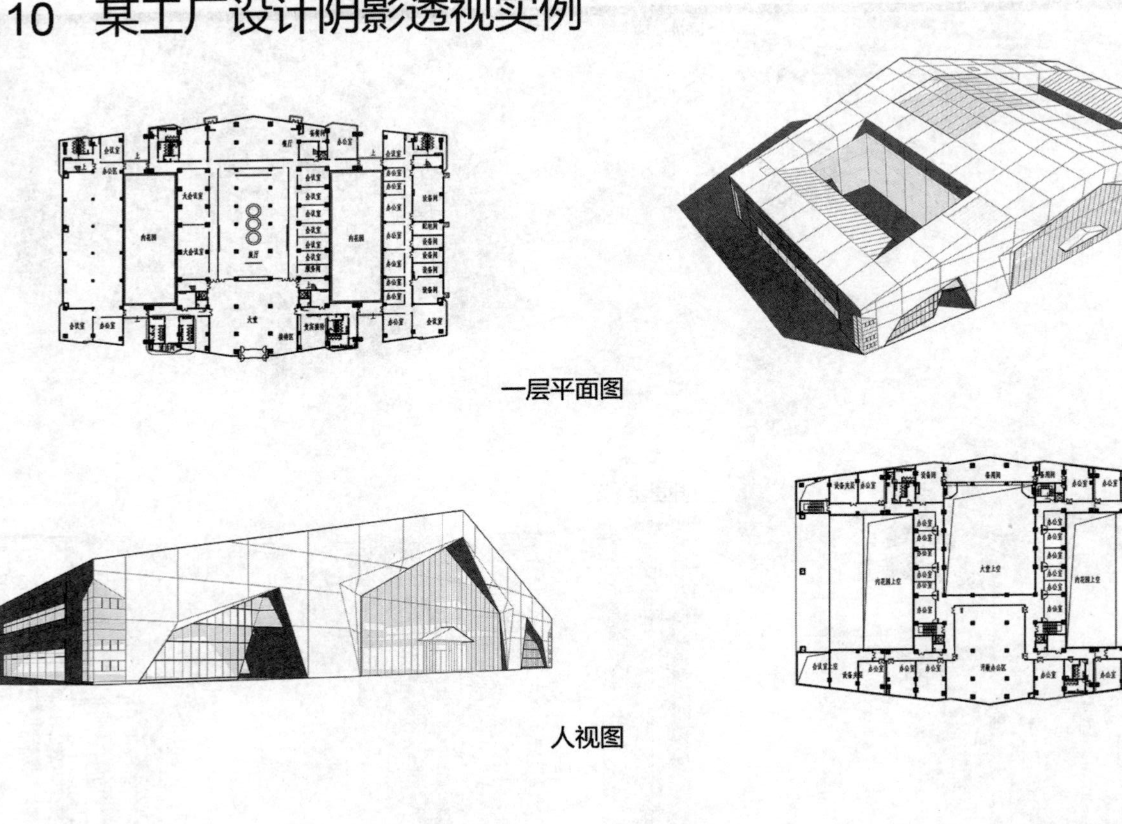

A.11 某柜台设计阴影透视实例

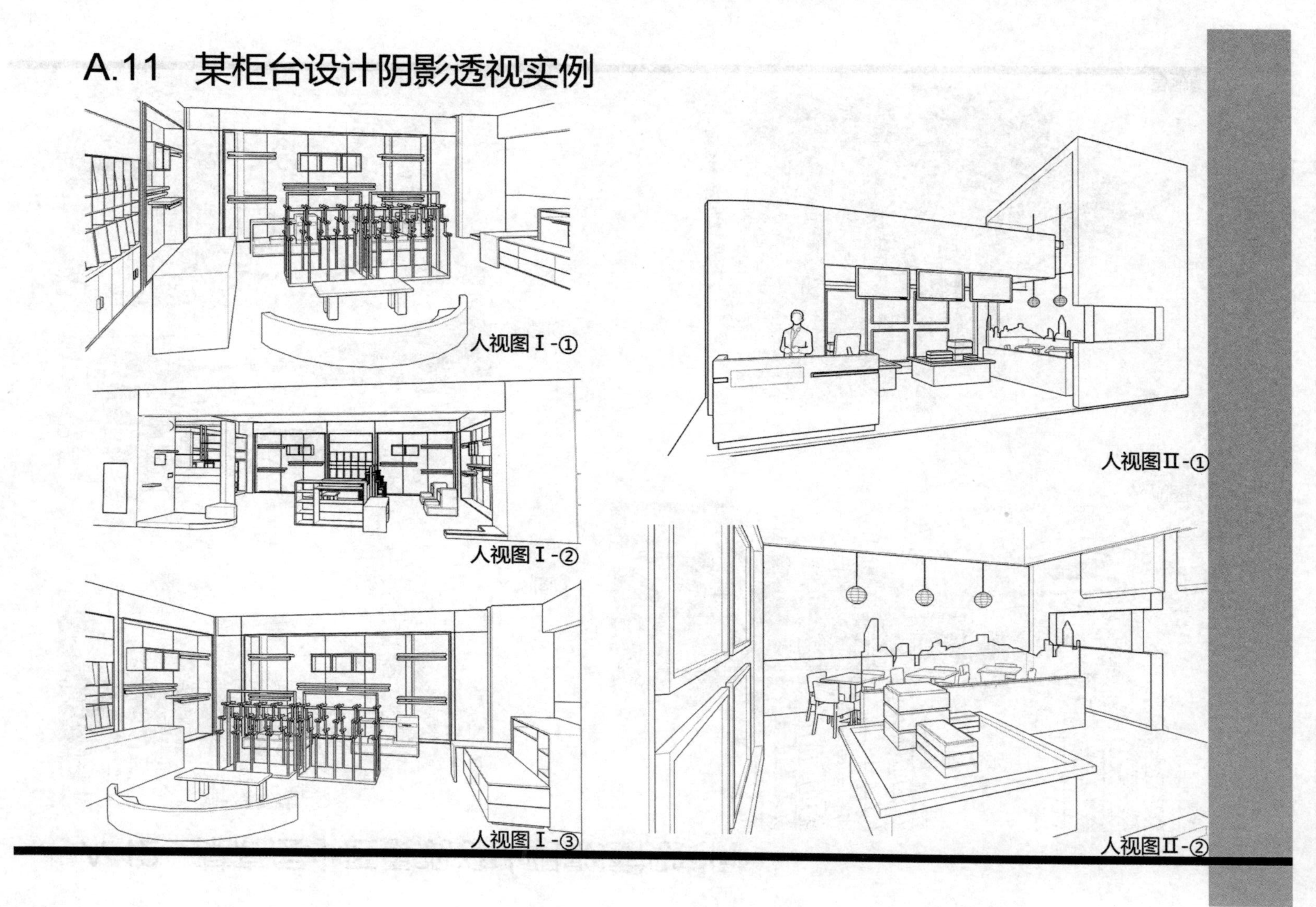

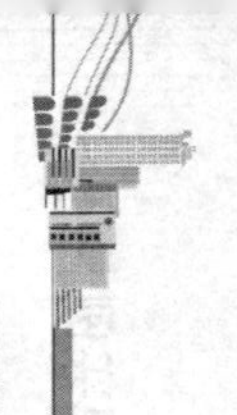

A.12 某高层小区景观设计阴影透视实例

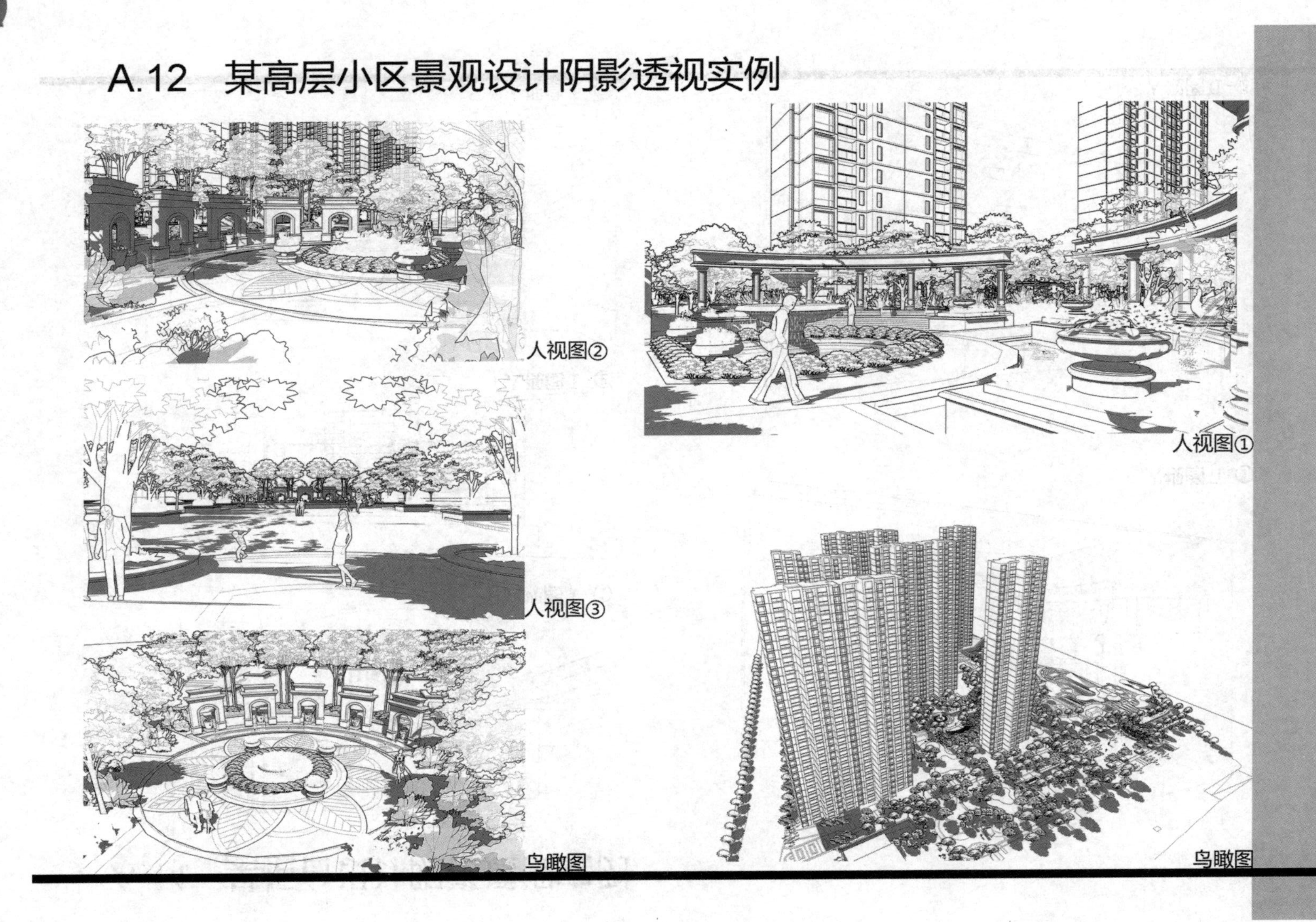

A.13 某汽车站设计阴影透视实例

人视图

标准层平面图

一层平面图

人视图

北立面图

西立面图

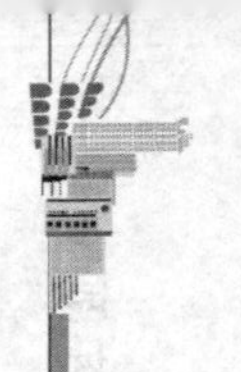

A.14 某商业广场设计阴影透视实例

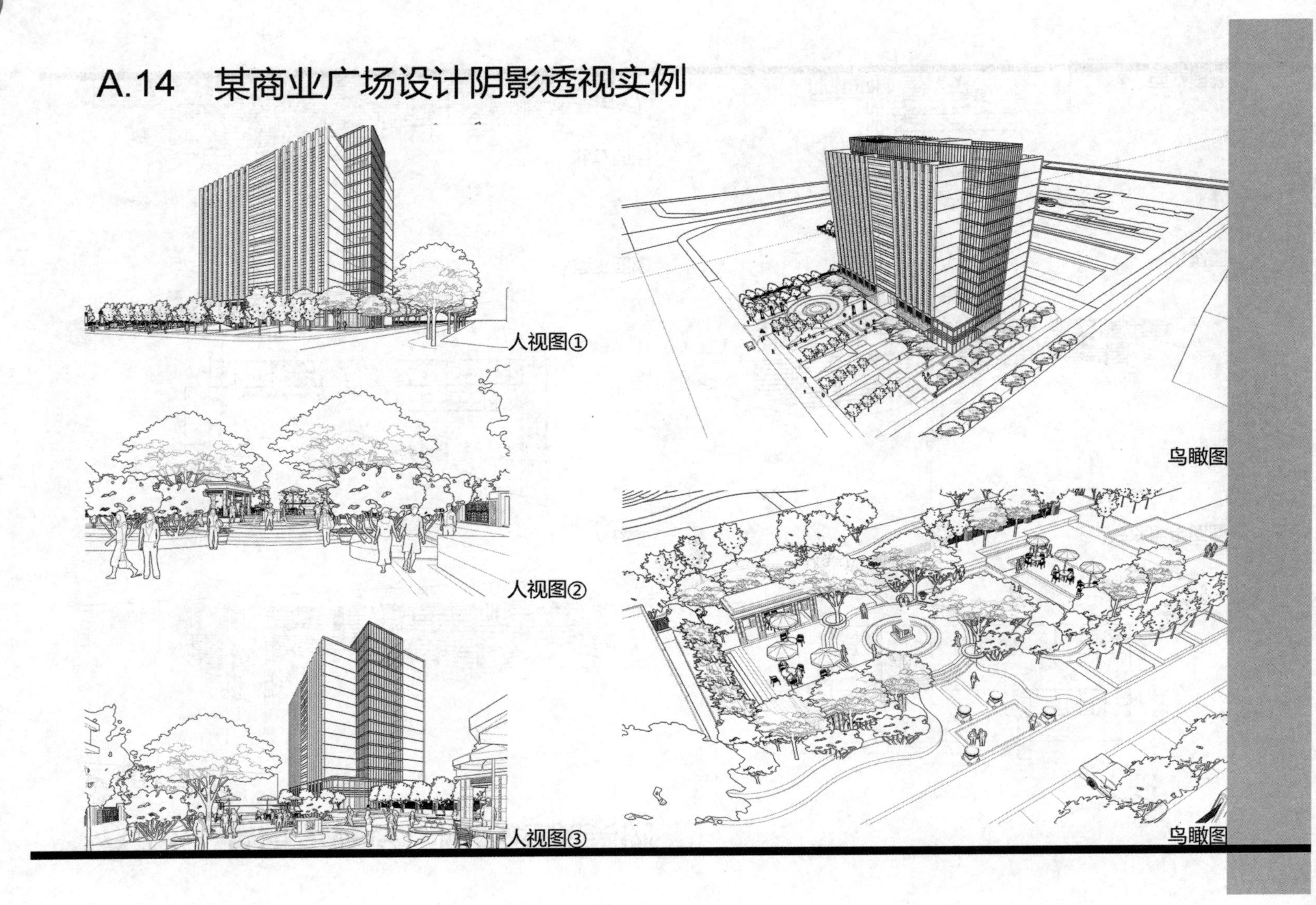

A.15 某现代中式小区规划阴影透视实例

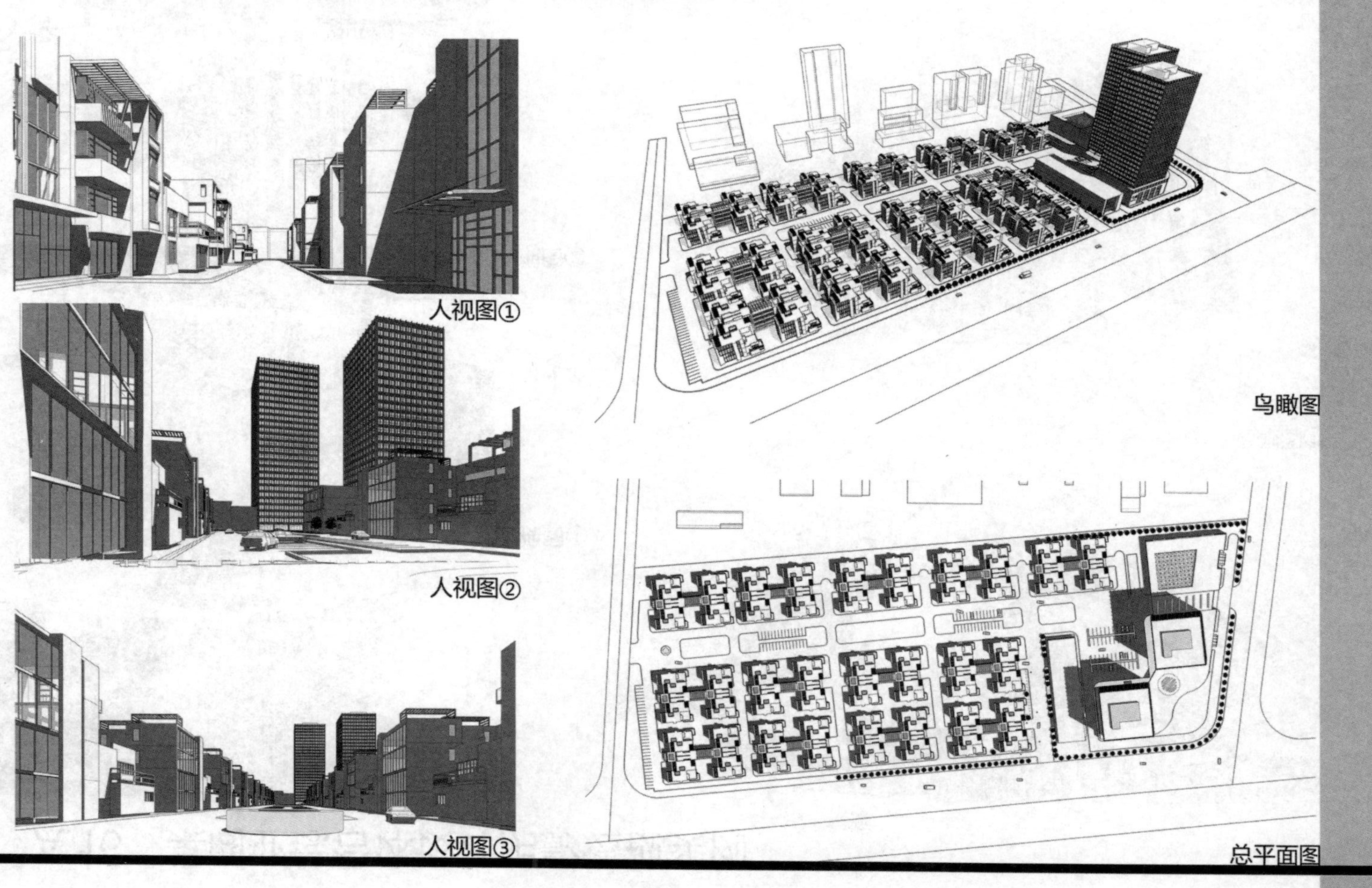

人视图①

人视图②

人视图③

鸟瞰图

总平面图

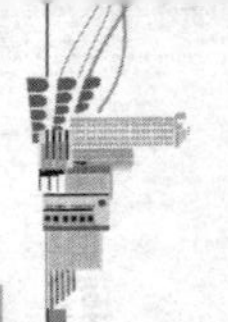

A.16 某商业综合体设计阴影透视实例

人视图①

人视图②

人视图③

鸟瞰图①

鸟瞰图②

A.17　某售楼处设计阴影透视实例

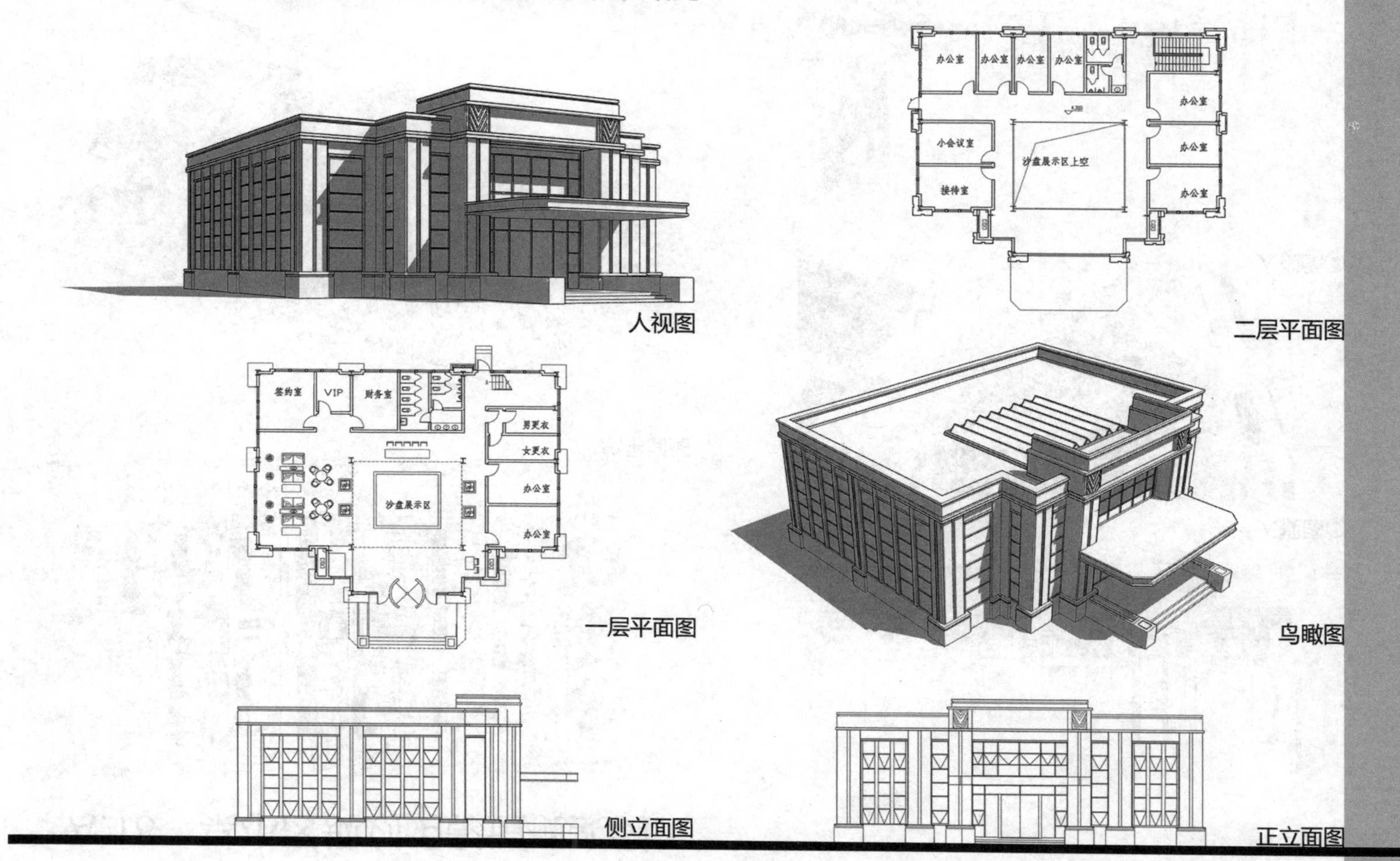

人视图

二层平面图

一层平面图

鸟瞰图

侧立面图

正立面图

A.18 某小区规划阴影透视实例

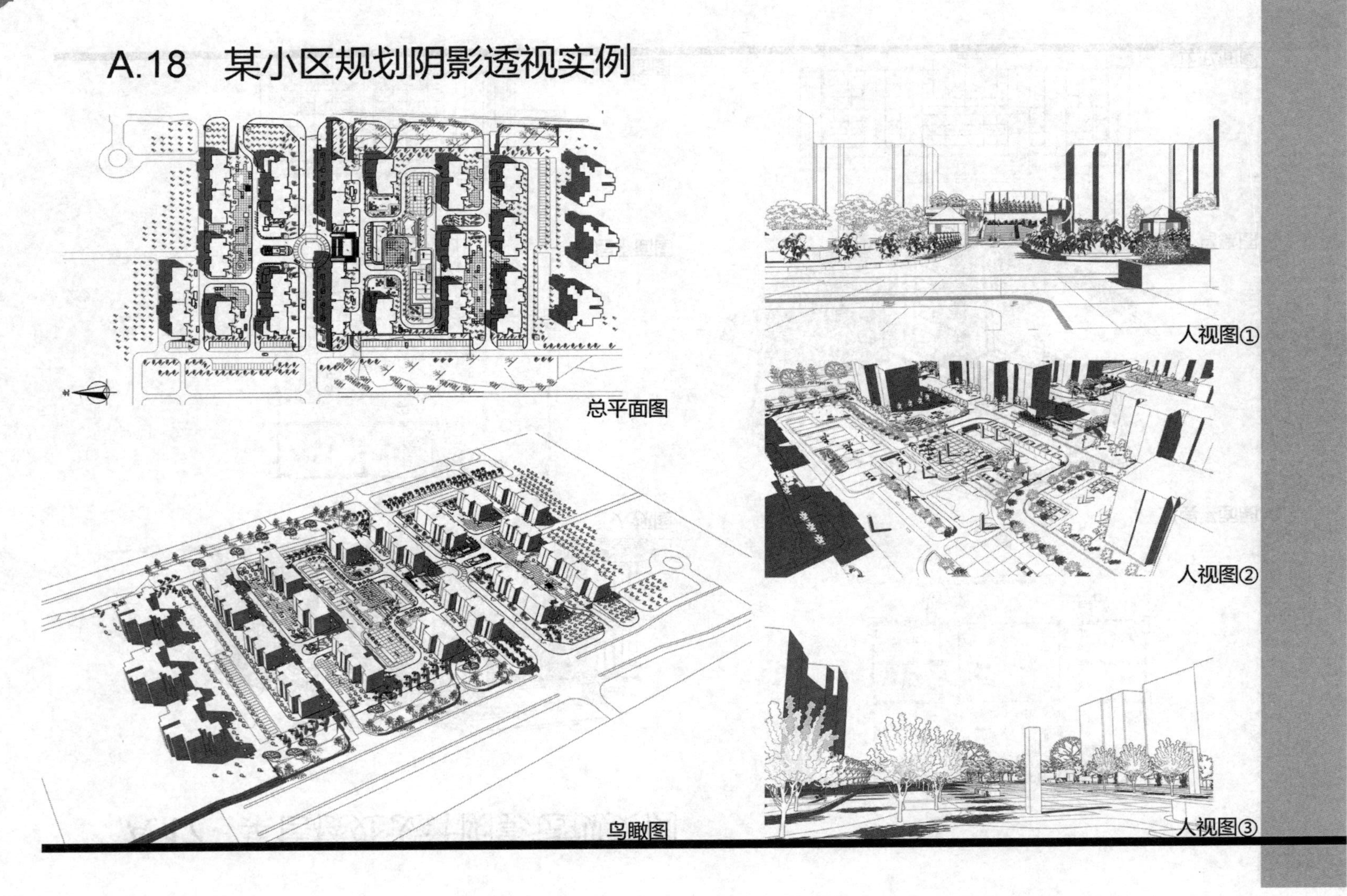

总平面图

鸟瞰图

人视图①

人视图②

人视图③

A.19 某游园规划阴影透视实例

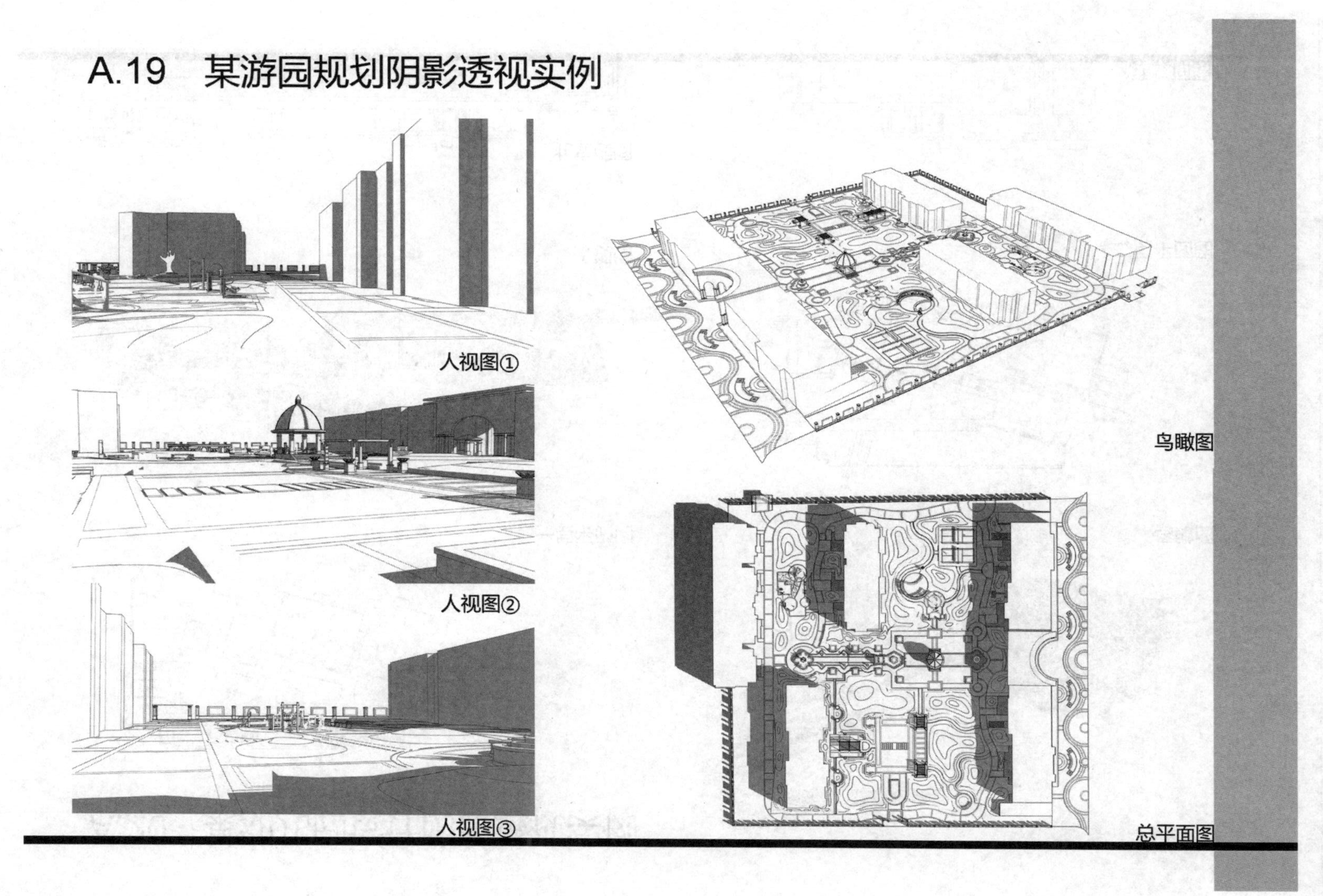

人视图①

人视图②

人视图③

鸟瞰图

总平面图

A.20 某幼儿园设计阴影透视实例

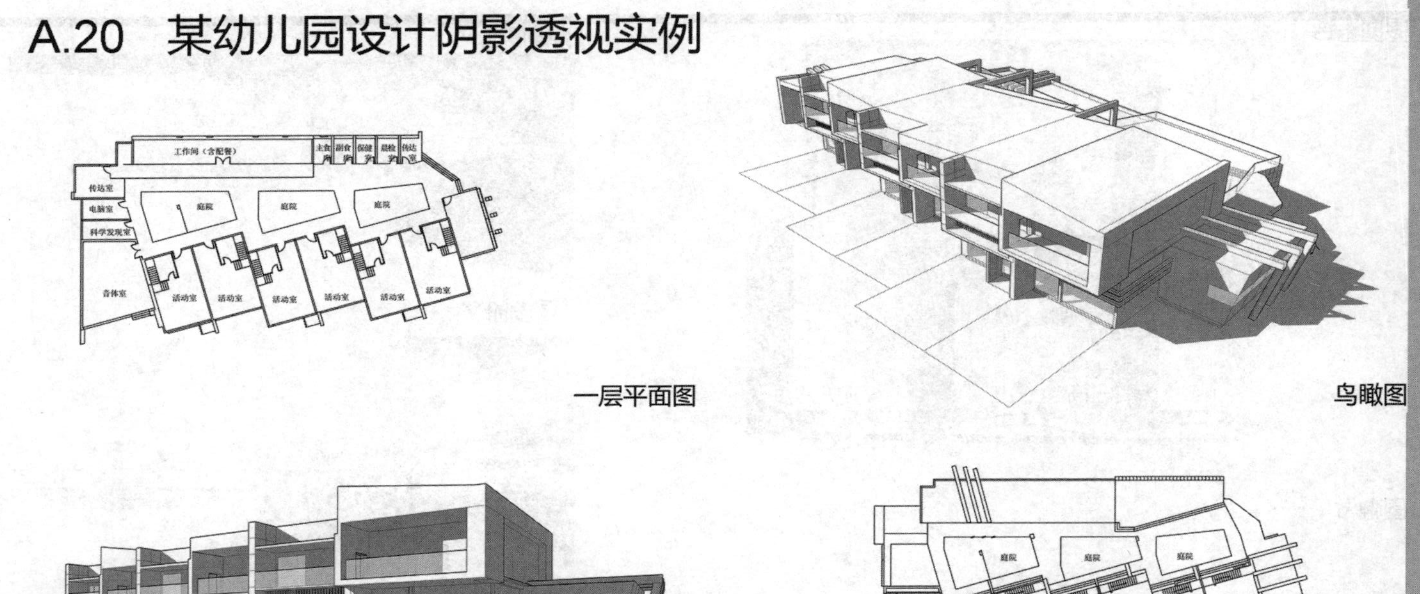

一层平面图

鸟瞰图

人视图

二层平面图

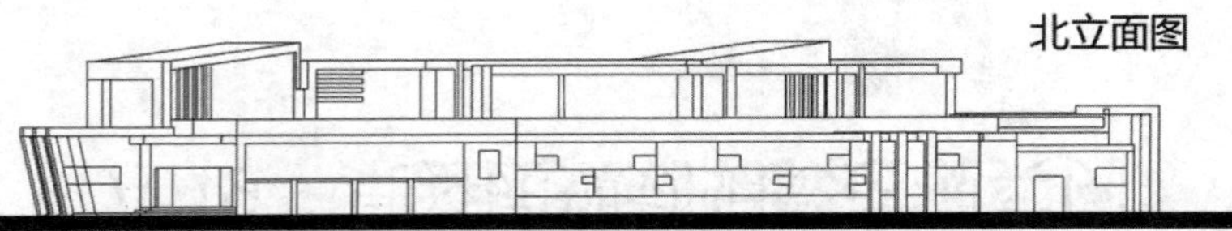

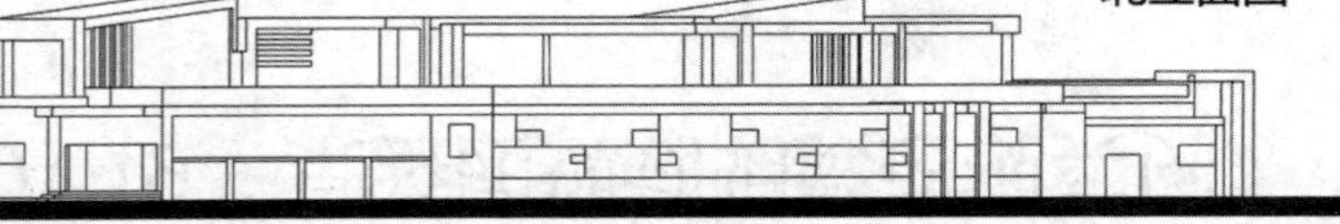

北立面图

西立面图

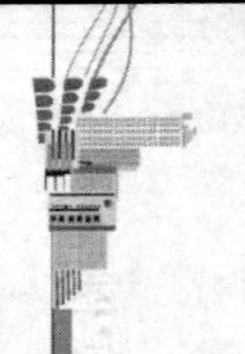

参 考 文 献

[1] 许松照. 画法几何与阴影透视[M]. 3 版下册. 北京：中国建筑工业出版社，2006.

[2] 黄文华. 建筑阴影与透视学[M]. 北京：中国建筑工业出版社，2009.

[3] 黄水生，黄莉，谢坚. 建筑透视与阴影教程[M]. 北京：清华大学出版社，2014.

[4] 刘甦，太良平. 室内装饰工程制图[M]. 北京：中国轻工业出版社，2005.

[5] 钟予. 画法几何与阴影透视[M]. 北京：中国建筑工业出版社，2008.

[6] 菲尔·梅茨格. 绘画透视完全教程[M]. 孙慧卿，译. 上海：上海人民美术出版社，2016.